周 期 表

10	11	12	13	14	15	16	17	18
								₂He
			₅B	₆C	₇N	₈O	₉F	₁₀Ne
			₁₃Al	₁₄Si*	₁₅P*	₁₆S	₁₇Cl	₁₈Ar
₂₈Ni	₂₉Cu	₃₀Zn	₃₁Ga	₃₂Ge*	₃₃As*	₃₄Se*	₃₅Br	₃₆Kr
₄₆Pd	₄₇Ag	₄₈Cd	₄₉In	₅₀Sn	₅₁Sb*	₅₂Te*	₅₃I	₅₄Xe
₇₈Pt	₇₉Au	₈₀Hg	₈₁Ti	₈₂Pb	₈₃Bi*	₈₄Po	₈₅At	₈₆Rn
110 Ds	111 Rg	112 Cn	113 Nh	114 Fl	115 Mc	116 Lv	117 Ts	118 Og

□* 特定の条件下（例えば高圧下）で超伝導性を示す

₆₃Eu	₆₄Gd	₆₅Tb	₆₆Dy	₆₇Ho	₆₈Er	₆₉Tm	₇₀Yb	₇₁Lu
95 Am	96 Cm	97 Bk	98 Cf	99 Es	100 Fm	101 Md	102 No	103 Lr

新版 基礎固体化学
―無機材料を中心とした―

村石治人

三共出版

は じ め に

　固体材料の研究・開発は，金属，セラミックス，ガラスなどの素材をもとにして，電子材料，光エレクトロニクス材料，生体材料，センサーなどの機能性材料を数多くつくりだしてきた。そこにみられる固体材料の構造や物性は多岐にわたっているため，その本質を理解するには，「固体物理」，「固体物性」，「材料科学」などを中心にした，膨大な量と広範囲の物理学的基礎理論を学ぶことが要求される。このように固体の科学は物理学が中心となっているが，一方では，材料の研究開発には化学が大きく寄与していることも見逃せない事実である。これまで化学においては，無機化学と物理化学で取り扱われている固体関連の内容を抽出して固体材料の基礎としてきた歴史がある。

　近年，非常な勢いで行われてきた材料開発および材料科学の学問的な発展に伴い，化学の分野においても固体材料を中心に置いた「固体化学」を1つの独立した分野として取り扱おうとする気運が生じてきた。1960年代には数冊のSolid State Chemistryが出版され，その翻訳書がみられるようになった。その後，わが国においても「固体化学」関連の書が出されるようになったが，固体化学は十分な学問体系としての位置を占めていなかったために，物理学中心にまとめられたものや，構造や反応中心のものなど，個性豊かな「固体化学」が多数出版された。最近では，国内外で，固体の化学における位置づけや体系化を重視したすぐれた「固体化学」の関連書が世に出るようになったが，多種多様な固体材料を理解する上で，基礎的なあるいは入門書的な成書は少ないのが現状である。

　本書は，初めて材料を学ぶ大学，短大，高専で化学を主専攻とする学生や，材料を専門としない理工系の学生にとって，基礎の固体化学あるいは材料の化学であることを目指している。また本書を著わすにあたり心がけたことは，無機化学と物理化学からの単なる抽出であったり，固体物理中心の内容に偏ることがないように内容を精選し，それぞれを有機的に結びつけることである。

　構成は，結晶化学に基づく「構造」，無機・物理化学に基づく「物性」，および物理化学で取り扱われる化学反応(物理過程も含む)，相転移などを中心とした「反応」の3つの部分から成り，無機物質を中心とした固体材料を化学的(および一部物理学的)側面からとらえるようにした。また一部の章末には枠で囲んだ欄を設け，本文中には書けなかったことやまとめを書き，学習の手助けになるようにした。なお無機化学で必ず取り扱う格子や，物理化学における界面などの概念，および機器分析で取り扱う構造と物性などは割愛した。

　機能性無機材料の研究・開発はとどまることがなく，フラーレン，カーボンナノチューブ，および鉄系高温超電導物質などの新規物質の発見，半導体レーザーの発明とレーザー

と物質の相互作用によって発現する非線形光学現象の応用，ナノ構造物質の創製とナノ化に伴う量子サイズ効果の応用など目を見張るものがある。その基本原理は固体物理や量子材料の領域で解説されているが，化学を専攻する者にとってその統一理論は多少近づき難いものがある。しかし，物質や材料の理解にはこれらの理論の概要を固体化学に導入することが求められるようになった。

なお，本書は『基礎固体化学』(2000年発行)を全面的に改稿し，A5判からB5判へ大きくして「新版」とした。旧版に対する諸先生方や読者から頂いたご指摘，および材料の目ざましい進歩とその実用化に対応するために，内容を大幅に書き換え，新たな項目の導入を図った。その結果，高専や大学で用いるテキストとしては多少分量が大きくなったきらいがある。一部の章や項目は，参考資料として利用して頂ければと思っている。

最後に，『新版 基礎固体化学』への改訂の機会を与えて下さった三共出版の秀島功氏に，また編集に力を注いで頂いた飯野久子氏に深く感謝致します。

平成28年9月5日

村石治人

目　　次

構　造　編

1 結晶構造

1-1　結晶構造 ……………………………………………………………………………………… 3
1-2　無機結晶の分類 ……………………………………………………………………………… 5
1-3　金　　属 ……………………………………………………………………………………… 5
1-4　共有結晶 ……………………………………………………………………………………… 9
1-5　イオン結晶 …………………………………………………………………………………… 10
コラム　結晶と準結晶 …………………………………………………………………………… 17
1-6　分子結晶 ……………………………………………………………………………………… 17
コラム　イオン結晶の結晶構造を決定する3つの因子 ……………………………………… 19

2 不完全な構造

2-1　点 欠 陥 ……………………………………………………………………………………… 21
2-2　線 欠 陥 ……………………………………………………………………………………… 24
2-3　面 欠 陥 ……………………………………………………………………………………… 26
2-4　非晶質固体（アモルファス） ………………………………………………………………… 27
コラム　欠陥の及ぼす諸物質への影響 ………………………………………………………… 30

3 電子構造

3-1　分子軌道法による説明 ……………………………………………………………………… 31
3-2　自由電子近似理論 …………………………………………………………………………… 35
3-3　バンド理論 …………………………………………………………………………………… 39
3-4　フェルミ-ディラックの統計 ………………………………………………………………… 41
3-5　半導体中のキャリアの分布と密度 ………………………………………………………… 44
コラム　電子の静止質量 m と有効質量 m^* ………………………………………………… 47

物　性　編

4　電気的性質(1)　導電性

- 4-1　電気伝導率と抵効率 ……………………………………………………………… 51
- 4-2　金　　属 …………………………………………………………………………… 53
- 4-3　半 導 体 ……………………………………………………………………………… 54
- 4-4　超 伝 導 ……………………………………………………………………………… 58
- [コラム] フェミル粒子とボーズ粒子 ……………………………………………………… 61
- 4-5　イオン伝導 ………………………………………………………………………… 63
- [コラム] 超伝導体の特性と応用 …………………………………………………………… 66

5　電気的性質(2)　誘電性

- 5-1　分極と電気双極子モーメント …………………………………………………… 67
- 5-2　誘電体の種類 ……………………………………………………………………… 69
- 5-3　強誘電体のドメイン構造と構造相転移 ………………………………………… 71
- 5-4　誘電率とコンデンサー容量 ……………………………………………………… 75
- [コラム] 誘電体の誘電強度 ………………………………………………………………… 76
- 5-5　誘電分散 …………………………………………………………………………… 77
- 5-6　強誘電体の用途 …………………………………………………………………… 77
- [コラム] 誘電体結晶の結晶点群による分類と性質による分類との対比 ……………… 80

6　磁気的性質

- 6-1　電気量と磁気量との比較 ………………………………………………………… 82
- 6-2　軌道運動とスピンによる磁気モーメント ……………………………………… 83
- 6-3　磁性体の分類 ……………………………………………………………………… 85
- 6-4　磁気モーメントの方向を決める因子 …………………………………………… 88
- 6-5　希土類イオンの磁性と希土類磁石 ……………………………………………… 91
- 6-6　自由電子と金属の磁性 …………………………………………………………… 93
- 6-7　強磁性の磁区構造と磁化曲線 …………………………………………………… 96
- 6-8　磁性体の構造相転移 ……………………………………………………………… 100
- 6-9　強磁性体の用途 …………………………………………………………………… 102
- [コラム] 鉄とその酸化物の磁性 …………………………………………………………… 104

7 光学的性質

- 7-1 屈折と複屈折 ... 105
- 7-2 反射 ... 108
- 7-3 全反射 ... 109
- 7-4 透過と吸収 ... 111
- 7-5 発光 ... 114
- コラム 絶縁体と半導体の透明波長領域 ... 115
- 7-6 光電効果 ... 119
- 7-7 電気光学効果 ... 121
- 7-8 磁気光学効果 ... 121
- 7-9 非線形光学効果 ... 122
- コラム 次世代照明のLEDと有機EL ... 124

8 機械的性質

- 8-1 応力と変形 ... 126
- 8-2 弾性率 ... 126
- 8-3 弾性変形 ... 128
- 8-4 塑性変形 ... 130
- 8-5 硬度 ... 132
- コラム 金属材料の強化 ... 134

9 熱的性質

- 9-1 熱伝導率 ... 135
- 9-2 定容比熱 ... 137
- 9-3 熱膨張係数と融点 ... 142
- 9-4 耐熱無機材料 ... 144
- コラム フォノン ... 146

10 ナノ物質とサイズ効果

- 10-1 微粒子化・ナノ粒子化に伴って生じる3つのサイズ効果 ... 147
- 10-2 表面効果 ... 148
- 10-3 体積効果 ... 153
- 10-4 量子サイズ効果 ... 154

10-5　ナノ物質とナノマテリアル …………………………………………………………… 157
　コラム　炭素ナノ物質 ………………………………………………………………………… 158

反応編

11 結晶化反応

11-1　核の形成 …………………………………………………………………………………… 161
11-2　不均一核形成 ……………………………………………………………………………… 166
11-3　結晶の成長 ………………………………………………………………………………… 167
11-4　核発生過程の制御 ………………………………………………………………………… 169
11-5　結晶成長過程の制御 ……………………………………………………………………… 170
11-6　ウィスカーの成長 ………………………………………………………………………… 171
11-7　エピタキシーとトポタキシー …………………………………………………………… 173

12 相転移反応

12-1　一成分系の相平衡 ………………………………………………………………………… 175
12-2　二成分系の相平衡 ………………………………………………………………………… 176
12-3　相転移の形式による分類 ………………………………………………………………… 180
12-4　相転移の熱力学的分類 …………………………………………………………………… 183
12-5　相転移の速度 ……………………………………………………………………………… 187
12-6　鋼の相変化 ………………………………………………………………………………… 187
　コラム　温度・圧力・電磁場と相転移 ……………………………………………………… 190

13 拡散過程と拡散律速反応

13-1　拡散の機構 ………………………………………………………………………………… 191
13-2　カーケンドール効果 ……………………………………………………………………… 192
13-3　拡散の速度式 ……………………………………………………………………………… 193
13-4　金属原子の拡散係数 ……………………………………………………………………… 195
13-5　イオンの拡散係数 ………………………………………………………………………… 196
13-6　拡散律速反応──焼結 …………………………………………………………………… 198

14 固相の反応

14-1　単一固体の反応 …………………………………………………………………………… 201

14-2	固体-気体反応	203
14-3	固体-液体反応	205
14-4	固体-固体反応	207
14-5	インターカレーション	208

コラム Li-GIC のリチウムイオン電池への応用 ········ 210

15 無機固体の合成

15-1	単結晶の育成	214
15-2	多結晶体の製造	220
15-3	アモルファスの製造	223
15-4	ナノ粒子の製造	229

コラム 単結晶 Si および 2 種のアモルファス Si の結合状態とバンド構造 ········ 230

付録Ⅰ	結晶構造の表し方	231
付録Ⅱ	波数とその応用	233
付録Ⅲ	バンド構造への 2 つのアプローチとその表現	236
付録Ⅳ	電子の角運動量と磁気モーメント	239
付録Ⅴ	結晶場理論	241

索　　引 ········ 245

構 造 編

　物質はそれが気体であれ，液体であれ，固体であれすべてある構造をもつ。そしてこの構造の違いがそれぞれの物質に特有の物理的性質（物性）と化学的性質（反応性）とを与える。したがって構造の研究は物性や反応性の研究の基礎となる。我々は無機固体を研究するにあたり，まずその構造から勉強していこう。

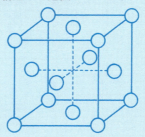

参 考 文 献

1) C. Kittel：Introduction to Solid State Physics, 6th ed, John Wiley & Sons Inc. (1986) 宇野，津屋，森田，山下訳：キッテル固体物理学入門，第6版(上)(下)，丸善(1988)
2) H. M. Rosenberg, 山下，福地訳：オックスフォード物理学シリーズ9，固体の物理(上)(下)，丸善(1977)
3) 玉井康勝，富田彰：固体化学(Ⅰ)(Ⅱ)，第4版，朝倉書店(1977)
4) 桐山良一：固体構造化学，共立出版(1978)
5) 桐山良一，桐山秀子：構造無機化学(Ⅰ)(Ⅱ)，改訂版，共立出版(1973)
6) 斉藤喜彦：化学結晶学入門，共立出版(1975)
7) 松永義夫：分子と結晶，裳華房(1975)
8) N. B. Hannay, 井口，相原，井上訳：固体の化学，培風館(1971)
9) 中西典彦，坂東尚周編著，小菅皓二，曽我直弘，平野眞一，金丸文一：無機ファイン材料の化学，三共出版(1988)
10) P. A. Cox, 魚崎，高橋，米田，金子共訳：固体の電子構造と化学，技報堂出版(1989)
11) T. Harn 編：International Tables for Crystallography, Volume 4, 4th ed., Kluwer Academic Publishers(1996)

1 結晶構造

固体には原子, 分子あるいはイオンが無秩序的に配列している**非晶質体**(amorphous substance)もあるが, 多くの場合は**結晶**(crystal)として現れる。結晶には単位格子(unit cell), すなわち原子やイオンの配列の規則性を決める最小単位が存在し, これが三次元的に, 規則的なくり返しで配列している。単位格子の形や, 大きさ, 対称性は固体の成分元素の種類や結合の種類等と密接に関係している。したがって我々が無機固体の構造を真に深く理解するためには, 単位格子の種類やその中での原子やイオンの配列方式をしっかりと理解せねばならない。しかしながら本書は結晶構造を専門に追求するものではないので, 電子構造や種々の物性・反応性との関連性を念頭に置きながら, おもに**配位数**(coordination number)や**パッキング構造**(packing structure)という平易な概念で結晶構造を説明していくことにする。

1-1 結晶構造

結晶は原子, イオンまたは分子が三次元空間に周期的に配列したものである。これを点の配列と見なすと三次元の格子を形成しており, 平行六面体が周期性の最小単位となっている。この平行六面体を**単位格子**(unit cell)または単位胞とよび, 単位格子軸 a, b, c(その軸長を a, b, c とする)と, これらの軸の間の角度 $α, β, γ$ を加えた6個の変数(格子定数という)で定義される。基本単位である単位格子は, 並進(平行移動)操作で結晶構造全体を表すことができる。

平行六面体の各頂点だけに原子または原子団が存在する単位格子は**単純単位格子**(primitive unit lattice, 格子の記号が P)とよばれ, **立方**(等軸), **正方**, **斜方**, **六方**, **三方**(菱面体)[1], **単斜**, **三斜**の7つの**結晶系**(crystal system)に分類される。これらの基本単位格子は格子点を1個しか含まないが, 格子点を複数含むものとして, **底心格子**(side centered lattice, C), **体心格子**(body centered lattice, I), **面心格子**(face centered lattice, F)の3つの**複合格子**(composite lattice)が加わり, 全部で14種の単位格子に分類される。これを**ブラベ格子**(Bravais lattice)といい, 可視的な結晶の二次元モデルとして用いられる(図1-1に示す)。また表1-1に各結晶系の単位格子の特徴である6個の変数(**格子定数**)を示す。

結晶構造の対称性に基づく表現法には, 上に述べた14種の空間格

1) 三方晶系は3回軸(回転軸, 回反軸)をもつ空間群の集合で, 菱面体格子($a=b=c$, $α=β=γ≠90°$)と六方格子($a=b≠c$, $α=β=90°$, $γ=120°$)の2種類を含む晶系である。本書では「三方(菱面体)晶系」と表現することにした。両者の関係を表す図を以下に示す。菱面体の体対角線(3回回転軸)が六方結晶軸にとられている。

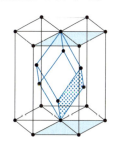

図 菱面体軸と六方結晶軸のとり方

1章 結晶構造

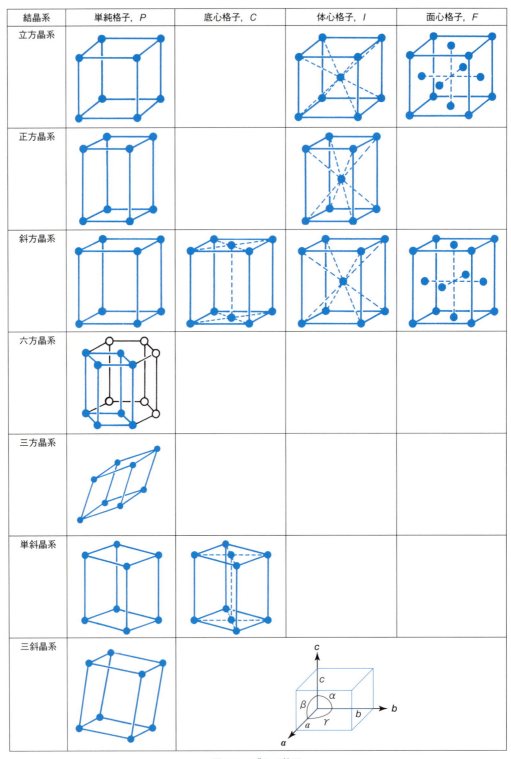

図1-1 ブラベ格子

表 1-1 空間格子

結晶系	記号	単位格子の特徴
立方晶系	P, I, F	$a=b=c$, $\alpha=\beta=\gamma=90°$
正方晶系	P, I	$a=b\neq c$, $\alpha=\beta=\gamma=90°$
斜方晶系	P, C, I, F	$a\neq b\neq c$, $\alpha=\beta=\gamma=90°$
六方晶系	P	$a=b\neq c$, $\alpha=\beta=90°$, $\gamma=120°$
三方(菱面体)晶系	P(R)	$a=b=c$, $\alpha=\beta=\gamma\neq 90°$
単斜晶系	P, C	$a\neq b\neq c$, $\alpha=\gamma=90°\neq\beta$
三斜晶系	P	$a\neq b\neq c$, $\alpha\neq\beta\neq\gamma$

子による表現に加え，32種の点群(点対称操作の集合)による表現，および230種の空間群(対称操作の集合)による表現がある[2]。

2) 結晶構造の3つの表し方とそれぞれの特徴に関しては，付録1を参照せよ。

1-2 無機結晶の分類

無機結晶は，組成上からはただ1種の元素からなるグループ(単体)と2種以上の元素からなるグループ(化合物)とに分類できる。また結合の種類からは金属，共有結晶，イオン結晶および分子結晶に分類できる。しかし，現実の結晶では中間的な結合がみられる場合が多い。図1-2に無機結晶の分類とその代表的物質を示す。

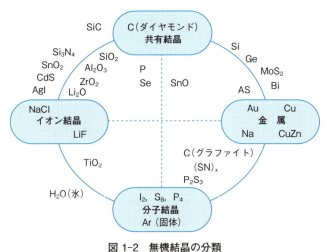

図 1-2 無機結晶の分類

1-3 金 属

(1) 単 体

このグループに属する結晶を以後単に金属(metal)とよぶ。

金属原子間の結合には，方向性がほとんどない。したがって金属の原子配列を主として決めるのは**最大配位・最大パッキング**(できるだけ多くの原子と接触し，間隙が最小になるよう隣接し合うこと)**の原理**であ

る。この原理を最もよく満足させる原子配置が図1-3に示す**六方最密パッキング**(hexagonal closest packing, **hcp**)および**立方最密パッキング**(cubic closest packing, **ccp**)である。これらよりわずかにすき間のある配置に図1-1に示す**体心立方**(body centered cubic, **bcc**)の構造がある。まず2種類の最密パッキング構造から説明しよう。

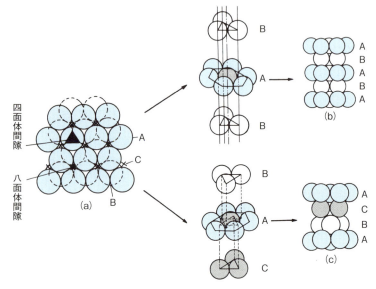

(a)平面見取図．(○A層，◎B層，×C層)
(b)六方最密パッキング構造，(c)立方最密パッキング構造
図1-3 最密パッキング構造

> **金属結晶の充填率**
>
> 面心立方格子(立方最密パッキング構造)と体心立方格子の充填率は，格子定数aと原子半径rの関係，および単位格子に含まれる原子の個数がわかると容易に求まる。なお六方最密パッキング構造の充填率は面心立方格子(立方最密パッキング構造)と同じである。
>
> [面心立方格子]
>
>
>
>
>
> $4r = \sqrt{2}a$
> 原子数4個
> 充填率74%
>
> [体心立方格子]
>
>
>
>
>
> $4r = \sqrt{3}a$
> 原子数2個
> 充填率68%

図1-3に示すように，2つの構造とも，全ての原子はある面内で6個の原子と接触している。すなわち，その面内で平面六方格子を形成している。また，この面内の各原子はすぐ上および下の面内の3個ずつの原子とも同じ距離で接触している。したがって，1個の原子は合計12個の原子と接触していることになる(配位数12)。しかしながら，両者の原子配置は六方最密パッキング構造では上下面内の原子が重なっているのに対し(図1-3(b))，立方最密パッキング構造ではずれている(図1-3(c))点が異なる。

次に最密パッキング構造のパッキング率を計算しよう。図1-4に示した最密パッキング構造と空間格子との関係から明らかなように，立方最密パッキング構造が実は図1-1に示す**面心立方構造**(face centered cubic structure, **fcc**)そのものであることに着目すればよい。面心立方の単位格子中には4個の原子があり，その原子半径をrとすれば，格子の一辺の長さaは$2\sqrt{2}r$となり，パッキング率は$(4 \times 4\pi r^3/3) \times 100/(2\sqrt{2}r)^3 = 74\%$となる。六方最密パッキング構造率も同じく74%である

ことは，2つの構造の違いが単に原子配置のみであることからすぐ理解できる。

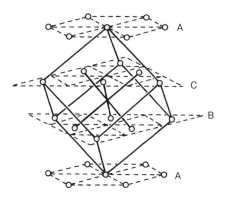

図 1-4 立方最密パッキング構造と面心立方格子

体心立方構造では，図 1-1 からわかるように，1 個の原子はそれぞれ 8 個の原子と接触している(8 配位)。この単位格子には 2 個の原子が含まれているので，パッキング率は $(2 \times 4\pi r^3/3) \times 100/(4r/\sqrt{3})^3 = 68\%$ となる。6 配位の単純立方格子すなわち**正八面体構造**(octahedral structure)のパッキング率は約 52% で最密パッキング構造よりかなり小さい。

表 1-2 金属の結晶構造

1	2	3	4	5	6	7	8	9	10	11	12	13	14	15
Li (B)	Be (H)													
Na (B)	Mg (H)											Al (F)		
K (B)	Ca (F, H)	Sc (F, H)	Ti (H, B)	V (B)	Cr (B, H)	Mn (1)	Fe (B, F)	Co (H, F)	Ni (H, F)	Cu (F)	Zn (H)	Ga (2)	Ge (4)	As (6)
Rb (B)	Sr (F)	Y (H)	Zr (H, B)	Nb (B)	Mo (H)	Tc (H)	Ru (H)	Rh (F)	Pd (F)	Ag (F)	Cd (H)	In (3)	Sn (4, 5)	Sb (6)
Cs (B)	Ba (B)	La (H, F)	Hf (H)	Ta (B)	W (B, H)	Re (H)	Os (H)	Ir (F)	Pt (F)	Au (F)	Hg	Tl (H, B)	Pb (F)	Bi (6)

F：立方最密パッキング構造，H：六方最密パッキング構造，B：体心立方構造，1：複雑な構造，2：斜方晶系，3：ひずんだ立方最密パッキング構造，4：四面体構造，5：2 種の同素体，6：ヒ素型構造

表 1-2 に一連の金属単体の結晶構造を示す。注目すべきは体心立方構造が最密パッキング構造より配位数およびパッキング率の点で劣るにもかかわらず，この構造をとる金属が少なからずあることである[3]。特にアルカリ金属の室温安定相が全て体心立方構造をとることは興味深い。体心立方構造と 2 つの最密パッキング構造の自由エネルギー差は非常に小さいのである。鉄の構造(相)変化については 12-1 項でもふれるが，

3) 常温で原子充填率の低い bcc 構造をとる金属には，$3d^3$, $(3d^4)$, $3d^6$ の電子配置の遷移金属およびアルカリ金属がある。前者の場合，電子配置によるが，d 軌道の d_{yz}, d_{xz}, d_{xy} 軌道が関与して 8 配位の局在的結合を形成しやすいためと考えられる。後者は凝集力エネルギーが最も低い金属であることから，自由エネルギーのエントロピー項の関与の結果と考えられる。

温度の上昇とともに $\alpha \to \gamma \to \delta$ と相変化が起こる。このうち α, δ 相は体心立方構造で，γ 相のみ面心立方構造である。

(2) 化合物

2種以上の金属または金属とケイ素，炭素などの非金属を融合混和させたものは**合金**(alloy)とよばれ，固溶体をつくる場合，共融混合物や金属間化合物をつくる場合，およびそれらの混合物をなす場合がある。したがって，合金は多くの場合，化合物というよりもむしろ混合物である。合金は組成および構造により，**置換型合金**(substitutional alloy)と**侵入型合金**(interstitial alloy)に分類することができる。前者は主成分元素Aと副成分元素Bとの原子半径が著しく違わない場合(少なくともその差が15％以下の場合)で，Aの原子位置にB原子が任意に置き換えられて生成する。置換型合金はさらに3つのサブグループに分けられる。

① B原子がA原子の固有位置を不規則に置換した場合で，**固溶体**(solid solution)とよばれる。AとBの原子半径がほとんど同じで，かつ結晶構造も同じ場合(一般に同族元素の場合)，例えばAu-Ag系，Mo-W系，Ni-Cu系などは，2種類の元素は全く任意の割合で混合し得る。これを**全率固溶体**(continuous solid solution)(完全固溶体ともいう)という。

② 互いに結晶形が違っていたりすると，固溶体ができる濃度範囲は限定され，また置換位置が指定され，かつ成分比に応じて異なる構造をとる場合がある。Au-Cd系，Cu-Zn系(真鍮)，Cu-Sn系(青銅)等が代表例であり，このような合金は一般に**金属間化合物**(intermetallic compound)とよばれる。ここで興味深い現象がみられる。すなわちCuZnと Cu_5Sn とでは成分も違えば成分比も異なるのに結晶構造がきわめて近い(体心立方構造)。これは2種類の合金の(価電子総数)/(原子数総数)の比がともに3/2であることに基づく。同様にこの比が21/13の場合(Ag_5Cd_8, $Cu_{31}Sn_8$ など)，また7/4の場合($CuZn_3$, Ag_5Al_3 などで，六方最密構造をとる)のときにも合金の種類にかかわりなく固有の構造が現れる。このような(価電子総数)/(原子数総数)の比が同じで，同型の結晶構造をとるものを**電子化合物**(electron compound)といい，電子化合物の現れる規則性を**ヒューム-ロザリー則**(Hume-Rothery's rule)とよぶ[4]。

③ 条件により固溶体にも金属間化合物にもなり得る合金がある。例えば金と銅の合金は，高温では両者が任意の割合で無秩序に混合した固溶体である。しかし**転移温度**(transition temperature)以下では，Au対Cu比が1対1のときは金と銅の層が1枚おきに現れ，1対3のときに

金属間化合物と機能

金属間化合物は金属結合だけによらず共有結合及びイオン結合の混合である。したがって金属のもつ延性や展性が失われるが，一方では新たな機能が生まれる。例えばAl(融点660℃)とNi(融点1455℃)の金属間化合物であるNiAl(融点1638℃)はそれぞれの金属をはるかに超える融点を持つようになる。そのほかには水素吸蔵($LaNi_5$)，超伝導(Nb_3Sn)，形状記憶(TiNi)などの機能を示すものがある。

---

4) ヒューム-ロザリー(W. Hume-Rothery (1899-1968))は，2元合金の金属間化合物や固溶体などに関する数多くの研究を行い，固体科学の基礎をつくった。本書では「電子化合物の形成条件」および「合金(固溶体)の固溶条件に関する法則」をそれぞれ1章と12章で取り扱うが，いずれもヒューム-ロザリー則として示した。

は図 1-5 のように金が立方体のすみに，銅がその面心に位置する立方晶系の結晶となる。転移温度を境に構造が秩序構造から無秩序構造へ変化する現象，すなわち**秩序-無秩序転移**（order-disorder transition）は多くの合金にみられる。秩序－無秩序転移については 12 章で述べる。

一方，侵入型合金は，主成分元素 A と副成分元素 B の原子半径が大きく異なっている場合に生じ，A 原子の格子間隙に B 原子が入り込んでいるので，B 原子は格子を形成しているわけではない。副成分元素としてはホウ素，炭素，窒素などがある。鉄-炭素の合金（鋼）は侵入型合金の代表例である。鋼は工学上重要な物質であり，非常に詳しく研究されている。鋼の構造変化については 12-6 項で述べる。

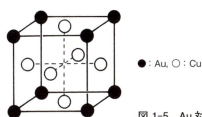

●：Au，○：Cu

図 1-5　Au 対 Cu が 1 対 3 の合金，$AuCu_3$

1-4　共有結晶

(1) 単体

このグループと金属単体とを区別する因子は結合の方向性と結合電子の局在化である。共有結合性単体には結合の方向性があり，例えば，図 1-6 に示すような四面体構造をとる。したがって固体内には大きなすき間（49%）ができるが，原子同士の位置交換は容易には起こらず，これがこのグループの結晶に大きな硬度を与える原因となっている。また，結合電子もほぼ 2 原子間に局在化し，電気の伝導性を小さくしている炭素（ダイヤモンド）とケイ素がこのグループに属する。他の 14 族の元素，ゲルマニウムと α-スズ（灰色スズ）もダイヤモンドと同じ四面体構造をとるが，結合電子は必ずしも 2 原子間に局在化せず，物性はなかば金属的となる。β-スズ（白色スズ）はもはや四面体構造をとらず，鉛に至っ

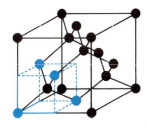

図 1-6　ダイヤモンド型（四面体）構造

ては面心立方構造をとり，ともに金属の性質を示す。15族および16族の元素もリンと硫黄を除き**半金属**(semimetal)[5]や**半導体**(semiconductor)の性質を示し，構造も単純ではない(表1-2参照)。

(2) 化合物

14族(Ⅳ族)間の化合物である炭化ケイ素 SiC は多数の多形をもっており，その中にダイヤモンド型(立方晶系)とウルツ鉱型(六方晶系)がある。SiC はダイヤモンドとシリコンの中間的な性質をもち，高硬度，高耐圧性，高耐熱性に優れているために研磨剤，耐火物，発熱体などに使われており，また次世代の半導体として応用研究が進んでいる[6]。13-15族(Ⅲ-Ⅴ族)の化合物である窒化ホウ素 BN は平均原子価は4であるため炭素に似た性質をもつ。常圧相は黒鉛(グラファイト)と同じ六方晶系(h-BN)，高圧相はダイヤモンドと同じ立方晶系(c-BN)である。c-BN はダイヤモンドに次ぐ硬さを持つ物質で超高速切削用セラミックス材や研磨剤として用いられる。なお常圧相の h-BN は 1-6(2)項で取り上げる。

1-5 イオン結晶

このグループに属する結晶(以下イオン結晶とよぶ)を構成しているのは陽イオンと陰イオンである。両者は静電気的な力で結ばれており，結合には方向性はない。結合電子は陰イオン周辺に局在化しているので，イオン結晶の導電性は一般に極めて小さく，この点が合金と異なる。イオン結晶には非常に多くの種類の化合物があり，結晶構造も多様である。しかし陽イオンおよび陰イオンの配列をそれぞれ別に分けて考察すれば，多くの場合陽イオンと陰イオンはそれぞれ図1-1や図1-3に示す基本配列，あるいはこれに準ずる配列の1つをとり，それらが互いに一定方向にずれて重なり，1つの結晶をつくっていることがわかる。以下に例をあげて説明しよう。

(1) AB型塩

5つの代表的な構造がある。

(a) CsCl型塩 図1-7(a)に示すように，この種の塩では陽イオンと陰イオンはともに同大の単純立方格子をつくっている。そしてこれらが互いに3軸方向に 1/2, 1/2, 1/2 ずつずれて重なっている。各イオンは8個の対イオンと隣接しているので，**8:8配位塩**とよばれる[7]。(陽イオン半径)／(陰イオン半径)比が0.73以上の場合によく現れ，CsCl, CsBr, CsI がこれに属し，RbCl は低温で CsCl 型になる。

(b) NaCl型塩 図1-7(b)に示すような塩で，陽イオンと陰イオンがともに同大の面心立方格子をつくり，互いに3軸方向に 1/2, 0, 0 ず

---

[5] 半金属とは，元素の分類において金属と非金属の中間の性質(キャリアは少ない，電気伝導率の温度依存性は金属と同じ，誘電率は大きい)を示す物質のことである。バンド構造は，価電子帯と伝導帯がわずかに重なり，その重なり部分をフェルミエネルギーが横切っている状態にある物質である。半金属には C(グラファイト)，As，Sb，Bi などがある(p.33 を参照せよ)。

[6] SiC はバンドギャップが 3.3 eV の半導体で，結合力は Si よりも大きく，耐圧性，耐熱性に優れており次世代のパワー半導体として，また低損失素子あるいは高効率のインバータとしての利用が期待されている(一部製品化されている)。

[7] (8,8)配位構造ともいい，"陽イオンの配位数:陰イオンの配位数"の比を表す。

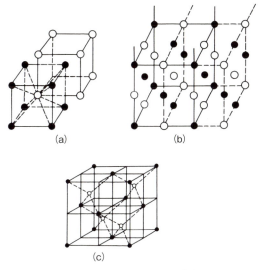

図 1-7　AB 型塩の結晶構造
(a) CsCl 型塩　(b) NaCl 型塩　(c) ZnS(セン亜鉛鉱)型塩

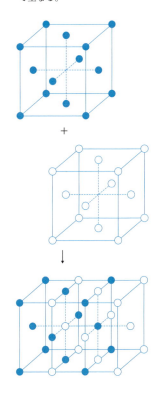

8) NaCl 型塩：陽イオンと陰イオンがそれぞれ面心立方格子を形成し，3軸方向に 1/2, 0, 0 ずつずれて重なる。

9) すべて同一原子であれば、図 1-6 のダイヤモンド構造と同じになる。

10) ZnS(ウルツ鉱)型塩：Zn^{2+} イオンと S^{2-} イオンがそれぞれ六方最密格子を形成する。S^{2-} イオンが作る六方最密格子(A, B)のc方向に 3/8 ずれた位置に Zn^{2+} イオン(A', B')が入る。Zn-S 結合は共有結合性がある。

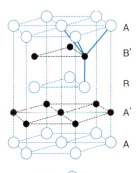

● Zn　○ S

つずれて重なっている[8]。各イオンは6個の対イオンと隣接しているので **6：6 配位塩**とよばれる。(陽イオン半径)/(陰イオン半径)比が 0.73 ～ 0.41 の場合に現れる。

(c)　ZnS(セン亜鉛鉱)型塩　陽イオンと陰イオンが共に同大の面心立方格子をつくり，これらが互いに3軸方向に 1/4, 1/4, 1/4 ずつずれて重なり，1対1置換型ダイヤモンド型構造をつくる。各イオンは4個の対イオンと隣接しているので **4：4 配位塩**とよばれる(図 1-7(c))[9]。

NaCl 型塩と ZnS 型塩との間の関係は次のようにもいうことができる。まず陽イオンが面心立方格子をつくる。NaCl 型の場合はその全ての八面体間隙に，ZnS 型では半数の四面体間隙に，それぞれ陰イオンが入り込んでいる。

(d)　NiAs(ヒ化ニッケル)型塩と ZnS(ウルツ鉱)型塩　この2つの塩の構造は，前述の NaCl 型塩とセン亜鉛鉱型塩の構造から容易に描写できる。すなわち前例の面心立方格子(立方最密パッキング構造)を六方最密パッキング構造(またはその類似構造)で置き換えればそれでよい。陽イオンのつくる六方最密パッキング構造の全ての八面体間隙に陰イオンが入れば NiAs 型塩ができ，四面体間隙の半数に陰イオンが入れば ZnS(ウルツ鉱)型塩ができる[10]。NiAs 型塩は 6：6 配位の，ZnS 型塩は 4：4 配位の場合である。

(2)　AB_2 型塩

5つの代表的な構造がある。

(a)　CaF_2(ホタル石)型塩　図 1-8(a)に示すように陽イオンがつく

る面心立方格子の全ての四面体間隙に陰イオンが入っている。陽イオンは8個の陰イオンと隣接しているが，陰イオンは4個の陽イオンと隣接しているに過ぎない。したがってこの塩は **8：4配位塩** となる。

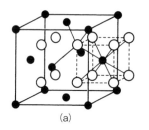 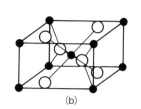 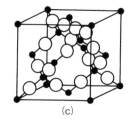

(a) (b) (c)

図1-8　AB$_2$型塩の結晶構造
(a) CaF$_2$型塩　(b) TiO$_2$(ルチル)型塩　(c) SiO$_2$(β-クリストバライト)型塩
いずれの塩でも●は陽イオン，○は陰イオンを表す

(b) TiO$_2$(ルチル)型塩　図1-8(b)に示すように陽イオンは体心立方格子に近い配列をしている。そして各陽イオンはほぼ八面体型に近い配列で6個の陰イオンに囲まれている。逆に陰イオンは3個の陽イオンに囲まれているに過ぎず，**6：3配位塩** となっている。

(c) SiO$_2$(β-クリストバライト)型塩　陽イオンがダイヤモンド構造，すなわち半数のSi原子で立方最密パッキング構造をつくり，残り半数のSi原子でその四面体間隙の半分を埋めている構造をつくり，Si原子とSi原子の真中に酸素が位置する(図1-8(c))。この塩は **4：2配位塩** である。

ここにあげた3種の結晶構造の間には，次のような陽イオン半径対陰イオン半径比の関係がある。

ホタル石型 ───── ルチル型 ───── β-クリストバライト型
(0.73以上)　　　(0.73～0.41)　　　(0.41～0.22)

イオン結晶であるフッ化物や酸化物では多くはこの関係に従うが，陽イオン半径が小さくなり，また共有結合性が大きくなるとこのような幾何学的な半径比だけでは配位数は説明されない(章末コラムを参照のこと)。

(d) CdI$_2$型塩　陰イオンが六方最密パッキング構造をつくり，陽イオンは陰イオン層の八面体間隙に一層おきに入る。この最密パッキング構造では格子点数と八面体間隙数とは同数なので，結局この型の塩も6：3配位塩である。

(e) SiO$_2$(水晶)型塩　Si原子のつくる六方最密パッキング類似構造の四面体間隙の半分にSi原子を詰め，Si原子とSi原子との間に酸素を置くと別の型のSiO$_2$結晶ができる[11]。これが水晶である。水晶も4：2配位塩である。水晶の[SiO$_4$]$^{4-}$四面体はらせん状の鎖をつくって

11) SiとOの電気陰性度の差は1.7であるため，Si-O結合のイオン性は約50％(共有結合性約50％)で共有結合性が比較的大きい。Siは陽イオンにならずSiO$_2$の結晶(α-石英，β-石英，クリストバライトなど)は珪酸四面体[SiO$_4$]$^{4-}$を基本とした三次元のネットワーク構造から成っている。

いるが，その巻き方には右巻きと左巻きの2種類があり，それぞれ違った旋光性を示す。水晶は工業的にも利用価値の高い化合物である。

CaC_2 および FeS_2 も形式上 AB_2 型の塩である。しかしこの化合物ではCとC（あるいはSとS）は共有結合で結ばれ，1つの原子団をつくっている。したがってこの場合，構造的にはむしろAB型塩と考えた方がよい。

(3) AB_3 型塩

ReO_3 型，BiI_3 型，および $CrCl_3$ 型の3種があり，いずれも **6：2 配位塩**である。ReO_3 型塩は後述のペロブスカイト型の塩との関係で重要である。この型の塩では，図1-9のように，陰イオンが6面のうちの2面で面心の欠けた立方形の格子をつくり，これに同大の陽イオン単純立方格子が3軸方向に1/2, 0, 0ずつずれて重なっている。BiI_3 型および $CrCl_3$ 型塩の構造は省略する。

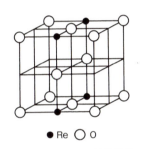

● Re ○ O

図1-9 ReO_3 の結晶構造

(4) A_2B_3 型塩

(a) $α\text{-}Al_2O_3$（コランダム）型塩 この塩では陰イオンがひずんだ六方最密パッキング構造をつくり，陽イオンがその八面体間隙の2/3を埋めている。したがって陽イオンは6個の陰イオンに，陰イオンは4個の陽イオンにそれぞれ囲まれており，**6：4 配位塩**となる[12]。コランダムは酸化アルミニウム多形のうち最もよく現れる変態で，ダイヤモンドに次ぐ硬さをもつ。サファイアやルビーはこの塩に微量の金属（Ti, Fe, Cr 等）が不純物として入ったものであり，光学的に重要な性質を示す(7-5項参照)。

(b) Mn_2O_3（酸化マンガン(Ⅲ)）型塩 陽イオンが立方最密パッキング構造をとり，陰イオンがその四面体間隙の3/4を占める。6：4 配位塩である。

上記の型の塩は全て二成分系化合物である。次に三成分系化合物に移るが，この系では ABO_3 で表される**ペロブスカイト（perovskite）型酸化物**と AB_2O_4 で表される**スピネル（spinel）型酸化物**とが特に重要な化合物

12) $α\text{-}Al_2O_3$（コランダム）型塩：O^{2-} イオンが二次元六方最密構造を形成し，その上に Al^{3+} イオンが乗る。図のA層とB層が重なり，O^{2-} イオンが六方最密構造を形成する。

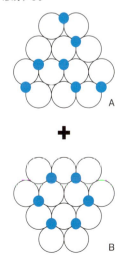

なので，この2種の化合物についてのみ詳しく述べることにしよう。

(5) $CaTiO_3$(ペロブスカイト)型酸化物

ペロブスカイト型酸化物は，高温で超伝導を示すセラミックスとして興味がもたれている物質である。その構造は，図1-10に示すように，TiとOとの間の配置は図1-9に示したReO_3におけるReとOとの間の配置と同じであるが，Reが+6価であるのに対しTiは+4価なので，この電荷の差を解消するために+2価のCaが入ったのである。この化合物ではOは2個のTiと4個のCaで囲まれている。図1-11に示すように，この2つの異なる金属原子をそれぞれ原点とした格子を描くと，さらにペロブスカイト型構造が明らかになる。すなわち，OとCaとで面心立方格子をつくり，Oでつくられた八面体間隙にTiが入っている(図1-11(a))。またCaは12個のOと8個のTiでそれぞれ囲まれている(図1-11(b))。

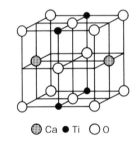

図1-10 $CaTiO_3$の結晶構造

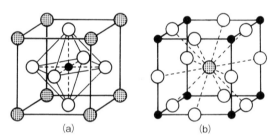

図1-11 金属原子を中心に描いた$CaTiO_3$の結晶構造
(a) Tiを中心とした結晶格子 (b) Caを中心とした結晶格子

ペロブスカイト型化合物には強誘電体のチタン酸バリウム($BaTiO_3$)がある。常温ではTiが酸素八面体間隙の中心からずれており，陰陽イオンの変位を生じる。それが原因で強誘電性を示す。これについては5章で述べる。またタングステン酸ナトリウム($NaWO_3$)およびこれを還元するとできるタングステンブロンズ(Na_xWO_3)もペロブスカイト型化合物である。タングステンブロンズはxの大きさにより黄金色，赤色および深紫色に変化する。Naの減少に伴い格子はわずかずつ変化し，またWが5価から6価に変わって電気的中性を保つ。このように構成原子の一部が欠けた構造(欠陥構造，defect structure)は元の固体の物性に種々の変化を与える点で興味深くかつ重要である。

ペロブスカイト型に関連する構造としては，超伝導を示す$La_{2-x}Ba_xCuO_4$および$YBa_2Cu_3O_{7-\sigma}$(σは0〜0.5で酸素欠損を表す)がある[13]。前者はK_2NiF_4型構造といわれており，ABO_3で示されるペロブスカイト構造のBが中心を占める単位格子(図1-11(a))に，Aが中心を占める単位格子(図1-11(b))を上下に2個結び付け，そこからそれぞれBO_3の

13) ペロブスカイト型構造の銅酸化物は，CuO_2八面体が連なり二次元のシート状に広がったCuO_2面を形成している(図1-12参照)。このシートの上下には電気伝導をブロックするLaやNdなどのランタノイドによる層があり，CuO_2層とブロック層が交互に積層する構造をとっている。このCuO_2層と酸素欠損によって生じるCuの原子価の変化やキャリア(ホール)の生成が超伝導発現に寄与するといわれている。

層を取り除くことによって得られる。図1-12にLa$_{2-x}$Ba$_x$CuO$_4$の結晶構造を示す。この構造の特徴は層状構造をもつことである。超伝導臨界温度は30～50 Kで，電流はCu原子と酸素を含む面(CuO$_2$面)に沿って流れる。後者は，酸素欠損型3重ペロブスカイト型構造とよばれ，やはり層状構造をもっており，超伝導臨界温度は125 Kに適している。超伝導については4-4項で述べる。

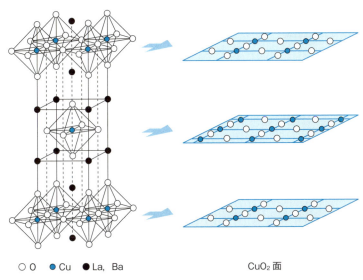

○ O　● Cu　● La, Ba　　　CuO$_2$面

図1-12　K$_2$NiF$_4$型構造のLa$_{2-x}$Ba$_x$CuO$_4$と形成されたCuO$_2$面

(6) MgAl$_2$O$_4$(スピネル)型酸化物

スピネル型酸化物は特異な磁気的性質を示す点で非常に重要である。スピネル構造は面心立方格子から成っているが，図1-13(a)に示すようにその構造は複雑である。しかしこの単位格子を8個の立方体に分割すると，その立方体の中には，Mg原子を中心としたO原子の四面体構造の小立方体(**T**と略記する)が4個と，立方体の4隅をO原子が**T**と同じ位置を，残りの4隅をAl原子が占めている小立方体(**O**と略記する)が4個からなる構造であることがわかる。その配置の一部を図1-13(b)に示す。各原子間の関係をみると，OはAl 3個とMg 1個に四配位されており，MgはOにより四配位(四面体の中心，Aサイトという)，またAlはOにより六配位(八面体の中心，Bサイトという)している。すなわち，スピネルの単位格子の中には，8個のAサイトと16個のBサイトが含まれる[14]。

Aを2価，Bを3価の金属イオンとすると(**2：3スピネル**)，AがAサイトに入り，BがBサイトに入る方法と，半分のBがAサイトに入り，Aと残り半分のBがBサイトに入る方法とがある。前者を**正スピ**

14) スピネル構造のMgAl$_2$O$_4$は立方晶系($\alpha = 0.8083$ nm)で，単位胞にはMgAl$_2$O$_4$の8倍の原子を含む。4個の酸素原子によって囲まれた正四面体型の隙間が64個，6個の酸素原子によって囲まれた正八面体型の隙間が32個含まれている。また正四面体型の隙間の1/8に8個のMg原子が，正八面体型の隙間の1/2に16個のAl原子が入っている。

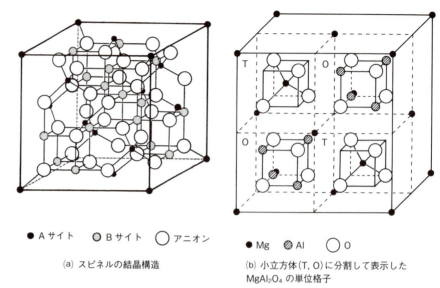

- ● A サイト　　○ B サイト　　○ アニオン
(a) スピネルの結晶構造

- ● Mg　　◎ Al　　○ O
(b) 小立方体(T, O)に分割して表示した $MgAl_2O_4$ の単位格子

図 1-13 スピネル構造

ネル (normal spinel) とよび，一般式は $A[B_2]O_4$ (例えば $MgAl_2O_4$) で表される。後者を**逆スピネル** (inverse spinel) とよび，一般式は $B[AB]O_4$ (たとえば $Fe[NiFe]O_4$) と書く。磁性体として有用なフェライトの大部分は逆スピネル構造である。例えばコバルトフェライト ($CoFe_2O_4$) は $Fe(Ⅲ)[CoFe(Ⅲ)]O_4$ と，またマグネタイト (Fe_3O_4) は $Fe(Ⅲ)[Fe(Ⅱ)Fe(Ⅲ)]O_4$ と書く。

A が 4 価, B が 2 価の場合 (**4:2 スピネル**) にも同様な配置法が考えられるが，実際上は逆スピネルしか存在していない。表 1-3 に代表的なスピネル化合物とその型を示す。

これらのスピネル化合物の磁気的性質については 6 章で述べる。

表 1-3 スピネル型化合物

	2:3 スピネル	4:2 スピネル
正スピネル	$MgAl_2O_4$ $MgMn_2O_4$ $Co(Ⅱ)Co(Ⅲ)_2O_4$	
逆スピネル	$Fe(Ⅲ)(Fe(Ⅱ)Fe(Ⅲ))O_4$ $Fe(NiFe)O_4$	$Zn(TiZn)O_4$ $Co(SnCo)O_4$

結晶と準結晶

結晶とは「構成する原子，分子，イオンが三次元的に規則正しく並んだ固体である」ことはすでに述べた。すなわち結晶は並進対称性を持つことから，その電子線回折等の回折像は1回，2回，3回，4回および6回のいずれかの回転対称性を示す。これに対して結晶には存在しない5回，8回，10回または12回対称を示す物質，すなわち並進対称性（三次元の格子の周期性）を持たないが，高い秩序性が存在する構造を示す物質が発見された。Al-Cu-Fe，Ho-Mg-Zn および Zn-Mg-Sc などの合金である。これを準結晶（quasicrystal）という。

この発見に伴い国際結晶学連合（IUCr）では，1992年に結晶とは「基本的に連続的な回折図形を示す物質」と定義し，準結晶も含めるように改訂した。この研究に大きな貢献をしたダニエル・シェヒトマンには2011年のノーベル化学賞が授与された。

図1に正六角形と正五角形のタイルを敷き詰めた時の図形を示す。正六角形は隙間なく空間を埋め尽くすのに対し，正五角形は隙間が生じる。すなわち5回対称軸をもつものは従来の結晶には存在しえないことがわかる。ところが Ho-Mg-Zn 合金結晶には，通常存在しない5回回転対称性を示し，正20面体の対称性を有していた。図2は準結晶の二次元的結晶構造を示すペンローズ・タイルパターンを示す。従来の結晶とは異なり2種の菱形の基本単位格子から成っていること，および5回軸対称性をもちつつ非周期的であるが平面を余すことなく埋め尽くすことができることがわかる。

図1 正六角形と正五角形のタイルを敷き詰めた時の図形

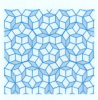

図2 ペンローズ・タイルパターン

1-6 分子結晶

(1) 単体

分子結晶とは，数個の原子が共有結合で分子をつくり，この分子が**ファン・デル・ワールス力**（van der Waals force）で結ばれ結晶となったものをいう。例えば α-硫黄の場合，図1-14(a)のように8個の原子が環状の分子をつくり，この8原子分子が1つの単位となり結晶をつくっている。白リンの場合は4原子分子（図1-14(b)）が結晶中の1構成単位である。分子間力（ファン・デル・ワールス力）は方向性がなく，また弱い相互作用であるため，各分子はできるだけ密な構造をとって結晶をつくる。ところで，分子の形と大きさは多種多様であること，また極性をもつ分子もあるため分子の形態からその結晶構造を推測するのは容易ではない。分子結晶は比較的低い温度で融解したり昇華したりして，分子単位に分離される。しかし，分子自身の分解にはさらに高い温度を必要とするのはいうまでもない。

このグループの結晶では，電子の移動は分子内に限られるので，電気伝導性は一般に極めて小さい。しかし黒鉛（以下**グラファイト**（graph-

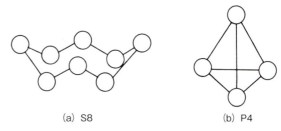

図1-14　α-硫黄と白リンの分子構造

15) グラファイトの面内と層間方向の電気伝導度はそれぞれ $\sigma_{ab}=2\times10^4\,\Omega^{-1}\,\mathrm{cm}^{-1}$（良導体域）および $\sigma c=8.3\,\Omega^{-1}\,\mathrm{cm}^{-1}$（半導体域）である。

16) グラフェンはグラファイト，カーボンナノチューブ，フラーレンなどの炭素同素体の基本構造である（10-5項参照）。グラフェンは薄く（0.3 nm），広い表面積（3,000 m²/g）を持ち，強靱な物質（破壊強度 130 GPa 以上）である。π 結合性軌道と π* 反結合性軌道のエネルギーギャップ（図3-1(b)参照）はなく，フェルミ準位で接した電子構造をもつため，グラフェンはゼロギャップ半導体あるいは半金属である。電子の移動度は金属に比べて著しく大きく室温で $\mu=4\times10^4\,\mathrm{cm}^2\mathrm{V}^{-1}\mathrm{s}^{-1}$ で，電気伝導率は $\sigma=1.5\times10^4\,\Omega^{-1}\,\mathrm{cm}^{-1}$ 以上を示すため，次世代の電子機器の中核となる革新的な素材として注目されている。現在は金属触媒の下で，メタンやエタンを原料とした熱CVD法で作製されている。

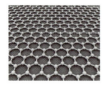

ite）とよぶ）は大きな電気伝導性を示す[15]。図1-15に示すようにグラファイトは層状構造からなり，ab 平面内では炭素原子は他の3個の炭素と sp^2 混成軌道で結合している。その結合距離は 0.142 nm で，ダイヤモンドの sp^3 結合（0.154 nm）とベンゼンの sp^2 結合（0.139 nm）の中間の結合で結ばれている。形成された六員環は ab 平面全体に無限に繋がっており，一種の巨大芳香族分子とみなせる。グラファイトを構成するこの1枚のシートは**グラフェン**（graphene）とよばれる。グラフェンの平面内には未結合の p_z 軌道に基づく π 分子軌道が全体に広がっている。電子はこの π 分子軌道を使って平面内を比較的自由に動き回れるため金属に近い電気伝導性を示す[16]。いっぽう層間距離は 0.335 nm と大きく，フェン・デル・ワールス力によって結ばれているので c 軸方向の電気伝導度は小さく，また力を加えるだけでグラフェンシート同士は滑り合う。この性質のためにグラファイトは電解用の陽極や高温下の減摩材として用いられる。また層間には種々の原子や分子を包接することができる（14-5項で述べる）。

(2) 化合物

1-4項で述べた常圧相 h-BN はこのグループに属する。h-BN は B 原子の sp^2 混成軌道と N 原子の3個の電子の軌道との間でそれぞれ共有性の大きな結合をして六員環からなる平面を形成する。これらの平面は

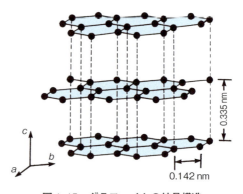

図1-15　グラファイトの結晶構造

積み重なり，グラファイトと同様の層状構造をなす。N原子に残る電子対は原子にそのまま捉えられるので絶縁体となる。層間の引力は弱いファン・デル・ワールス力であるために，層はグラファイトと同様に互いに滑りやすく固体潤滑剤として利用される。また可視光の吸収がなく白色であるため，白い黒鉛(white graphite)ともよばれている。

イオン結晶の結晶構造を決定する3つの因子

本文中に述べたように，イオン結晶は主に(1)静電力，(2)イオン半径比と電荷数，および(3)共有結合性などの因子によって構造が決まる。それらの因子を整理しておこう。

(1) 陰陽イオンは静電引力を最大に，また静電反発力を最小にするように充填する。したがって，図1(c)のように，陰イオンのみで接すると不安定になる。

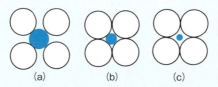

図1 安定な配位(a), (b)と不安定な配位(c)

(2) 陽イオンのまわりにはできるだけ陰イオンが，また陰イオンのまわりには陽イオンが配置し，対称性の高い配列をとろうとする。したがって，図2および表1に示すように陽イオンを囲む陰イオンの数(配位数)は，(陽イオン半径r_+)/(陰イオン半径r_-)比に基づいた幾何学的要素でほぼ決まる。

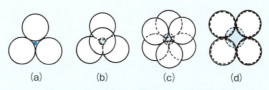

図2 陽イオンのまわりの陰イオンの配列状態
(a)〜(d)の記号は下記の表の記号と対応

表1 r_+/r_-比と配位数および結晶構造との関係

記号	r_+/r_-	陽イオンの配位数	陰イオンの配列	結晶構造 AB型塩	結晶構造 AB$_2$型塩
(a)	0.155〜0.225	3	三角形	−	−
(b)	0.225〜0.414	4	四面体	ZnS	SiO$_2$(β-クリストバライト)
(c)	0.414〜0.732	6	八面体	NaCl	TiO$_2$(ルチル)
(d)	0.732〜1.000	8	立方体	CsCl	CaF$_2$

(備考) $0.155 = (2\sqrt{3}/3 - 1)$, $0.225 = (\sqrt{6}/2 - 1)$, $0.414 = (\sqrt{2} - 1)$, $0.732 = (\sqrt{3} - 1)$.

(3) 共有結合性が増すと，イオン半径比に基づく理想的配位数よりも低い配位数をとりやすい。これは局在化した結合の場合，高い配位数では陽イオン上の負電荷が多くなり過ぎるからである。次の表2は，比較的共有結合性の高いCdのカルコゲン化物を例にとり，イオン半径比と配位数との関係を示したものである。

表2 共有結合性の高い結晶の r_+/r_- 比と配位数および結晶構造との関係

物質	r_+/r_-	配位数 (理想値)	配位数 (実測値)	結晶構造	共有結合性(%)
CdTe	0.41	4	4	ZB*	28.3
CdSe	0.46	6	4	W**	30.1
CdS	0.50	6	4	W	31.5
CdO	0.66	6	6	NaCl	−

* ZB：セン亜鉛鉱型(立方晶系，4配位)
** W：ウルツ鉱型(六方晶系，4配位)

2 不完全な構造

現実の結晶には1章で述べたような規則性のある理想的な結晶構造ばかりではなく，原子配列の乱れや不純物による欠陥が存在する。これを格子欠陥(lattice defect)とよぶ。結晶の種々の物性はこの欠陥の存在に大きく影響される。欠陥は通常，**点欠陥**(point defect)，**線欠陥**(line defect)，**面欠陥**(plane defect)の3群に大別され，それぞれはさらにいくつかの副群に細分される。本章ではこれらの欠陥の構造とその成因，そして種々の物性との関係について述べる。また，結晶のような規則性がなく，無秩序な原子配列からなる非晶質固体(アモルファス)の構造についても考察する。

2-1 点欠陥

この種の欠陥は，(1)格子点原子(またはイオン)の格子間あるいは固体外への移動および空孔の形成，(2)異種原子(またはイオン)との置換，(3)異種原子(またはイオン)の格子間への侵入，(4)格子点イオンの原子価の変化，などによって起こる。点欠陥はそれぞれ熱平衡濃度を持っているために，点欠陥を全く含まない結晶は存在しない。しかもこれらの現象は単独に起こるだけではなく，いくつか組み合わさって起こる場合もあり，欠陥の種類はそれだけ多くなる。ここで大事なことは，関与する粒子が原子の場合(金属結晶)とイオンの場合(イオン結晶)に分けて考えねばならないことである。なぜならば後者であれば，変化に際して固体全体の電気的中性を保たなければならないからである。

(1)の代表的な例としては，結晶の中の原子が存在すべき位置から抜けて空孔となった格子点で，**空格子点**(vacancy)という。熱平衡では温度で定まる一定量の空格子点が存在し，温度が高いほどその数は多くなる[1]。また外部からの応力や放射線照射などによっても発生する。

空孔が形成される機構には**フレンケル欠陥**(Frenkel defect)と**ショットキー欠陥**(Schottky defect)の2つのタイプがある。前者は格子点粒子が格子間に移り，その後に空孔が残った欠陥で，空孔と格子間粒子の対が形成される。後者は格子点粒子が結晶外(あるいは結晶表面)に出て空孔だけが残った欠陥である。これらの概念図を図2-1に示す。

金属の場合は上の説明に用いた格子点粒子を原子に置き換えることによって説明できる。これに対し，イオン結晶の場合は正と負のイオンがあり，電気的中性を保たなければならない[2]。アルカリハライド結晶ではフレンケル欠陥では移動するイオンの違いによって正の空孔と負の空

---

1) 点欠陥(とくに空格子点)は原子やイオンの熱運動によりあらゆる物質に生ずるもので，0 K以上の温度では常に存在する。すなわち点欠陥を含まない完全結晶は熱力学的に不安定であり，結晶の自由エネルギー($\Delta G = \Delta H - T\Delta S$)を最小にするには配置のエントロピー(乱雑さ)を増加させる点欠陥の生成が必須である。その濃度は温度と共に大きくなる。空孔の平衡濃度 C_v は $C_v \approx \exp(-E_v/kT)$ で表される。ここで E_v は空孔の形成エネルギーであり，融点近くの金属においては空孔の平衡濃度は 10^{-4} のオーダーとなる。

2) Schottky欠陥は，構成原子のイオン半径と分極率があまり違わないハロゲン化アルカリや金属などに見られる。Frenkel欠陥は，構成イオンのイオン半径と分極率に大きな差があるハロゲン化銀のような化合物に見られる。

欠陥の種類
Ⅰ．点欠陥
①空格子点(空孔)
②フレンケル欠陥
③ショットキー欠陥
④異種原子との置換
⑤異種原子の格子間侵入
⑥原子価の変化
Ⅱ．線欠陥(転位)
①刃状転位
②らせん転位
Ⅲ．面欠陥
①粒界
②双晶境界
③積層不整

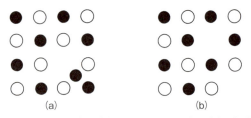

図2-1　フレンケル欠陥(a)とショットキー欠陥(b)の概念図

孔の形成が可能となり，またショットキー欠陥では陽イオン，陰イオン共に固体外に出て，その後に2種の空孔が残った欠陥が生じる(図2-1(b))。イオンの移動によるフレンケル欠陥の生成は固体の密度を変えないが，電気伝導度を増加させる。一方，ショットキー欠陥の生成は固体の密度を減少させるが，電気伝導度は増加させない。

　アルカリハライド中の陰イオンが抜けて電子が補足される場合がある。たとえばNaClをX線で照射したり，Na蒸気中で加熱し急冷すると，黄色に着色する。またKClをK蒸気中で同様に処理すると藤色を呈する。これは固体中に**色中心**(color center)とよばれる欠陥が生じ，青および橙の可視光を吸収するようになったからである(図2-2)。すなわち色中心とは，可視光を吸収し得る格子欠陥のことである。その原因は，アルカリハライドの結晶MXにアルカリ原子を加えると，結晶の内部から移動してきたX^-イオンと結合し，結晶内部には陰イオンの抜けた空格子点が生成する。空格子点に余分の電子が入り込むと，禁制帯に新たな準位が生じ，可視光を吸収して電子が移動するようになるからである。これはF中心(FはFarbe：独語，色)とよばれる(詳細は7-4(3)項参照)。またF中心以外の色中心，たとえばF中心が2個隣接したM中心，陽イオン空格子点に正孔が捕獲されたV中心なども知られている。

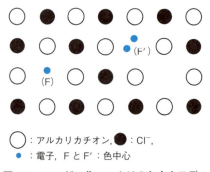

○：アルカリカチオン，●：Cl^-，
・：電子，FとF′：色中心

図2-2　ハロゲン化アルカリの色中心モデル

　(2)のタイプは原子の置換による欠陥で，異種の原子がもとの原子の位置と置き換わって格子点を占める場合である。金属の場合，異種原子

は原子半径が同じくらいで原子価が同じであれば置換される。これに関しては置換型固溶体(1章)やヒューム-ロザリー則(12章)が密接に関与する[3]。イオン結晶の場合，結晶中に原子価の異なるイオンを置換させた場合を考える。1つは2価のNiからなるNiOに1価のLiからなるLi_2Oを少量添加した場合で，図2-3に示すようにLi^+はNi^{2+}の占める格子点に入るが，固体全体の電気的中性を保つためにLi^+の導入量と同量のNi^{2+}がNi^{3+}に変わる。Ni^{3+}の位置は固定したものではなく，隣のNi^{2+}と電子のやり取りを行う。このため純粋なNiOは絶縁体であるが，Li_2Oを添加したNiOは半導性を帯びる。もう1つは1価のAgからなるAgClに2価のCdからなる$CdCl_2$を少量添加すると，図2-4に示すように2個のAg^+格子点の1個にCd^{2+}が入り，その結果，他の格子点に空孔が生じ欠陥構造となる。このとき固体の密度は減少する。半導体においては，Siに5価のPやAs原子あるいは3価のAlやB原子を不純物として添加し，Si原子と置き換えて(同型置換して)自由電子や正孔を生じさせることが行われる(4-3(2)項)。

[3] 置換型の不純物原子が，母相の溶媒Aに溶質原子Bとして広範囲に固溶できるためには，A原子とB原子との間には以下のヒューム-ロザリー則が成り立たねばならないことが経験的に知られている。①原子半径の差が15%以下であること，②単体の時に同じ結晶構造を有すること，③原子価が同じであること，④電気陰性度がほとんど等しいことである。なお12章で詳細に述べる。

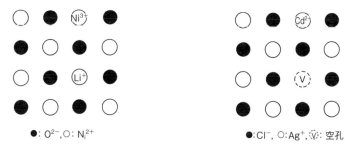

●: O^{2-}, ○: Ni^{2+}　　　　●: Cl^-, ○: Ag^+, Ⓥ: 空孔

図2-3　Li_2Oを含むNiOのイオン配列　　　図2-4　$CdCl_2$添加のAgClの欠陥構造

(3)のタイプは原子の侵入による欠陥で，異種の原子が元の結晶の格子間に入り込む場合である。金属の場合，例えば鉄などにCやNのような小さな原子が金属結晶の格子間に入って生成した侵入型合金があげられる。この代表的な例は鉄に炭素を固溶した鋼がある(1-3(2)項，12-5項)。

(4)により生ずる欠陥例としては，TiO(一酸化チタン)やZnOの場合にみられる**非化学量論的化合物**(non-stoichiometric substance)があげられる。TiOを囲む酸素圧を変えることにより，その組成比は$TiO_{1.35}$から$TiO_{0.60}$まで変り得る。前者にはTi^{4+}が含まれており，Ti^{2+}の空孔がその分だけできる。後者にはTi^+が生じ，格子間隙に入り込んでいる。ZnOの場合は，Zn^{2+}が還元されて金属亜鉛になりやすく，これが格子の間隙に侵入する。非化学量論的なTiOやZnOは半導体である。

2-2 線欠陥

線欠陥は**転位**(dislocation)ともよばれ，2つの基本型がある。1つは**刃状転位**(edge dislocation)とよばれるもので，図2-5のように，正常な三次元格子に，網目で示す1枚の二次元格子が余分に，くさびの刃型にくい込んでいる。このくい込んだ二次元格子がつくる，紙面に垂直な線分(A)を転位線とよぶ。転位線を含む格子群abcdは歪んでおり，エネルギー的に不安定で，結晶内部が正常構造をとるようになるのは5～6格子先からである。図に示すようなすべり面を境にして，上下の結晶は互いにずれ得る。このとき，格子点列Aは対面する格子点列aまたはbと結合をつくり，格子点列cまたはdを新しい転位線にする[4]。

転位線Aとa(またはb)との間の距離と，aとd(またはbとc)との間の距離はほぼ同じくらいなので，結合の組み換え(すなわち刃状転位の移動)に要するエネルギーは小さくてすむ。金属の臨界せん断応力が理論値よりはるかに小さいのはこのためである(8章参照)。

[4] 刃状転位は以下に示すように①，②，③の順で移動し，すべりに伴い新たな転位線を生じる。

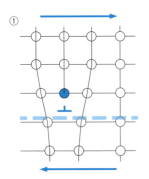

①

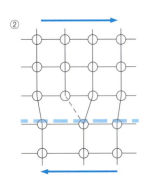

②

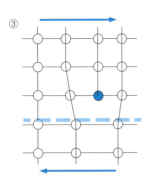

③

→ 応力
--- すべり面

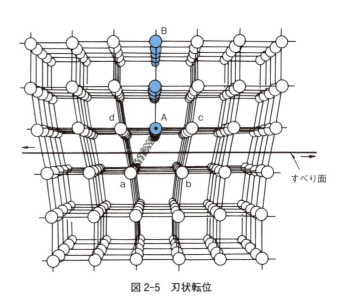

図2-5 刃状転位

もう1つの線欠陥は**らせん転位**(screw dislocation)とよばれるもので，図2-6に示すように結晶板を途中まで引き裂いたような構造をもつ。らせん転位の転位線はA点から結晶板に垂直に下した線で，すべり面はaである。

この2つの転位は外力が加わったときにも生ずる。図2-7に混合転位を示す。図の(a)，(b)はそれぞれ個別のらせん転移と刃状転位を示し，(c)はこれらの2つの転移が複合して生じた**混合転移**を示す。この2つの転移は外力が加わった時に同時に起こることが多い。らせん転位は転位線AA′を境に，すべった部分とすべらない部分とが存在し，すべり

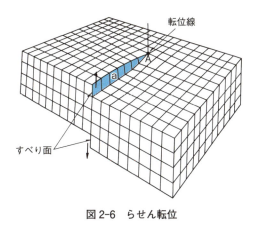

図 2-6 らせん転位

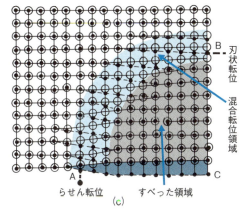

(a) らせん転位，AA′ は転位線，(b) 刃状転位，AA′ は転位線，(c) らせん転位と刃状転位の組合わせでできた欠陥構造．A ではらせん転位，B では刃状転位になっている．○は上の面，●は下の面の原子を表す．　　　　　　　　　　　　　　　((c) は文献 3) より転載)

図 2-7　線欠陥の混合転位の模式図
　個別のらせん転位と刃状転位，およびらせん転位と刃状転位の混合転位に伴うすべりの発生を示す．

の方向と転位線の方向は平行である。一方，刃状転位はすべり面の上側では格子が圧縮されており，下側では引張られた形となっている。この場合，すべりの方向と転位線の方向は直角である。実際の結晶ではらせん転位と刃状転位が組み合わさっている。この様子を図 2-7(c)に示す。図中の A ではらせん転位が，B では刃状転位が生じている。AC の影をつけた部分はすべりに伴って表面にできたステップであり，図 2-7(a)と(b)のステップ(同様に影をつけた部分)と対応している。

2-3 面欠陥

一見，高密度で単結晶のようにみえる固体でも，実際は小結晶の集合体である場合の方が多い。そして，小結晶同士の境界面近傍層は，2つの結晶構造を調整するように歪んでおり，エネルギー的に不安定である。このような境界面における欠陥構造を**粒界**(grain boundary)とよぶ。粒界には**大傾角粒界**と**小傾角粒界**の2種類がある。図 2-8 と 2-9 にこれらの構造を模式的に示す。図より小傾角粒角は一連の刃状転位からできていることがわかる。粒界の物理的性質(特に力学的性質)や化学反応性は，結晶内部(バルク)のそれと非常に異なる。そして時には，固体全体の物性や反応性を決定する場合もある。このことについては 8 および 13 章で再びふれる。

その他の面欠陥として，**双晶境界**と**積層不整**があげられる。前者では，ある格子面を境にして，上下の結晶構造が鏡像関係にある。後者ではたとえば，立方最密パッキング構造の ABCABC 配列に，六方最密パッキング構造の ABABAB 配列が入り込んでいるような場合があげられる。

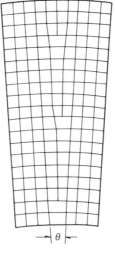
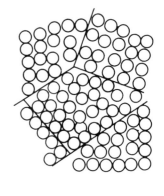

図 2-8　小傾角粒界　　　　　図 2-9　大傾角粒界

2-4 非晶質固体（アモルファス）

融液を急冷して過冷却状態を経て固化したり，結晶に無数の欠陥を発生させたりすると，規則正しい原子配列は乱れ非晶質になる[5]。非晶質の固体は**無定形固体**あるいは**アモルファス**ともよばれ，並進対称性をもたない乱れた系である。表 2-1 にアモルファスの種類を示す。代表的なアモルファスにはガラス，ゲル，アモルファス金属，アモルファス半導体などがある。ガラスは上記のアモルファスの構造的特性に加え「ガラス転移点を示すもの」をいう。同じ金属でも，ガラス転移点をもつ合金ガラスと，昇温過程で過冷却液体領域に達する前に結晶化が進行するためガラス転移点をもたないアモルファス金属がある。

表 2-1 アモルファスの種類

種　類	物質の例	化学組成
A．ガラス		
・酸化物	石英ガラス	SiO_2
・フッ化物	フッ化物ガラス	$NaF-BeF_3$
・カルコゲン化物	カルコゲンガラス	As_2S_3
・金属	合金ガラス	Zr-Be-Ti-Cu-Ni
B．ゲル	シリカゲル	$SiO_2 \cdot nH_2O$
C．非晶質炭素	カーボンブラック，活性炭	C
D．アモルファス半導体	アモルファスシリコン	Si
E．アモルファス金属	アモルファス磁性合金	$Fe_{78}Si_{10}B_{10}$
F．高分子	ポリスチレン，ABS 樹脂	C-H-(N)

アモルファスを構成する原子は全く無秩序な配置をしているのであろうか。無秩序な原子配置を知る方法には，X 線や中性子線の照射により散乱される強度と散乱角度をもとにして得られる動径分布関数がある。これはある任意の原子からの距離の関数として第 2 番目の原子を見出す確率を表すものである。図 2-10 に石英ガラスの動径分布曲線を示す。①と②の示す原子間距離は結晶中で見られる SiO_4 のケイ酸四面体構造の結合距離そのものである。また③，④および⑤から，そのケイ酸四面体に隣接する O および Si もまた比較的規則的に配列していることがわかる。しかし任意の原子から 6〜7Å（0.6〜0.7 nm）以上離れた原子はもはや規則性が認められなくなる。このように石英ガラスを構成する原子はランダムに存在しているのではなく，ケイ酸四面体構造を基本とした短距離秩序を持っていることがわかる。いっぽう無定形炭素（石炭，コークス，木炭，すすおよびカーボンブラックなど）では微視的にはグラファイト構造が基本となった微細でかつ不規則な炭素の集合体であることが明らかになっている。

以上の事実をもとにして考えられる結晶およびアモルファスの二次元モデルを図 2-11 に示す。図 2-11(a) は結晶で，並進対称性をもった規

5) ミルなどによって結晶に機械的な力を与えると，粉砕時に生じる無数の欠陥によって非晶質化する。

構造と X 線回折

結晶の種類やアモルファスの状態を知るのに粉末 X 線回折は有効である。例として，いずれも SiO_2 から成る (a) 結晶（β-クリストバライト），(b) ガラス（石英ガラス），および (c) ゲル（シリカゲル，$SiO_2 \cdot nH_2O$）の粉末 X 線回折パターンを示す。(a) は X 線が結晶格子で回折し，結晶固有の回折パターンを示している。(b) は SiO_2 融液の乱雑な原子配列が凍結状態にあるため，ブロードな回折パターンを示している。(c) は SiO_2 のコロイド粒子（一次粒子）が凝集して二次粒子を形成しているために，粒子間にミクロな間隙が存在する。その結果，固体部分と間隙部分の密度差を生じ，非晶質のブロードなパターンに加え低角度散乱（小角散乱）を示している。

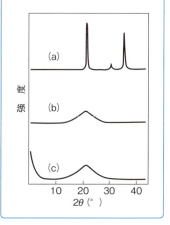

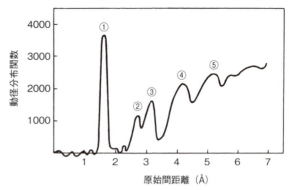

① 1.62 Å (Si-O 結合距離)
② 2.65 Å (O-O 距離)
③ 3.12 Å (最も近い Si-Si 距離)
④ 4.15 Å (Si と第 2 番目に近い O との距離)
⑤ 5.1 Å (O と結合している第 2 番目の O，および Si と結合している第 2 番目の Si との距離)

図 2-10　石英ガラスの動径分布曲線
(R. L. Mozzi and B. E. Warren (1969). *J. Appl. Cryst.*, **2**, 164.)

則的構造である。図 2-11(b)はこれまで考えられてきたランダムネットワーク構造で，短距離秩序をもたない無秩序な構造を示している。図 2-11(c)はケイ酸ガラスや無定形炭素で見られる短距離秩序をもつもの，あるいは微結晶を含む構造を表している。一般にアモルファスは「長距離秩序がなく，短距離秩序だけが残る原子配列をした固体」と定義されており，図の(b)と(c)の中間的な原子配列をしているものが多いと考えられている。

　次にガラス状態やガラス転移点について考えよう。ガラスとは固体と液体の間に位置する準安定状態にある物質である。図 2-12 に示すように物質の融液を冷却すると，物質によって 2 つの異なる経路を通って固体になる。1 つはその物質の融点 T_m で結晶化する場合で，a → b → c → d の不連続な経路を通る。もう 1 つは，b では結晶化せずに**過冷却液体**を経て a → b → e → f の経路を通る場合で，これを**ガラス化**とい

結晶化ガラスと多孔質ガラス

　ガラスは安定相ではないので，ガラス転移点以上，融点以下付近の温度で再加熱すると微結晶が析出したり分相することがある。例えば Li_2O-Al_2O_3-SiO_2 系のガラスを再加熱すると β-石英の固溶体が析出する。生成した β-石英固溶体とガラス相の膨張が打ち消しあって低膨張率ガラスが実現する。また Na_2O-B_2O_3-SiO_2 系のガラスを再加熱すると $Na_2O \cdot B_2O_3$ 相と SiO_2 相に分相する。酸で $Na_2O \cdot B_2O_3$ 相を溶解除去すると多孔質ガラスが形成される。

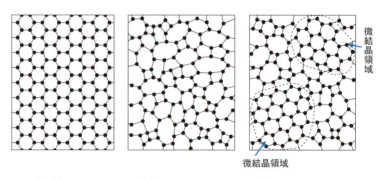

(a) 結　晶　　(b) ランダムネットワーク構造　　(c) 微結晶モデルによる構造

図 2-11　二次元モデルで表した結晶(a)とアモルファス(b)，(c)の原子配列のモデル

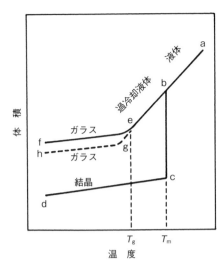

図2-12 ガラス形成物質の体積－温度曲線

う。b→eの過程(または$T_m → T_g$の温度領域)では温度の低下とともに液体の粘性が増し,eに達するとある特定の温度またはある温度の幅をもってガラス化が起こる。この温度を**ガラス転移点**(glass transition point) T_gという。一般にガラス化する物質はT_g付近の過冷却液体が10^{12} kgm^{-1}s^{-1}(10^{13} ポアズ)に相当する粘度をもつことが知られている。しかしガラス化し難い物質でも急速冷却することによってガラスにすることもできる。

　ガラスは熱力学的には非平衡状態(あるいは準安定状態)であるので,ガラス化する物質を結晶化しない範囲で冷却速度を変化させると,状態の異なるガラスが形成される。例えばゆるやかに冷却すると,より低い温度まで過冷却状態が続き(e→g),より密度の高いガラスが得られる。

欠陥の及ぼす諸物性への影響

　格子欠陥は，材料の電気的，磁気的，光学的，機械的，化学的な性質に大きな影響を与える。格子欠陥は多くは各種デバイスの性能を低下させるが，積極的に欠陥を導入して新たな性質を発現させることも行われる。本書では欠陥の及ぼす諸物性への影響の記述は各章に分散しているので，ここで予め整理しておくことにしよう。

1. 電気的性質への影響
① 金属の電気伝導率：不純物と格子欠陥による電子散乱に起因する抵抗率の上昇(4-2 項)。
② 半導性の出現：NiO に Li_2O を添加することに伴う $Ni^{2+} \rightarrow Ni^{3+}$ の変化，およびそれに伴う半導性の発現(2-1 項)，酸化物半導体(ZnO など)の格子欠陥に由来する非化学量論組成(金属過剰あるいは酸素不足)に伴うキャリア電子の生成と半導性の発現(2-1 項)。
③ 半導体の種類：不純物準位(ドナー準位，アクセプター準位)の形成に伴う n 型と p 型半導体の形成(4-3 項)。
④ イオン伝導性：空格子を内在する安定化ジルコニア(例：$Zr^{4+}_{0.85}Ca^{2+}_{0.15}O^{2-}_{2-0.15}$)の酸素空孔の移動によるイオン伝導(4-5 項)。
⑤ 超伝導性(第二種超伝導体)：第二種超伝導体の内部にあるひずみや不純物などによる磁束の捕獲(ピン止め効果)。

2. 磁気的性質への影響
① 保磁力：結晶粒界や不純物は磁壁の移動を妨ぐため(磁壁のピン止め効果)，欠陥を増すことによる高保磁力の発現(6-4(3)項)。

3. 光学的性質への影響
① 光吸収：空格子点である F 中心による光の吸収(7-1(4)項)，および含まれた不純物(同形置換した遷移金属元素など)による光の吸収(7-1(5)項)。

4. 機械的性質への影響
① 金属の強度：転位密度に比例した強度の低下，および転位の動きを止めることによる材料の強度の向上(加工硬化)(8 章の章末コラム「金属材料の強化」)。
② セラミックスの強度：大傾角粒界によるすべりの抑制(8-4 項)。

3 電子構造

分子の電子状態を最もうまく記述する方法の1つに**分子軌道法**(molecular orbital theory)がある。固体を1つの巨大分子と考えれば，原理的には固体の電子構造も分子軌道法により記述できるはずである。我々はまず分子軌道法を用いて固体の電子構造を定性的に理解しよう。

自由電子近似理論およびこれをさらに発展させた**バンド理論**は，金属の電子構造をかなり定量的に記述し得る。そしてこれらの理論に，**フェルミ－ディラックの統計**を組合わせると，固体の種々の物理的性質が定量的に解明できる。次のステップとして，自由電子近似理論，バンド理論およびフェルミ－ディラックの統計について考察する。

3-1 分子軌道法による説明

水素分子の電子状態は図3-1(a)のように表される。すなわち，2個の水素の原子軌道 ψ_a と ψ_b の線型結合から，**結合性分子軌道** $\sigma = \psi_a + \psi_b$ と**反結合性分子軌道** $\sigma^* = \psi_a - \psi_b$ とが生ずる。水素分子中の2個の電子は対をつくり，エネルギー的に低い方の準位 σ 軌道に入り，σ^* は空いたまま残る。ベンゼンのπ電子軌道は図3-1(b)のように表される。すなわち6個の炭素の p_z 原子軌道から，3個の結合性π分子軌道と，3個の反結合性 π^* 分子軌道が生ずる。そして6個のπ電子は対をつくって低いエネルギー準位から入っていき，3個のπ軌道を占有する。

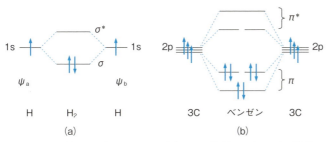

図3-1 水素分子(a)とベンゼン(b)の分子軌道のエネルギー準位

上記2つの例から次のことがわかる。

(1) $2a$ 個の原子軌道から a 個の結合性軌道と a 個の反結合性軌道が生ずる。

(2) 結合性軌道は全て元の原子軌道よりエネルギー的に低く，反結合性軌道は全て高い。

> **ψ_a と ψ_b および σ と σ^***
>
> ψ_a と ψ_b は2個の水素原子a，bの原子軌道を表す関数である。原子a，bが近づき軌道が重なり合うと分子軌道が形成される。重なり方には2つあり，(電子は波動であるので)同位相で重なるときは強め合い(エネルギーの安定化をもたらす)結合性軌道 σ を形成し，逆位相で重なるときは弱めあって(エネルギーの不安定化をもたらす)反結合性軌道 σ^* を形成する。これを式で表すと
>
> $\psi(\sigma) = c(\psi_a + \psi_b)$
> $\psi(\sigma^*) = c(\psi_a - \psi_b)$
>
> ここで c は原子軌道の重みを表す係数である。

分子軌道法により固体の電子構造を記述すれば，共有結晶と金属およびイオン結晶はどのように表せるか考えてみよう。

(1) 共有結晶

共有結晶は巨大分子と考えることができ，無数の結合性軌道と反結合性軌道が形成されている。結合性と反結合性のそれぞれの軌道はエネルギー準位がごく接近しており，結晶を形成する原子の数が多いためにそれぞれの軌道は事実上連続したバンド(帯)構造となる。これを**エネルギーバンド**(energy band)という。その概念図を図3-2に示す。結合性軌道は価電子で満たされているために，電子で満たされたバンドとなる。これを**価電子帯**(valence band)とよぶ。いっぽうエネルギー準位の高い反結合性軌道には電子は満たされていないために，空のバンドとなる。この空のバンドは電気伝導に関与するので，**伝導帯**(conduction band)とよぶ。両者のバンド間にはエネルギー準位が存在せず，電子は留まることができないので**禁制帯**(forbidden band)といい，その分離幅を**バンドギャップ**(band gap) E_g とよぶ。

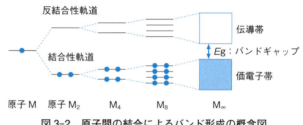

図3-2 原子間の結合によるバンド形成の概念図
軌道上の電子を●で示す

固体の電気伝導性は，多くの場合電子の移動に起因する。電子が移動するためには空いた軌道がなければならない。ダイヤモンドの場合，価電子帯は電子で充満しており空いた軌道はほとんど無い。一方，伝導帯は空いた軌道ばかりであるが，価電子帯から伝導帯に電子が移るにはバンドギャップ E_g が大きすぎる。そのためダイヤモンド内では電子の移動はほとんど起こらず，電気の絶縁体となる。

ケイ素やゲルマニウムは炭素と同じ14族であるが，原子番号が増すにつれて各軌道の重なりが小さくなるため，結合力の低下と共にバンドギャップも小さくなる。したがって一部の電子は価電子帯から伝導帯に励起され，伝導帯内の空いた軌道を使って固体内を移動しうる。このためケイ素やゲルマニウムは半導体となる。

表3-1に絶縁体および半導体のバンドギャップ E_g の値を示す。各化合物のグループごとに E_g 値を比較すると，単体と同様に原子番号が大きくなるにつれて E_g 値は低下している。ここで E_g 値は，電子などの

粒子1個のもつエネルギーを表すのに都合のよいeV（エレクトロンボルト：1 eV ≒ 96.5 kJmol^{-1}）の値で表している。なお表に掲げた族は短周期表に基づく族の数値である。

表 3-1　絶縁体および半導体のバンドギャップ E_g と [300 K]

結晶	族	E_g [eV]	結晶	族	E_g [eV]
（単体）			（Ⅱ—Ⅵ化合物：カルコゲン化物）		
C（ダイヤモンド）	4	5.4	ZnS	2-6	3.54
Si	4	1.1	ZnSe	2-6	2.58
Ge	4	0.67	ZnTe	2-6	2.26
Te	6	0.33	（Ⅱ—Ⅵ化合物：カルコゲン化物）		
（酸化物）			CdS	2-6	2.53
TiO$_2$	4-6	3.01	CdSe	2-6	1.74
ZnO	2-6	3.23	CdTe	2-6	1.44
Cu$_2$O	1-6	2.12	（Ⅳ—Ⅵ化合物：カルコゲン化物）		
（Ⅲ—Ⅴ化合物）			PbS	4-6	0.41
GaP	3-5	2.24	PbSe	4-6	0.27
GaAs	3-5	1.35	PbTe	4-6	0.31
GaSb	3-5	0.67			

(2) 金　属

NaやKのような1価のアルカリ金属の結晶でも，原子軌道の線型結合から，分子軌道の帯ができる。しかし，1-2項で述べたように，金属の場合は結合に方向性が無く，原子軌道は互いに複雑に重なり合って相互作用している。Naについて考えてみよう。図3-3に示すように，Na原子の3s軌道には1個の電子があるので，Na金属中のs分子軌道の帯には半分だけ電子が詰まっている。半分は空いた軌道があるので，電子はこれを利用して固体内を自由に移動することができる。しかもs分子軌道の帯はp分子軌道の帯と重なり合うために，空いた軌道はさらに多くなりバンドは広がる。NaやKが電気の良導体なのはこのためである。

> **半 金 属**
>
> 金属と非金属の中間の性質を示す物質として半金属がある。半金属は，元素の周期表上における分類（化学的分類）とバンド理論に基づく分類（物理学的分類）がなされている。前者はメタロイド（metalloid）とよばれており，周期表の金属元素と非金属元素の境界にある B, Si, Ge, As, Sb, Te, Po の7元素をいう。後者はセミメタル（semimetal）とよばれており，バンド構造において金属と半導体の中間の性質を示す。すなわち伝導帯の下部と価電子帯の上部がフェルミ準位を境にわずかに重なり合ったバンド構造を有する。As, Sb, Bi, Sn, C（グラファイト）などがあり，メタロイドとは必ずしも一致しない。（詳細は「シュライバー無機化学（上）（下）」，東京化学同人（1996），などを参考せよ）

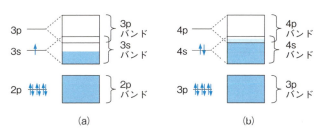

図 3-3　Na 金属(a)と Ca 金属(b)の分子軌道のバンドの形成

MgやCaのように3sや4s軌道に2個の電子を持つ場合は，s分子軌道の帯は電子で満たされるために電子は自由に動けなくなることが考えられる。しかしアルカリ金属の場合と同様に，p分子軌道の帯がs分

子軌道の帯と重なり合い，空いた軌道を提供するので，電子は固体内を自由に移動できる。したがってMgやCaは電気の良導体となり，その電気伝導率は銀の35〜45％に達する。

他の金属の電子構造も，sとpの分子軌道の帯が重なり合っている点に関しては同様で，これが金属を電気の良導体にしている。遷移金属では，d分子軌道の帯はsやpの分子軌道の帯と重なり，それだけ電子の分布も多様となる。例えば，銅では$3d^{10}4s^1$の電子が存在しているが，3d，4sおよび4pの分子軌道が重なり合い，幅広い帯を形成するので，とりわけ4s軌道の1個の電子は自由に移動できる。

(3) イオン結晶

イオン結晶の場合は，共有結晶や金属とは異なる考え方が必要になってくる。NaCl結晶を例にとって考えてみよう。

NaCl結晶を形成しているNa^+イオンとCl^-イオンは共に閉殻電子配置をとっており，両者の軌道間の重なりは非常に小さい。その重なりは共有結合の十分の一から数十分の一と考えられている。したがって，共有結晶で考えたような結晶全体に広がる分子軌道は考えにくい。

イオン結晶における電子構造は，図3-4に示すように自由イオンと結晶中のイオンに分けて考えるとわかりやすい。まず，周りの影響を受けていないNa^+イオンとCl^-イオン（自由イオン）の3s軌道と3p軌道は比較的近いエネルギー準位にある（図3-4(a)）。イオン間の距離が小さくなり結晶を形成すると，陰陽イオンの静電ポテンシャルすなわちマーデルングポテンシャルが大きくなる。その際，Cl^-イオンの3p軌道は周囲のNa^+の正電荷によって準位が下がり，Na^+イオンの3s軌道は周

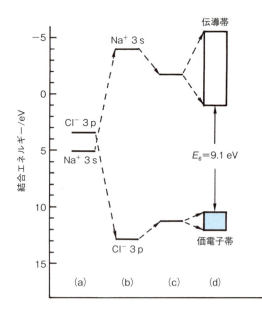

図3-4 NaCl結晶のバンド形成の概念図
(a) 自由イオン
(b) マーデルングポテンシャル内のイオン
(c) 分極エネルギー効果による補正
(d) 軌道の重なりによるバンドの形成
（参考文献10)より）

囲の Cl^- の負電荷によって準位が上がる(図3-4(b))。同時に，結晶内では静電分極が起こり，電子の束縛が減少するため両イオンの軌道のエネルギー準位は多少近づく(図3-4(c))。最終的に，多数のイオンが集合した結晶内では軌道間相互作用が反映されるために，軌道が重なり一定の幅をもつエネルギーバンドが形成される(図3-4(d))。

このようにして，電子が存在しない空の Na^+ の3s軌道によって伝導帯が，電子で満たされた Cl^- の3p軌道によって価電子帯が作られる。またこれらのバンド間のギャップは主にマーデルングポテンシャルによって引き起こされる。その結果，イオン結晶の E_g 値は一般に大きな値をもつようになる。NaCl結晶の実測値は $E_g = 9.1$ eVであり，常温付近では絶縁体であることが理解できる。

3-2 自由電子近似理論

前項の考察で固体の電子構造はバンド構造をとり，そのバンドの中に分子軌道が密に詰まっていることが定性的に理解できた。次のステップは，バンド内の分子軌道の分布や，異なるバンド間のエネルギーギャップおよびバンドとバンドの重なりの程度を定量的に求めることである。まず金属について考えよう。

我々は金属は電気の良導体であり，それは電子の大きな移動度に由来することを知っている。したがって金属の電子構造を定量的に理解する第一歩としては，箱の中の自由電子近似モデルを採用することが適当であろう。このモデルでは「箱(一辺が L の立方体)の中に閉じ込められた電子が受けるポテンシャル V は，箱の中では 0 ($V=0$)で箱の外では無限大 ($V=\infty$)である」と仮定する。すると，**シュレーディンガー波動方程式** (Schrödinger wave equation)は

$$\frac{\partial^2 \psi}{\partial x^2} + \frac{\partial^2 \psi}{\partial y^2} + \frac{\partial^2 \psi}{\partial z^2} = \frac{-2m}{\hbar^2} E\psi \quad (3\text{-}1)$$

と書ける。ここで m は電子の質量，$\hbar$ はプランク定数 h を 2π で割った値 ($\hbar = h/2\pi$) である。境界条件が $V=0$ (箱の中)，$V=\infty$ (箱の外)なので，(3-1)式の解は定常波で

$$\psi = A \sin k_x x \sin k_y y \sin k_z z \quad (3\text{-}2)$$

となり

$$E = \frac{\hbar^2 k^2}{2m} \quad (3\text{-}3)$$

という固有値を得る。ここで k は

$$k^2 = k_x^2 + k_y^2 + k_z^2 = \pi^2(n_x^2 + n_y^2 + n_z^2)/L^2 = \pi^2 n^2/L^2 \quad (3\text{-}4)$$

で表される波数ベクトルである[1]。(3-2)～(3-4)式は，電子は箱の中

> **換算プランク定数 $\hbar$**
>
> プランク定数 h は，$E = h\nu$ や $p = h\nu/c = h/\lambda$ で代表される量子論を特徴付ける重要な物理定数である。いっぽう，軌道角運動量やスピン角運動量などの角運動量および波動を表す際には振動数 ν や波長 λ の代わりに角振動数 ω ($=2\pi\nu$) や波数 k ($=2\pi/\lambda$) が用いられる。ここで $\hbar = h/2\pi$ とすると，上記の式は $E = \hbar\omega$ および $p = \hbar k$ で表される。角運動量やスピンを表すときは $\hbar$ の定数倍となるため $\hbar$ は便利な定数となる。$\hbar$ は換算プランク定数 (単にプランク定数とよぶことも多い) あるいはディラック定数とよばれ常用される。$\hbar$ の読み方は「エイチ・バー」である。

---

[1] 波長 λ の波の波数は $k = 2\pi/\lambda$ で表される。長さ L の一次元の箱の中の電子の波数 k は $k = n\pi/L$ ($n = 1, 2, 3 \cdots$) という条件が得られる。また三次元の箱の中の電子の周期境界条件を満たす波は波数ベクトル((3-4)式)で表される。なお波数に関しては付録IIを参照せよ。

> **箱の中の自由電子の振る舞い**
>
> 金属中の電子は結晶中を自由に動き回ることができるが，この取り扱いをするためには電子を波動としてとらえることから始めなくてはならない。この振る舞いを記述するのがシュレーディンガー波動方程式で，一次元の波動方程式は
>
> $$-\frac{\hbar^2}{2m}\frac{\partial^2 \psi(x)}{\partial x^2}+V(x)=E\psi(x)$$
>
> で表される。簡単のため一次元の箱($0<x<L$)の中の自由電子を考えると，ここに存在できる電子の状態は $\lambda_n=2L/n$（あるいは $k_n=n\pi/L$）で表される波動（本文中(3-6)式に相当する定常波(定在波)）で，そのエネルギーは $E_n=(\hbar^2/2m)(n\pi/L)^2$（あるいは $E_n=\hbar^2 k_n^2/2m$）(本文中(3-3)式に相当)である。ここで $n=1,2,3$ である。これらの関係を図で表したものを以下に示す。
>
>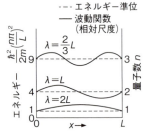
>
> **図 一次元の箱の中の電子の定常波とそのエネルギー**

(すなわち固体の中)では，ある特定のとびとびのエネルギー状態しかとり得ないことを示す重要な式である。しかし式からだけでは，このことはわかりにくいので，図を用いて説明しよう。

ド・ブロイ(de Broglie)によれば，電子も一種の物質波であり，その波長 λ は

$$\lambda = h/mv = h/p \tag{3-5}$$

で表される。ここで v は電子の速度，p は運動量である。(3-2)式の意味するところは，(3-5)式の関係を用いれば図3-5のように表される。すなわち座標軸 i（i は x, y, z）に平行に運動する電子は，図3-5(a)のように，その半波長 $\lambda_i/2$ が箱の一辺の長さ L の整数分の1

$$\frac{\lambda_i}{2}=\frac{L}{n_i} \tag{3-6}$$

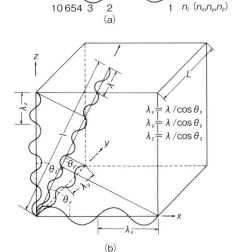

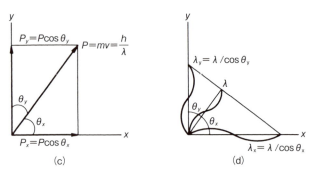

図3-5 箱の中の物質波
(a) 一次元箱内の定常波　(b) 三次元立方体内の定常波
(c) 運動量の x 成分と y 成分　(d) 波長の x 成分と y 成分

の状態しかとり得ない。また座標軸以外の方向に運動する電子のとり得る状態は，図3-5(b)に示すような2つの条件が満たされているものだけに限られる。すなわち(1)半波長 $\lambda/2$ が電子の進行路の長さ l の整数分の1であること($\lambda/2=l/n$)，(2)行路上の $L\cos\theta_i$（θ_i は i 座標軸と電子の進行路との間の角度）の点に波の節がくること($\lambda/2=L\cos\theta_i/n_i$)である。条件(1)については説明不要であろう。条件(2)については次のように説明される。図3-5(c)のように，電子の運動量の i 成分 p_i は

$$p_i = p\cos\theta_i \tag{3-7}$$

で表される。運動量と波長とは(3-5)式で結ばれているので，(3-7)式は

$$\lambda_i = \lambda/\cos\theta_i \tag{3-8}$$

を導く。すなわち図3-5(d)に示されるような関係が得られる。(3-8)式で与えられる波の半波長 $\lambda_i/2$ も L/n_i と等しくなければならない。すなわち条件(2)が成り立たねばならない。

電子の運動エネルギーは

$$E = \frac{1}{2}mv^2 = \frac{p^2}{2m} \tag{3-9}$$

で表される。ところで $(\cos^2\theta_x+\cos^2\theta_y+\cos^2\theta_z)=1$ なので，(3-7)式から p^2 は $p_x^2+p_y^2+p_z^2$ と書ける。$p_i=h/\lambda_i$，$\lambda_i=2L/n_i$ および $k^2=\pi^2n^2/L^2$ なので，(3-9)式は

$$E = \frac{h^2}{2m}\left(\frac{1}{\lambda_x^2}+\frac{1}{\lambda_y^2}+\frac{1}{\lambda_z^2}\right)$$

$$= \frac{h^2}{8mL^2}(n_x^2+n_y^2+n_z^2)$$

$$= \frac{h^2k^2}{8\pi^2m} = \frac{\hbar^2k^2}{2m} \tag{3-10}$$

となる。これは(3-3)式にほかならない。E-k 関係は二乗則（E は k^2 に比例）すなわち放物線となる。図3-6(a)に E 対 k 曲線を示す。電子のとり得る状態（これは前項の分子軌道や，3-4項のエネルギー準位と同等の物理的意味をもつ）は密にかつ連続的に分布し，エネルギーギャップは存在しない。

次にエネルギーが E から $E+dE$ の範囲にある状態の数を求めてみよう。そのためには，まずエネルギーが0から E までの状態の総数 $G(E)$ を求めなければならない。これは，図3-6(b)に示すように，n_x, n_y, n_z で指定される n 空間に，半球 $r=n=\sqrt{n_x^2+n_y^2+n_z^2}$ の球を描き，その8分の1の分割球内に存在する全格子の数をかぞえればよい。なぜなら，任意の (n_x, n_y, n_z) で指定される各格子点が各々1つの状態に対応

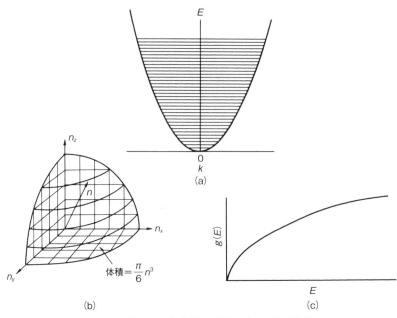

図 3-6 箱の中の自由電子近似モデルの電子状態
(a) E 対 k 曲線, (b) n 空間の格子点 (参考文献 2 より), (c) 状態密度曲線

しているからである ((3-10) 式参照)。これにスピンの重み 2 をかけると、結局

$$G(E) = \left(\frac{4\pi n^3}{3}\right) \times \frac{2}{8} = \frac{\pi n^3}{3} \qquad (3\text{-}11)$$

が得られる。(3-3) および (3-4) 式から, $n^3 = (8mE)^{3/2}(L/h)^3$ なので, $L^3 = V$ とおけば (3-11) 式は

$$G(E) = 8\pi V(2mE)^{3/2}/3h^3 \qquad (3\text{-}12)$$

となる。(3-12) 式を E で微分すれば,状態の数は

$$G'(E) = 4\pi V(2m)^{3/2}E^{1/2}/3h^3 \qquad (3\text{-}13(a))$$

と求められる。ここで

$$G'(E)/V \equiv g(E) = 4\pi (2m)^{3/2}E^{1/2}/3h^3 \qquad (3\text{-}13(b))$$

とすると, $g(E)$ は単位体積当たり,単位エネルギー当たりの量子状態を表す**状態密度関数**(あるいは単に**状態密度**という)となる。図 3-6(c) に $g(E)$ 対 E 曲線を示す。E なる状態の数は E の 2 分の 1 乗に比例して増加することがわかる。

以上,自由電子近似モデルにより我々は金属の状態密度 (軌道密度) $g(E)$ を求めることができた。しかし,金属の実際の状態密度は,例えば図 3-7 が示すようなものであり,自由電子近似モデルの電子状態が示すように,E の 2 分の 1 乗に比例して単調に増加するのではないことが,いろいろな実験からわかってきた。したがって精度の高い議論をす

るためには，より近似の高いモデルを使わねばならない。

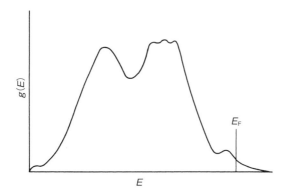

図3-7　ESCAの測定により決定された金のバンド構造(参考文献2)より)
5dバンドと6sバンドの重なりからできている。

3-3　バンド理論

ブロッホ(Bloch)は自由電子近似モデルの仮定，$V=0$(箱の中)を「固体内ではポテンシャルは周期的に変化する」と修正して，シュレーディンガー波動方程式を解いた。単純化して，固体を1次元結晶と想定すると，波動方程式は

$$\frac{\partial^2 \psi}{\partial x^2} - V(x)\psi = \frac{-2m}{\hbar^2}E\psi \tag{3-14}$$

と書ける。ここで $V(x) = V(x+na)$ という条件があるので(a は格子定数，n は任意の整数)，解は進行波であり，

$$\psi = e^{ikx}U_k(x) \tag{3-15}$$

が得られる。ここに $U_k(x)$ は $V(x)$ と同じ周期で変化する関係である。

バンド理論は難しく，その取り扱いの正確な説明は本書の程度を越える。したがってこれ以降は結果とその重要性を述べるにとどめる。

バンド理論のすぐれている第一の点は，軌道エネルギー E と波数ベクトル k の関係が，もはや自由電子近似が与えるような単純な二乗則ではなく，図3-8(a)に示すようなバンド(帯)構造をとることである。すなわち，自由電子とは異なり，原子やイオンによる格子によって形成された周期ポテンシャルの影響を強く受ける電子は $k=n\pi/a$ ($n=1, 2, 3$ …)の周期ごとに2つの異なる解を与える((3-15)式)。したがって一次元結晶における E 対 k 曲線はここで不連続となり，図3-8(a)のようなバンド構造をつくるのである。図中，青色で示した領域は**許容帯**とよばれ，多数の状態(軌道)が密に詰まっている。そしてその状態密度は，図3-8(b)に示すようなものとなる。白地の領域は**禁制帯**(または禁止帯)とよばれ軌道は存在しない。この許容帯および禁制帯は，図3-2で示し

た分子軌道帯のバンド，およびバンドとバンドとのギャップにそれぞれ相当し，モデルが極めて妥当なことを示す。

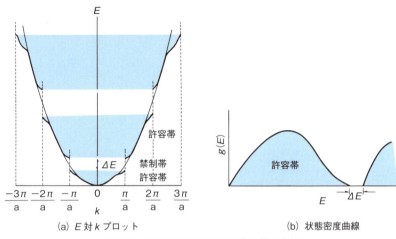

(a) E 対 k プロット　　(b) 状態密度曲線

図 3-8　バンド理論による固体の電子状態

バンド理論のすぐれている第二の点は，その軌道密度 $g(E)$ の形が実測される軌道密度の形に近いことである。これは例えば図 3-8(b) と図 3-7 との比較から容易に理解できる。

バンド理論によれば，電気良導体，半導体および絶縁体の電子構造はそれぞれ図 3-9(a)〜(c) のように表される[2]。また 3-1 項で述べた Ca のような 2 価の金属に現れる分子軌道の帯の重なりも，バンド理論によれば図 3-10 のように表される。

2) 図 3-9 で示した良導体（金属），絶縁体および半導体のエネルギーバンドを，3-1 項で示した図式的なバンド図で表す。

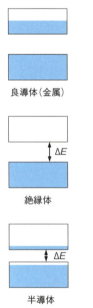

良導体（金属）

絶縁体

半導体

図　良導体，絶縁体および半導体のバンド図

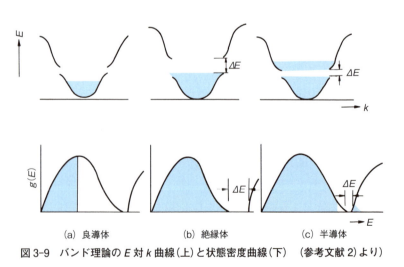

(a) 良導体　　(b) 絶縁体　　(c) 半導体

図 3-9　バンド理論の E 対 k 曲線（上）と状態密度曲線（下）　（参考文献 2) より）

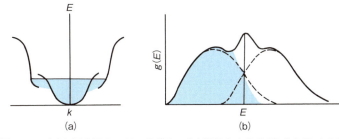

図3-10 (a)2価金属のE対k曲線と，(b)状態密度曲線(参考文献2)より)

3-4 フェルミ-ディラックの統計

固体の電子構造については，3-1〜3-3項の説明で理解できたと思う。本項では，この状態(軌道あるいは準位)を電子が占有する確率について述べる。

相互作用のない粒子(例えば理想気体分子)がE_iなる状態を占有する確率m_iはボルツマンの分布則(Boltzmann distribution)に従い

$$m_i = e^{-E_i/k_B T} \qquad (3\text{-}16)$$

で表される。これに対し，相互作用のある粒子(例えばパウリの排他律に従う固体中の電子)がE_iなる状態を占有する確率f_iはフェルミ-ディラックの統計(Fermi-Dirac statistics)に従い次のように表される。

$$f_i = \frac{1}{e^{(E_i - E_F)/k_B T} + 1} \qquad (3\text{-}17)$$

ここでE_Fはフェルミ準位(Fermi level)とよばれるエネルギー準位で，0Kでは，満たされた準位と空の準位の間の境界を表す。またTKでは，E_Fより低い準位が空いている確率と，高い準位が占有されている確率とは等しい。

固体電子が気相分子と違い(3-17)式に従うのは，個々の電子は識別できず，k_x, k_y, k_z, sで指定される1つの状態(準位)には，1個の電子しか入れない(パウリの排他律)からである。(3-17)式は次のようにして求められる。まずエネルギーがほぼE_iである一組の状態の数(縮退数)をg_iとし，また電子で占有されている状態をn_iとすると，空いている状態数は$g_i - n_i$となる。g_i個中の識別できないn_i個に電子を詰める詰め方の数W_iは

$$W_i = \frac{g_i!}{(g_i - n_i)! \cdot n_i!} \qquad (3\text{-}18)$$

であり，全体の場合の数は

$$W = \prod_i W_i = \prod_i \frac{g_i!}{(g_i - n_i)! \cdot n_i!} \qquad (3\text{-}19)$$

となる。

電子は W が最大になるように分布する。すなわち電子はその**配置のエントロピー** S

$$S = k \ln W = k \sum_i [\ln g_i! - \ln(g_i - n_i)! - \ln n_i!] \quad (3\text{-}20)$$

が最大になるように分布する。スターリング(Stirling)の近似

$$\ln x! = x \ln x - x \quad (3\text{-}21)$$

より(3-22)式が得られる。

$$\ln W = \sum_i [g_i \ln g_i - (g_i - n_i)\ln(g_i - n_i) - n_i \ln n_i] \quad (3\text{-}22)$$

そして，$\partial \ln W/\partial n_i = 0$ が成り立つときは

$$\frac{\partial}{\partial n_i}[\ln W + \alpha(N - \Sigma n_i) + \beta(E - \Sigma n_i E_i]$$

$$= \ln(g_i - n_i) - \ln n_i - \alpha - \beta E_i = 0 \quad (3\text{-}23)$$

も成り立つ。なぜなら，各組中の電子の総計 Σn_i は全電子数 N に等しく，各電子の所有するエネルギーの総計 $\Sigma n_i E_i$ は系全体のエネルギー E に等しいからである。したがって

$$\frac{g_i - n_i}{n_i} = e^{\alpha + \beta E_i} \quad (3\text{-}24)$$

となる。ここで $n_i/g_i = f_i$，$\beta = 1/k_B T$，$\alpha = -E_F/k_B T$ とおけば，(3-17)式となる。ここで式を一般化するために，E_i の添字 i をとると，いろんなエネルギー状態に電子が分布する様子を表す式として

$$f(E) = \frac{1}{\exp\{(E - E_F)/k_B T\} + 1} \quad (3\text{-}25)$$

が得られる。以後この関数を**フェルミ分布関数**とよぶ。

図3-11(a)に $f(E)$ 対 E の関係を示す。フェルミ分布関数の特徴は，前にも述べたように，ボルツマン分布関数とは異なり0KでもN個の電子がすべて最低エネルギー状態を占めることはできず，あるE値のところまでは各エネルギー準位への電子の存在する確率が1であることである。これは電子がパウリの原理に従い，1つの軌道にスピンの逆方向の電子が2個しか入れないことに基づいている。したがって0Kではある E 値を境に存在確率は1から急に0になる。この E 値がフェルミエネルギー準位 E_F である。0K以上の温度の場合，$f(E)$ はやはり E_F の近傍で1から0に減少するが，その際 E_F より低いエネルギーをもつ電子が，E_F より高いエネルギーの状態に移る。一方，$E_F/k_B T$ が無視できるような高温 $T_3(k_B T > E_F)$ では，$f(E) \approx \exp(-E/k_B T)$ となり，フェルミ分布はボルツマン分布と同じになる(図3-11(b))。しかし，E_F 値はこのような場合でも0Kと同じである。

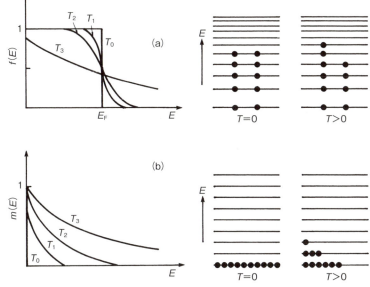

図3-11 フェルミ-ディラック分布(a)とボルツマン分布(b)およびエネルギー準位への電子の詰まり方(0 K と TK)を示したモデル($T_0=0$ K，$0<T_1<T_2<T_3$)

　金属結晶の中で，電子がEなるエネルギー状態を占有する確率$f(E)$がわかったら，これに，Eから$E+dE$までのエネルギー領域にある電子の状態の数$g(E)dE$(3-13(b)式参照)をかけると，そのエネルギー領域における電子の密度$n(E)dE$が求まる。その関係を次に示す。

$$n(E)dE = f(E)g(E)dE \qquad (3\text{-}26)$$

(3-26)式を0から∞まで積分すると，単位体積当たりの電子数，すなわち**電子密度 n** [m^{-3}] が求まる。

$$n = \int_0^\infty f(E)g(E)dE \qquad (3\text{-}27)$$

ここで図3-12にこれらの関係を示す。なお陰をつけた部分の面積が電子密度nに相当する。

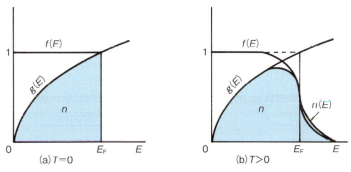

図3-12 自由電子の密度分布と温度との関係

3-5 半導体中のキャリアの分布と密度

前項で金属中の自由電子の密度分布の求め方がわかったと思う。続いて，半導体中の電荷担体(キャリア)の分布およびその密度を求めてみよう。なお半導体の性質については4章で取り扱うので，4章を学ぶ際にはもう一度この項を参照していただきたい。

半導体は，電子でほとんど満たされた価電子帯と，ほとんど空の伝導帯からなり，その間には禁制帯が存在するので，キャリアの分布と密度は金属の場合とは大きく異なっている。また半導体には，不純物を含まないSiやCdSのような真性半導体と，不純物を含んだ不純物半導体がある。不純物半導体にはさらに，キャリアが主として電子のn型半導体と，キャリアが主として正孔のp型半導体があるので，このような状態にある半導体のキャリア密度を求めるには，伝導帯の電子と，価電子帯の正孔を別々に求めなくてはならない。しかしその手順は3-4項で行った金属の自由電子に対する場合と基本的には同じである。すなわち状態密度 $g(E)$ ((3-13)式)とフェルミ分布関数 $f(E)$ ((3-25)式)をかけ合わせたものを積分してキャリア密度 n を求める((3-27)式)。ここで半導体は $E_g = 0.5 \sim 3$ eV 程度であり，室温では $k_B T \fallingdotseq 0.025$ eV であることから， $E - E_F \gg k_B T$ となる。したがって

$$f(E) \fallingdotseq \exp\{-(E - E_F)/k_B T\} \tag{3-28}$$

となり，ボルツマン分布則の式で近似できる。真性半導体のキャリア密度を求める手順を以下に示す。

伝導帯(conduction band)中の電子の密度 n_e は，伝導帯における電子の状態密度 $g_c(E)$ と電子の占有確率 $f_e(E)$ の積を，伝導帯の下端(energy gap) E_g から，その上端(top of conduction band) E_{ct} まで積分すると求まる。すなわち

$$n_e = \int_{E_g}^{E_{ct}} f_e(E) g_c(E) \, dE \tag{3-29}$$

で表される。ここで，積分上限を ∞ にしても良い近似が得られるので

$$n_e = \int_{E_g}^{\infty} (4\pi/h^3)(2m_e^*)^{3/2}(E - E_g)^{1/2} \exp\{-(E - E_g)/k_B T\} \, dE \tag{3-30}$$

となる。ここで m_e^* は電子の**有効質量**(effective mass)を示す[3]。

一方，価電子帯(valence band)中の正孔の密度 n_h は，価電子帯における正孔の状態密度 $g_v(E)$ と正孔の占有確率 $f_h(E)$ の積を，価電子帯の下端(bottom of valence band) E_{vb} から，その上端 $E = 0$ まで積分すると求まる。すなわち

$$n_h = \int_{-E_{vb}}^{0} f_h(E) g_v(E) \, dE \tag{3-31}$$

[3] 有効質量とは，結晶を構成する原子やイオンのポテンシャルの影響を受けている電子が外部電場を受けると，自由電子とは異なる加速運動をするために考えられた見かけの質量で， m_e^* で表す。なお電子と正孔の有効質量を区別するためにそれぞれ m_e^* と m_h^* で表す。なお有効質量に関しては章末のコラムを参照せよ。

で表される。なお正孔のフェルミ分布関数 $f_h(E)$ は、各エネルギー準位において電子の抜けた孔の数に等しいので、$f_h(E) = 1 - f_e(E)$ という関係があり、また積分下限を $-\infty$ としても良い近似が得られるので

$$n_h = \int_{-\infty}^{0} (4\pi/h^3)(2m_h^*)^{3/2}(-E)^{1/2}\exp(E/k_BT)dE \quad (3\text{-}32)$$

となる。ここで m_h^* は正孔の有効質量を示す。

ここに述べたキャリア密度を求める過程を図 3-13 に模式的に示す。[A] は真性半導体、[B] は n 型半導体および [C] は p 型半導体のそれぞれのエネルギーバンド図である。また(a)は各バンド中のキャリアの量子状態の数(状態密度)$g(E)$、(b)は各エネルギー状態にキャリアが

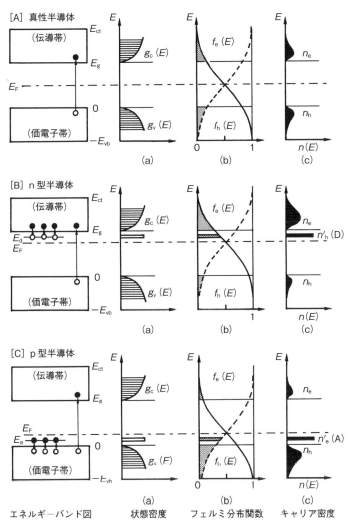

図 3-13　半導体のエネルギーバンド図と(a)状態密度 $g(E)$、(b)フェルミ分布関数 $f(E)$、および(c)キャリア密度 n との関係(図中 [B](C) と [C](C) の n'_h(D) と n'_e(A) は、それぞれドナー準位の正孔密度およびアクセプター準位の電子密度を表す)

存在する確率(フェルミ分布関数)$f(E)$，(c)は$g(E)$と$f(E)$の積によって求まるキャリアの占有状態密度$n(E)$，および黒で塗りつぶした部分の面積がキャリア密度nを示す．

ここで真性半導体のキャリア密度を見積もってみよう．まず(3-30)式と(3-32)式をそれぞれ積分した値の積を計算すると

$$n_e n_h = 4(2\pi k_B T/h^2)^3 (m_e^* m_h^*)^{3/2} \exp(-E_g/k_B T) \quad (3\text{-}33)$$

となる．ここで$n_e = n_h$とすると

$$n_e = n_h = 2(2\pi m k_B T/h^2)^{3/2} \exp(-E_g/2k_B T) \quad (3\text{-}34)$$

となる．ここで$m = (m_e^* m_h^*)^{1/2}$である．(3-34)式に$E_g = 1$ eV，$T = 300$ K，および簡単のため$m_e^* = m_h^* = m_e$(電子の静止質量)を代入し，キャリア密度を計算すると，$n_e = n_h \approx 4 \times 10^{10}$ cm^{-3}となる．この値は$E_g = 1.1$ eVのシリコンのキャリア密度の実測値$n_e = n_h = 6 \times 10^{10}$ cm^{-3}と比較的よく一致している．ただ金属の自由電子密度が10^{23} cm^{-3}程度(表4-1参照)であることと比較すると，非常に小さな値であることがわかる．また(3-34)式から，n_eとn_hは温度TとエネルギーギャップE_gだけの関数であることがわかる．

電子の静止質量 m と有効質量 m^*

電子や原子との相互作用のない理想化された自由電子の振る舞いに関する波動方程式の解(本文(3-11)式)と, (古典的な)運動方程式はそれぞれ次のように表される。

自由電子の運動エネルギー：$E = \dfrac{\hbar^2}{2m} k^2$　　(1)

質点 m の運動方程式：$F = \dfrac{dE}{dx} = m \dfrac{d^2 x}{dt^2}$　　(2)

ここで m は電子の静止質量であり，ニュートン力学における通常の質量に等しい。

いっぽう，結晶中の電子は自由電子とは異なり，結晶を構成する原子によって形成された周期ポテンシャルの影響を受けつつ電子波として運動する。その際，力 F が働いた時には電子は静止質量 m ではなく質量 m^* をもつ粒子と同じように加速される。すなわち結晶の周期的ポテンシャルの効果を"質量が変化したもの"として考える。この変化した見かけの質量を有効質量 m^* で表す。この考え方は半導体などの固体中の電子を自由電子と同様に取り扱えるので便利である。有効質量 m^* を用いると，周期的ポテンシャルの影響を受けているにもかかわらず電子の運動エネルギー E は，(1)式と同じ形で表される。

$$E = \dfrac{\hbar^2}{2m^*} k^2 \quad (3)$$

これより，次式が得られる。この式は波数 k に依存した有効質量 m^* の定義でもある。

$$\dfrac{1}{m^*} = \dfrac{1}{\hbar^2} \dfrac{d^2 E}{dk^2} \quad (4)$$

有効質量は電子の静止質量とは異なり，必ずしも正の値を取るとは限らない。例えば，周期ポテンシャルが外部電場よりも大きいバンド端では負の値をとる。また静止質量がない正孔でも有効質量がある。これは(2)式の運動方程式($F = qE = m^* \alpha$ (α：加速度)とも書ける)から得られる正孔の動きに基づく見かけの質量である。なお半導体中の電子の有効質量は4章(表4-3)で紹介する。

(詳細は「キッテル固体物理学入門(上)第8版」などを参照のこと)

物 性 編

　固体は多様な物理的性質(物性)をもつ。そしてこの物性は，固体自身がもつ微視的および巨視的構造の違いや，置かれている環境および受ける刺激の違いにより微妙に変化する。このような固体の多様で条件に敏感な物理的性質は我々の知的好奇心を引きつけてやまない。我々は4章から9章までの6つの章で，固体の各種物性(電気的，磁気的，光学的，機械的，熱的性質)について，また10章では，微細な粒子はバルク固体とは異なる物性をもつことを勉強しよう。そしてこのような固体の物性が我々の身の回りでいかにうまく利用され，我々の生活をいかに豊かにしているかについても学ぼう。

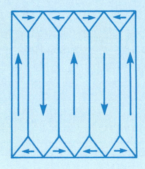

参 考 文 献

1) C.kittel，宇野，津屋，新関，森田，山下訳：キッテル固体物理学入門，第8版(上)(下)丸善(2005)
2) H. M. Rosenberg，山下次郎，福地充訳：オックスフォード物理学シリーズ，固体の物理，丸善(1977)
3) 犬石，中島，川辺，家田：誘電体現象論，電気学会(1973)
4) 玉井康勝・富田彰：固体化学(Ⅰ)(Ⅱ)第4版，朝倉書店(1977)
5) 桐山良一：固体構造化学，共立出版(1978)
6) N. B. Hannay，井口，相原，井上共訳：固体の化学，培風館(1971)
7) E. C. Henry，黒田晴雄訳：電子セラミックス，東京化学同人(1971)
8) 土橋正二：ガラスの化学，講談社(1972)
9) 田中良平編著：極限に挑む金属材料，工業調査会(1979)
10) 倉田正也編著：理想に挑む非金属，工業調査会(1980)
11) 中西典彦，坂東尚周編著，小菅皓二，曽我直弘，平野眞一，金丸文一：無機ファイン材料の化学，三共出版(1988)
12) 井口洋夫，田中元治，玉虫伶太編：現代化学6，集合体の化学，岩波書店(1980)
13) 近角聰信・木越邦彦・田沼静一：最近元素知識，東京書籍(1985)
14) 坂田亮：物性科学，培風館(1989)
15) 日本化学会編：化学総説 No.48，超微粒子，学会出版センター(1985)
16) 田丸謙二編：岩波講座 現代化学 16，界面の化学，岩波書店(1980)
17) 小田良平他編：近代工業化学 12，材料化学Ⅱ，朝倉書店(1970)
18) R. Iler : The Chemistry of Silica, John Wiley & Sons(1979)
19) 鈴木啓三，蒔田薰，原納淑郎：応用物理化学Ⅰ，培風館(1985)
20) 作道恒太郎：固体物理(電気伝導・半導体)，(格子振動・誘電体)，(磁性・超伝導)改訂版，裳華房(1995)
21) 荒川剛，江頭誠，平田好洋，鮫島宗一郎，松本泰道，村石治人：無機材料化学(第2版)，三共出版(2000)
22) 岡本祥一：化学 One Point 23「磁気と材料」，共立出版(1988)
23) 足立衿也編著：固体化学の基礎と無機材料，丸善(1995)
24) 塩川二郎：無機材料入門，丸善(1996)
25) 星野公三：パリティ物理学コース「固体はなぜ固いか」，丸善(1996)
26) ファインセラミックス事典編集委員会編：ファインセラミックス事典，技報堂出版(1987)
27) A. R. West : Basic Solid State Chemistry, John Wiley & Sons, Ltd. (1991)
28) A. Guinier and R. Jullien，渡辺正，黒田和男訳：固体の科学，マグロウヒル出版(1992)
29) 志賀正幸：磁性入門—スピンから磁石まで，内田老鶴圃(2007)
30) 戒能俊邦，菅野了次：材料科学 基礎と応用，東京化学同人(2008)
31) 黒澤宏：入門 まるわかり非線形光学，オプトロニクス社(2005)
32) 塩崎洋一，小野卉彰，日本結晶学会誌，25，203(1983)
33) 近角聰信：強磁性体の物理(上)，裳華房(1978)

4 電気的性質（1） 導電性

電気的性質には2つの面がある。1つは導電性であり，もう1つは誘電性である。前者は**電荷担体**（電荷キャリア）の動きに，後者は**電荷の分極**に由来する。本章では無機固体の導電性を電子構造を中心に考察しよう。導電性の尺度は図4-1に示すように，**電気伝導率**(electric conductivity)，あるいはその逆数である**抵抗率**(resistivity)（または比抵抗(specific resistance)）によって表される。無機固体は電気伝導率によって，金属に代表される**良導体**(conductor)，**半導体**(semiconductor)，**絶縁体**(insulator)に分けられる。これに極低温で抵抗率が0（電気伝導率が無限大）となる**超伝導体**(super conductor)が加わる。一方，電気伝導率は電流を運ぶ荷電粒子，すなわち**キャリア**(carrier)の種類によって，電子伝導体とイオン伝導体（例えば固体電解質）に分けられる。

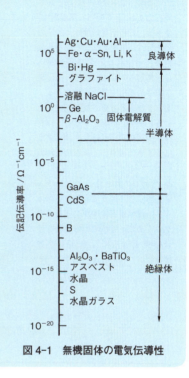

図 4-1 無機固体の電気伝導性

4-1 電気伝導率と抵抗率

断面積 S，長さ l の固体の両端に電圧 V をかけたときに流れる電流の密度 J [A m^{-2}]（単位面積 $1/S$ 当たりの電流 I）は

$$J = I/S = nq\bar{v} \quad (4\text{-}1)$$

で表される。ここで n [m^{-3}] は単位体積中のキャリア密度，q [C]（または [sA]）は電流の運び手であるキャリア1個当たりの電荷，および $\bar{v}$ [ms^{-1}] はキャリアの平均速度（ドリフト速度といい，振動している原子（格子振動）と衝突しながら進む平均進行速度）である[1]。一方，固体内部には電場 E [V m^{-1}] ($=V/l$) がかかっているので，多くの導体においてキャリアの移動する速度 $\bar{v}$ は作用する電場 E に比例する。つまり $\bar{v} = \mu E$ で表される。ここで比例定数 μ [m^{2}V^{-1}s^{-1}] をキャリアの**移動度**(mobility)という。μ は単位電場をかけたときのキャリアの平均進行速度にほかならない。したがって次式が成り立つ。

$$J = nq\mu E \quad (4\text{-}2)$$

1) 電子は電場の力 $(-qE)$ を受けて，電場方向と反対側に加速されるが，図に示すように振動する原子や不純物イオンに衝突を繰り返すことで電子は電場強度に伴う平均速度で移動する。この平均的な移動速度をドリフト速度という。

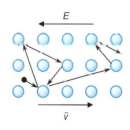

図 電子のドリフト運動

> **オームの法則の量子論**
>
> 4-1項ではオームの法則を古典論に基づいて述べた。量子論では，原子(陽イオン)の配列が完全に規則的な場合は，自由電子は抵抗を受けない(散乱されない)のである。金属中の自由電子の運動を妨げる要因は，規則的な原子配列からのずれ(原子配列の不規則性)である。この不規則性は，原子の熱運動に由来する格子振動と不純物原子や変形などの格子欠陥によって形成される。格子振動による原子の平衡位置からのずれは，電子を散乱し金属の電気抵抗を生じる。一方，不純物や変形に伴う原子配列の不規則性もやはり電気抵抗をもたらす。これらの抵抗の和がマティーセンの法則(式4-7)として表される。なおバンドギャップを伴う半導体と絶縁体では，電気伝導機構が金属とは異なるために，抵抗率の温度依存性は金属とは逆になる(図4-3参照)。

これはオームの法則($I = V/R$)の1つの表現である。(4-2)式を変形すると

$$J/E = nq\mu \tag{4-3}$$

のように表される。(4-3)式は，物質に一定電圧をかけたときに流れる単位面積当たりの電流の大きさを表し，固体の電気伝導性を表すパラメーターとなる。ここで

$$\sigma = nq\mu \tag{4-4}$$

とおく。σは電気伝導率 $[\Omega^{-1}\mathrm{m}^{-1}]$ といい，その逆数を抵抗率 $\rho\,[\Omega\mathrm{m}]$ という。すなわち電気伝導率σは，キャリアの密度n，キャリア1個当たりの電荷q，移動度μを掛け合わせたものとして表される。(4-4)式は物質の電気伝導率を支配する因子を考察するのに大切な関係式である。

キャリアには電子，正孔，イオンがあるので，いま仮に3種がいずれも電気伝導に寄与したとすれば，固体物質の電気伝導率は次のように表される。

$$\sigma = n_e e \mu_e + n_h e \mu_h + n_i z e \mu_i \tag{4-5}$$

ここでeはキャリアの電荷素量(1.60×10^{-19}C)，zはイオンの価数，下付き文字e, h, i，はそれぞれ電子，正孔，イオンに関する諸量であることを示す。

表4-1に金属，半導体および絶縁体の電気伝導率σをキャリア密度nおよび移動度μの値とを合わせて示す。

表4-1　金属，半導体および絶縁体の電気伝導率σ，キャリア密度nと移動度μの概数

	$\sigma/\Omega^{-1}\mathrm{cm}^{-1}$ *	n/cm^{-3}	$\mu/\mathrm{cm}^2\,\mathrm{V}^{-1}\mathrm{s}^{-1}$
金属	$>10^3$	$10^{22} \sim 10^{23}$	$10 \sim 10^2$
半導体	$10^3 \sim 10^{-8}$	$10^{10} \sim 10^{17}$	$10^2 \sim 10^5(\mu_e)$, $10 \sim 10^3(\mu_p)$
絶縁体	$<10^{-8}$	$10^1 \sim 10^4$	$10 \sim 10^3$

* SI単位では $[\Omega^{-1}\mathrm{m}^{-1}]$ であるが，通常 $[\Omega^{-1}\mathrm{cm}^{-1}]$ が用いられているので，本書もこれにならうことにする。

ここで移動度μの物理的意味について考えよう。μは単位電場を加えたときに荷電粒子が種々のものと弾性衝突しながら一定時間に進む距離で

$$\mu = q\tau/m^* \tag{4-6}$$

と表される。ここでτは緩和時間(衝突時間)で，m^*はキャリアの有効質量である[2]。τはキャリアが熱振動している格子(格子振動あるいはフォノン)や結晶中の不純物にぶつかり合いながら進むとき，1回衝突する平均時間を表している。多くの金属は常温では，$\tau \approx 10^{-14}$ [s] の

[2] 自由電子の(静止)質量はmであるが，結晶中の電子は周囲のポテンシャルの影響を受けるためにmと異なる質量を持っているように観測される。これを有効質量m^*という(3章の章末コラム参照)。

値を示す．すなわち1秒間に約10^{14}回という衝突を繰り返しながら進行しているのである．

4-2 金　属

金属中の多数の自由電子は固体中を動き回ることができるために，金属は電気の良導体となる．しかし金属の電気伝導率は温度と不純物に大きく依存する．

図4-2にCu-Ni合金の組成および温度による抵抗率の変化を示す．純粋な銅の電気抵抗は極低温では0に近い．すなわち伝導電子は極低温ではほとんど何の妨害もされずに金属内を自由に動き回る．しかし，電気抵抗は極低温では温度上昇とともにT^5に，またそれ以上では広い温度範囲でTに比例して増加する．これは固体の格子振動が温度上昇とともに激しくなり，電子の自由運動を妨げるようになるためである．一方，銅に微量のニッケルを混ぜると，添加量の増加とともに電気抵抗は増し，極低温でも0に近づかない．Cu-Ni合金の電気抵抗は温度上昇とともに大きくなるが，どの温度においても，全電気抵抗からニッケル添加により生じた電気抵抗を差し引いた値は純粋な銅の電気抵抗に等しい．このように温度の上昇と不純物の増加は，いずれも電子の移動度((4-4), (4-6)式)を低下させ，その結果金属の抵抗率を増加（電気伝導率を減少）させる．

図4-2から，金属の全電気抵抗は格子振動に由来する成分ρ_Lと不完全性（不純物や格子欠陥）に支配される成分ρ_iとの和と考えることができる．すなわち**マティーセンの法則**(Matthiessen's rule)

$$\rho = \rho_L + \rho_i \tag{4-7}$$

が成立する．ρ_Lは不完全性に無関係で極低温ではほとんど0であり，ρ_iは温度に依存せず，常温では$\rho_i \ll \rho_L$である．したがってρ_Lとρ_iはそれぞれ常温付近の抵抗率(ρ_{300K})およびヘリウム温度(4.2 K)の抵抗率($\rho_{4.2K}$)と近似でき，$\rho_{300K}/\rho_{4.2K}$の値は金属結晶の純度と完全性を知る簡単な尺度となる．

ところで抵抗率が温度と共に増加するのは以下のように説明できる．温度の上昇に伴い，格子振動は大きくなるが，これは結晶格子を形成する原子の変位xが大きくなることである．平均二乗変位$\bar{x}^2$と温度Tとの間には以下のような関係がある．

$$1/2(K\bar{x}^2) \simeq k_B T \tag{4-8}$$

ここで，Kは力の定数，k_Bはボルツマン定数である．$\bar{x}^2$は電子に対する衝突断面積λに比例する値と考えてよいので，温度Tの上昇に伴い抵抗率ρも上昇することになる．

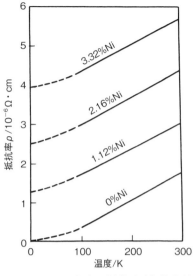
図 4-2 Cu-Ni 合金の抵抗率（参考文献 4）より）

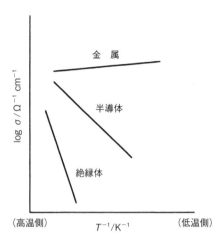
図 4-3 金属，半導体，絶縁体の電気伝導率の温度依存性

　図 4-3 に金属，半導体および絶縁体の電気伝導率 σ の温度依存性を $\log \sigma \propto T^{-1}$ の関係において示す．それぞれの特徴をまとめると以下のようになる．

　① 金属の伝導率は，格子振動に支配されており，広い温度範囲で σ と T は反比例する．しかしその変化の割合は小さい．なお図 4-3 に示した金属の σ の温度依存性は厳密には直線にならないことに注意してほしい．

　② 半導体の伝導率は，温度と共に増加する．その理由は格子振動よりもキャリアの数に支配され，そのキャリアの数 N はボルツマンの法則（$N \simeq \exp(-E_g/k_B T)$）に従い，温度の上昇と共に急激に増すからである（(3-33)式参照）．その結果，$\log \sigma \propto T^{-1}$ の関係がある．

　③ 絶縁体の伝導率は，半導体と同じくキャリア数に依存するので，温度と共に増加する．σ の温度依存性は三者の中で最も大きい．

4-3 半 導 体

　半導体と金属との違いは，その電気伝導率の大小関係だけではない．前項で述べたように金属の電気伝導率が温度上昇とともに減少するのに対し，半導体では逆に増加する．またキャリアは金属では電子に限られるのに対し，半導体では電子と正孔が関与する（3-5 項参照）．

　半導体には Si や Ge のような**単体半導体**と，NiO，CdS，GaAs のような**化合物半導体**がある．それぞれの半導体は，不純物を全く含まない**真性半導体**（intrinsic semiconductor）と，微量な不純物を含む**不純物半**

導体(impurity semiconductor)とに分けられる。不純物としては,例えば 4 価の Si に対しては 3 価または 5 価の元素が入れられる(不純物を入れることを**ドープする**という)。表 4-2 に半導体の種類を示す。ここでは真性半導体(単体半導体と化合物半導体)および不純物半導体(単体半導体を中心)の特性を考えよう。

表 4-2 半導体の種類

(1) 真性半導体

代表的な単体半導体である Si は,ダイヤモンドと同じように共有結合性の単体であり,結合の方向性の強い四面体結晶構造をもつ。3-1 項で述べたように,ダイヤモンドと比較すると Si の共有結合は弱く,結合性軌道と反結合性軌道の分離が小さい。その結果,価電子帯と伝導帯のバンドギャップは,ダイヤモンドの 5.4 eV に比べるとはるかに小さく 1.1 eV である。0 K では電子は価電子帯に充満しており,伝導帯には全く存在しない。しかし Si のバンドギャップは小さいので,温度が上昇すると共に価電子帯の電子は,価電子帯に正孔を残して伝導帯にジャンプする。伝導帯の電子と価電子帯の正孔は共に電荷を運搬する。

もう 1 つの化合物半導体は 2 種類以上の元素で構成された結晶で,周期表の 13 族と 15 族の元素からなる化合物(Ⅲ-Ⅴ族化合物:GaAs, GaN, InP など),12 族と 16 族からなる化合物(Ⅱ-Ⅵ族化合物:CdTa, ZnSe, CdS など),14 族からなる化合物(Ⅳ-Ⅳ族化合物:SiC, SiGe など)に分類される。なお( )内の族の名称は横 8 族とした短周期表に基づくものである。

化合物半導体は,単体半導体の Si などと比較すると,バンド内の電子の動き,およびバンド間の電子遷移に特徴がある。表 4-3 に単体半導体と化合物半導体の有効質量,移動度および遷移の型を示す。化合物半導体の多くは電子の有効質量 m^* が小さく,バンド間では直接遷移を行うことが特徴である。有効質量が小さくなると,$\mu = q\tau/m^*$ ((4-6)式)より移動度 μ は大きくなることがわかる。移動度の大きな化合物半導体は,高速処理に優れた電子デバイスとして重要である。

バンド間遷移について考えよう。図 4-4 に E-k 関係で描いたバンド

表4-3 単体半導体と化合物半導体の有効質量，移動度および遷移の型

半導体の種類	単体半導体		化合物半導体	
半導体	Ge	Si	GaAs	InP
電子の有効質量比 m_e^*/m	0.55	0.40	0.08	0.07
電子移動度 [cm^2/Vs]	3,600	1,350	8,000	4,500
バンドギャップ [eV]	0.66	1.12	1.43	1.27
遷移の型	間接遷移	間接遷移	直接遷移	直接遷移

＊電子移動度の値は参考文献1)による。

3) 詳細なバンド構造を議論する際には，E-k 曲線で表す必要がある(図(b))。しかし半導体や絶縁体の電気伝導性を定性的に議論する場合は，k 空間を無視してバンドギャップだけに注目したエネルギーバンド図(図(a))が用いられる。

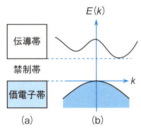

図 半導体のバンド構造の模式図

4) 図4-5(c)，(d)に示した間接遷移の遷移過程は運動量(エネルギー)保存が成り立てば良いので，フォトンとフォノンを含む多数の経路をとることができる。

構造およびバンド間の電子遷移の概念図を示す[3]。価電子帯の上端と伝導帯の底の波数 k が等しいバンド間遷移と，その波数が異なるバンド間遷移がある。前者を**直接遷移**(direct transition)(図4-4(a),(b))，後者を**間接遷移**(indirect transition)(図4-4(c),(d))とよぶ。直接遷移は，光によって励起した電子は垂直に遷移し(図4-4(a)励起過程)，伝導帯の底の電子は正孔と再結合する(図4-4(b)緩和過程)。そのエネルギーはフォトン(光子)として放出されるため強い発光がみられる。いっぽう，波数の異なるバンド間で起こる間接遷移の場合，遷移が起こるためには，異なる k の差分をフォノン(量子化された格子振動)によって補い，バンドギャップ E_g 分をフォトンによって補って遷移する(図4-4(c)励起過程)。間接遷移はフォトンとフォノンを含む遷移であり，再結合はフォノンとして放出されることが多いので，光の放出は行われないか，生じても非常に弱い発光となる(図4-4(d)緩和過程)[4]。以上のことから，直接遷移のほうが遷移確率は高く，光の吸収係数および発光効率が大きい。したがって，直接遷移である GaAs は発光を伴う発光ダイオード(LED)などの光デバイスとして優れており，間接遷移である Si は光デバイスとしては期待できないことがわかる。

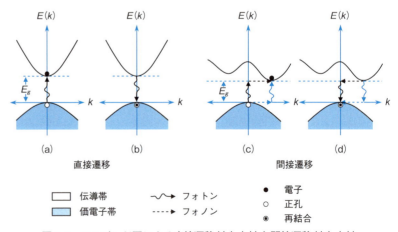

図4-4 E-k バンド図による直接遷移((a),(b))と間接遷移((c),(d))

(2) 不純物半導体

SiにBやAlのような3価の原子や，AsやPのような5価の原子が混入する場合について考察しよう。3価の原子が混ざると，図4-5(b)に示すように，B原子はSi原子を**同形置換**(isomorphic substitution)し，隣接の4個のSi原子と共有結合する。しかし1個電子が不足しているので孔があくことになる。すなわち正孔が生じる。この孔はある部分に止まっているのではなく，他の部分から電子が飛び込めば，移動した電子の元の位置にまた孔が生じる。このようにして孔は次々と移動していく。5価の原子が混ざると，図4-5(c)のように，やはりSiの位置に入るが，電子が1個余るために，この電子が結晶中を動き回ることになる。不純物原子によって生じる正孔および電子が電気伝導性を大きくする。これをバンドモデルで表すと，図4-5(e)，(f)のようになる。すなわち混入した3価の原子は価電子から容易に電子を受け取れるので，Siの価電子帯のすぐ上に位置する。これを**アクセプタ準位**(acceptor level)という。混入した5価の原子から放出された電子は容易に伝導電子になれるので，Siの伝導帯のすぐ下に位置する。これを**ドナー準位**(donor level)という。これらは不純物準位とよばれる。

アクセプタ準位の空席には価電子帯から電子が励起され，価電子帯に正孔(positive hole，単にホールともいう)が生じる。正(positive)の電荷をもつ正孔が電荷キャリアとして電気伝導を担うので，**p型半導体**と

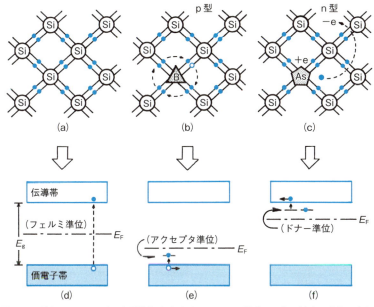

図4-5 純シリコンおよび不純物を含むシリコンの結合モデル((a)，(b)，(c)，およびエネルギーバンド構造((d)，(e)，(f))
(a)，(d) 純ケイ素，(b)，(e) 3価の原子を含む(p型)ケイ素，
(c)，(f) 5価の原子を含む(n型)ケイ素，●電子，○正孔

不純物半導体の伝導率の温度変化

バンドギャップをもつ真性半導体と絶縁体はいずれも温度と共にキャリア数が増すために電気伝導率は上昇する(図4-3)。一方，n型やp型の不純物半導体(外因性半導体という)のキャリアは不純物由来であるため，常温付近ではキャリア数の温度変化はほとんど認められない(外因性領域)。しかし図に示すようにある温度を超えると，価電子帯から励起された電子の方が不純物によるキャリアより多くなり，真性半導体と同様に変化する(真性領域)。

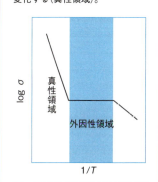

図 不純物半導体の電気伝導率

いう。一方，ドナー準位に存在する電子は励起して伝導帯に入る。負 (nagative) の電荷をもつ電子が電荷キャリアとして電気伝導を担うので，**n 型半導体**という。

温度によって励起した電子と生成した正孔の分布が変わるためにフェルミ準位は変化するが，中温域では図 4-5(e)，(f) のようになる。

これを分子軌道法により考えてみよう。同形置換した不純物原子と Si 原子との間にできる結合は，Si 原子同士の結合ほど強くはない。すなわち，混入した原子との間で生ずる結合性軌道と反結合性軌道との間のエネルギーギャップは，すでに形成された価電子帯と伝導帯との間のギャップほどは大きくない。また，混入原子と Si 原子の軌道のエネルギーは異なるので，結局図 4-6 に示すように，3 価原子の混入に伴って生じた結合性軌道は，価電子帯の少し上に位置する（アクセプタ準位）。5 価原子の混入に伴って生じた反結合性軌道は，伝導帯の少し下に位置する（ドナー準位）。

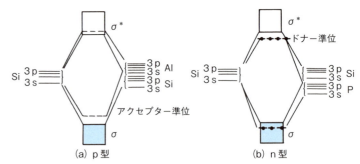

図 4-6　p 型および n 型半導体のエネルギーバンド構造の分子軌道法的解釈

4-4　超伝導

金属の電気抵抗は温度の低下とともに急激に減少し，極低温では 0 に近づくことをすでに述べた。しかしある種の金属の電気抵抗は，ある温度で不連続的に減少し 0 になる。その温度を**臨界温度** (critical temperature) T_c といい，そのような現象を**超伝導** (super conductivity) とよぶ[5]。表 4-4 に超伝導を示す金属単体と合金の臨界温度を示す。ここで注意することは，常温で高い電気伝導率を示す Cu や Ag は 0.001 K 以下でも超伝導状態にはならないことである[6]。逆に常温付近では半導体や半金属に相当する電気伝導率を示すにもかかわらず超伝導状態になるものもある（銅酸化物超伝導体など）。このように室温での伝導性の良し悪しによって超伝導性が決まるわけではない。すなわち超伝導は金属の伝導現象の延長線上にあるのではなく，電子-フォノン相互作用などによって決まる現象である。

5) 臨界温度を超伝導転移温度とよぶ事がある。

6) Au, Ag, Cu などは絶対 0 度にしても残留抵抗があるために電気抵抗は完全に 0 にならない。これらを常伝導物質という。常伝導物質 (Cu など) と超伝導物質 (Hg など) の電気抵抗の温度変化の模式図を示す。

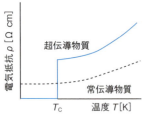

図　金属の電気抵抗の温度変化（模式図）

表 4-4 金属および合金の臨界温度 T_c

	T_c/K		T_c/K		T_c/K
(単体)		In	3.41	Cd	0.52
Nb	9.25	Tl	2.38	Ru	0.49
Tc	7.8	Al	1.75	Ti	0.40
Pb	7.20	Re	1.70	Hf	0.13
β-Ga	5.9	Th	1.38	Ir	0.11
V	5.40	Mo	0.92	W	0.015
α-La	4.88	Zn	0.85	(合金)	
Ta	4.47	U	0.8	Nb_3Ge	23.2
α-Hg	4.15	Os	0.66	Nb_3Sn	18.0
Sn(白スズ)	3.73	Zr	0.61	$PbMo_{5.1}S_6$	14.0

(1) マイスナー効果と BCS 理論

臨界温度 T_c 以下の状態の物質は,電流がひとたび流れ始めると無限に,あるいは無限に近く流れ続ける。これを**永久電流**といい,流れる電流の量はいつまでも変わらない。これを**完全導電性**といい,このような状態を**超伝導状態**とよぶ。電流の流れを止めるには,図 4-7 からわかるように,温度を T_c 以上にするか($B \rightarrow A$),臨界磁場 H_c より大きくして($B \rightarrow C \rightarrow C'$ または $B \rightarrow C \rightarrow D$),**常伝導状態**にしなければならない。

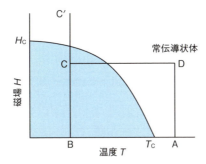

図 4-7 超伝導臨界温度 T_c の磁場による変化

超伝導のもう 1 つの特徴には,磁場の中に超伝導体を入れたとき,超伝導体の内部に入ろうとする磁場を完全に排除して,内部の磁場を 0 に保つ性質(**マイスナー効果**)がある。ここで,マイスナーが超伝導性を調べるために行った実験を図 4-7 と 4-8 を用いて説明しよう。いま温度と磁場を A B C D(実験 1)および A D C B(実験 2)の 2 通りの方法で順序を変え,それぞれの点における超伝導性金属球内外の磁力線分布を測定する。予想では,A から B に変えると球内の電気抵抗は 0 になるが,内部の電子の運動方向はまちまちで,電流としては測定されず,磁場は生じない。しかし外部磁場をかけ,C の状態にすると内部(超伝導体表面付近)に,この外部磁場を打ち消すような**渦電流**が誘導される。球は超

伝導状態にあるので，この渦電流は無限に流れ続け(この電流を**遮蔽電流**という)，結局，球内部の磁場は0で球外部のみに磁場が存在するような状態が出現する。最後に温度を上げてDにすると球は常伝導状態になり，渦電流は消滅して，球内部に外部磁場が及ぶようになる(実験1)。実際の結果もこのとおりになる。

次にADCBの順に温度と磁場を変える(実験2)。予想では，Dで磁場は球の内外で均一になる。一定磁場で温度を下げてCになっても変化しない。なぜならば渦電流は，変化する磁場に対して生じるものであり，超伝導状態になっても球内の電子の流れは変化しないはずだからである。さらに超伝導状態を保ちつつ，外部磁場を弱くしていくと(C→B)，外部磁場の変化を補うような電流の流れが球内に生じ，外部磁場が0になっても電流は流れ続けて，結局，球内部には強い磁場が残るものと予想される。

しかしマイスナーの実験によれば，実際は図4-8(c)のようになった。すなわち，Cおよびそれ以下の磁場では，球内部には磁場は存在せず，Bにおいて球内部の磁場は全く消失することがわかった。すなわち超伝導体はいかなる場合でも外部磁場を排除し，内部の磁場は0である(マイスナー効果，Meissner effect)。超伝導体には，電気抵抗が0であることに加えて，何か他の本質的な物性が存在すると考えられる。この物性とは何であろうか。

マイスナー効果を説明するため，バーディン，クーパーおよびシュリーファー(Bardeen, Cooper and Schrieffer)は**BCS理論**を発展させ

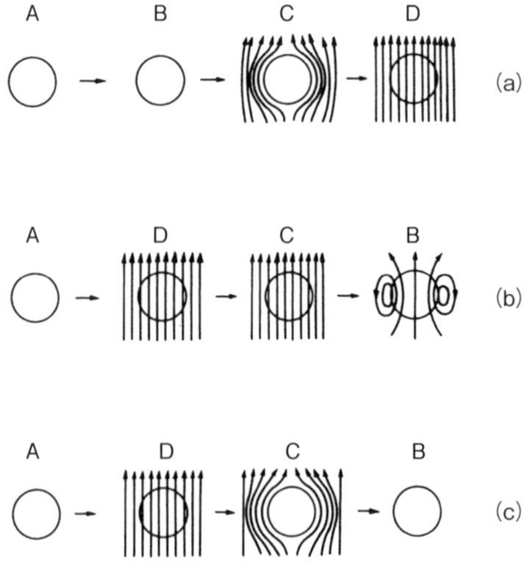

図4-8 超伝導体における磁束分布の変化
(a)実験1の予想(0抵抗)と結果(0抵抗)　(b)実験2の予想(0抵抗)
(c)実験2の結果(完全0抵抗，完全反磁性)
A, B, C, Dは図4-7のA, B, C, D点に対応する。

た。彼らの理論から，超伝導体の本質な物性は次のように説明される。

いま，純粋で欠陥のない金属を常温で磁場内におく（すなわち図4-7のD点）。このとき金属はその反磁性（6-3項参照）のため，多少はその磁場を打ち消す方向に磁化されるが，その大きさはほとんど無視できる。すなわち，磁場におかれる前は，ばらばらの方向に運動していた自由電子は，磁場がかかるとその影響を打ち消すように多少は運動方向を変えるが，やはりばらばらに運動をしている。このような状態におかれた金属を極低温（図4-7のC点）にもっていく。すると金属の格子振動はほとんど無視できるようになり，電気抵抗は非常に小さくなる（近似零電気抵抗）。しかし磁場は変化しないのであるから，電子の運動方向も変化せず，ばらばらの方向をとり続ける。

これに対し超伝導体の場合，彼らはD点ではばらばらの方向にばらばらの速度で運動していた電子は，C点になると対になって動くようになると考えた。本来，パウリの原理に支配されている電子（**フェルミ粒子**）は，1つの量子準位を多数占めることはできない。しかし2個のフェルミ粒子が合わさって電子分子とでもいう**ボース粒子**に変わることができれば，全粒子が同じ運動エネルギーと運動量をもつようになる。つまり超伝導状態では，大多数の電子は互いに隣の電子（その相手は反対向きの運動量をもつ電子，すなわちスピン量子数0と1の電子に限られる）と対をつくり，同じ方向に同じ速度で動くようになる。その結果，各電子間に摩擦はなく，電気抵抗は完全に0となる。さらに磁場の存在下では，この電子対は磁場の影響を完全に打ち消すような方向と速度とをもって，磁場が存在する限り永久に運動する。したがって超伝導体内には磁力線は全く入らない。以上のことから超伝導体の本質は，電気抵抗

フェルミ粒子とボース粒子

フェルミ・ディラック統計に従うフェルミ粒子に対し，ボース粒子はボース・アインシュタイン統計に従う素粒子である。フェルミ粒子とボース粒子の違いを表に記す。BCS理論で述べたクーパー対とは，半整数スピンである↑と↓の2つの電子が対を作り整数スピンとなり，ボース粒子化したものである。このクーパー対の集団がボース凝縮，すなわち1つの固有状態に莫大な電子対が存在する状態を形成し，超電導に寄与する。

表 フェルミ粒子とボース粒子の比較

粒子の名称	フェルミ粒子（フェルミオン）	ボース粒子（ボソン）
粒子の例	電子，陽子，中性子など	クーパー対，光子，^{4}He（偶数個の核子から成る原子）など
スピン角運動量	$1/2$，$-1/2$（半整数値）	0，1（整数値）
特性	・フェルミ・ディラック統計に従う ・パウリの排他律に支配されており，同じ量子状態に2個以上の粒子が存在できない	・ボース・アインシュタイン統計に従う ・多数の粒子が同一の量子状態をとることができる

7) 超伝導体は磁場との反応の違いに基づき、第一種超伝導体と第二種超伝導体の二種類に分類される。図4-7に示した超伝導は第一種超伝導である。詳細は参考文献1)を参照せよ。

が0であることに加えて、磁場を完全に排除する反磁性の極限状態、いわゆる**完全反磁性**にあると結論された[7]。

それでは、超伝導状態ではなぜ電子が対をつくるのであろうか。いま第1の電子が格子をつくっている金属原子(またはイオン)の間を通過すると、格子は電子に引かれて少し近づきながら振動する。すると、この空間はわずかに正に帯電し、第2の電子を引き付けるため、電子は対をつくるようになる(この電子対を**クーパー対**とよび、ボーズ粒子化する)。すなわちフォノン(量子化された格子振動)を媒介にしてクーパー対ができる。この状態が次々に起こり、生じたクーパー対は集合してあたかも液体のように振る舞い、格子振動や格子欠陥などの障害に影響されずに固体内を動くようになる。しかし温度が高くなると格子振動が激しくなり、電子対をこわす。超伝導状態が低温でのみ生ずる原因はここにあると考えられる。

(2) 酸化物超伝導体

従来の金属系超伝導体(表4-4参照)とは異なる臨界温度が30 K以上の銅酸化物系の超伝導体が1986年に発見された。これを**銅酸化物超伝導体**(copper oxide superconductor)という。銅酸化物超伝導体の中には臨界温度が液体窒素温度($-195.8℃$, 77 K)を越えるものがあるが、これをとくに**高温超伝導体**(high temperature superconductor)あるいは銅酸化物高温超伝導体とよぶ。表4-5に代表的な銅酸化物超伝導体を示す。これらの銅酸化物はすべてペロブスカイト型結晶構造を基本とする構造から成り、二次元的に連なったCuO八面体によって形成されたCuO_2面をもつことが特徴である(図1-12参照)。CuO_2面内の電気抵抗率は$10^{-4}/\Omega \cdot cm$オーダーの値で、半導体から半金属の値に相当し、それと垂直なc軸方向の抵抗率は100倍程度大きくなる。自由電子密度は金属や合金と比べるとはるかに低く、化学組成によっては絶縁体となるが、それにも関わらず超伝導を示すものが多い。この現象に対しては従来の超伝導の理論(BCS理論)では説明できないため、酸化物高温超伝導機構としては、新たにRVB理論(共鳴状価電子結合理論)が提案されている[8]。

8) RVB理論は二次元的構造(層状的構造)に着目し、平面上にある原子間で電子を交換し、クーパー対をつくるというものである。この場合、液体状態のように動き回る電子対の形成とその動きには正孔も大きな役割を果たしていることが考えられている。

2008年にはLaFeAs($O_{1-x}F_x$)が26 Kの臨界温度を示すことが発見された。鉄を含む一連の超伝導体を**鉄系超伝導体**(iron-based superconductor)という[9]。鉄系超伝導体の多くは酸素サイトへのフッ素のドープにより超伝導を示すことから、超伝導機構は金属系超伝導体(表4-4)や銅酸化物超伝導体とは大きく異なることが推測される(表4-5, 章末コラム参照)。

9) 従来、磁性元素における電子スピン間の強い相互作用はクーパー対の形成を阻害すると考えられてきたため、代表的な磁性元素である鉄を含む物質の超伝導はこれまで期待されてこなかった。

表4-5　銅酸化物超伝導体と鉄系超伝導体の臨界温度

銅酸化物超伝導体	T_c/K	構造的特徴	鉄系超伝導体	T_c/K	構造的特徴
$HgBa_2Ca_2Cu_3O_x$	133	二次元的なCuO$_2$の面を有する層状ペロブスカイト型構造	$Gd_{1-x}Th_xFeAsO$	56	①FeとAsのネットワークでできた二次元的伝導層の形成，②数%のFのドープによる酸素欠損の形成(xはホールの数に相当)
$Tl_2Ba_2Ca_2Cu_3O_x$	120		$SmFeAs(O_{1-x}F_x)$	55	
$BiSrCaCu_2O_x$	105		$NdFeAs(O_{1-x}F_x)$	51	
$YBa_2Cu_3O_{7-x}$	93		$LaFeAs(O_{1-x}F_x)$	26	
$La_{2-x}Sr_xCuO_4$	40		$LaFeP(O_{1-x}F_x)$	7	
$La_{2-x}Ba_xCuO_4$	30	K_2NiF型構造			

4-5 イオン伝導

金属のように電子がキャリアである伝導体を**電子伝導体**とよぶのに対し，イオンがキャリアである伝導体を**イオン伝導体**とよぶ。イオン伝導性を示すものには溶融塩や多くのイオン結晶があげられるが，ここでは強電解質溶液と同程度の電気伝導率(10^{-3}〜$10\ \Omega^{-1}cm^{-1}$)を高温で示すイオン結晶(**固体電解質**(solid electorolyte)という)について考察しよう。

(1) 固体電解質

強電解質溶液と固体電解質には大きな違いがある。前者は正極に陰イオンが，負極に陽イオンが移動して伝導性を示すのに対し，後者の場合，伝導性イオン種は陽イオンか陰イオンの1種だけである。したがって固体電解質に直流電圧をかけ続けると，伝導イオン種は極のほうへ片寄ってしまい，時間とともに電流は流れなくなる。連続して伝導性を示すためには，以下に示すように，移動するイオンM^+と同種の単体Mまたは分子M_xが正極または負極に存在する必要がある。

(正極)　　M^+(s：固体中) + e^- ⟶ M

(負極)　　M(金属) ⟶ M^+(s) + e^-　　　(4-9)

ところでイオンは電子や正孔と比較すると非常に大きなサイズの粒子であるので，イオン伝導性を示すにはイオンが移動できる大きさの隙間が必要となってくる。表4-6に示すように，イオン伝導体は構造から3つのタイプに大別され，それぞれの構造に特有な機構でイオンは移動す

表4-6　固体電解質の種類，構造および電気伝導率

構造	固体電解質	伝導イオン種	電気伝導率($\Omega^{-1}cm^{-1}$)
①層状構造	$Na_2O\ 11Al_2O_3$(βアルミナ)	Na^+	1.4×10^{-2}(25℃)
	Li_3N単結晶	Li^+	1.2×10^{-2}(25℃)
トンネル構造	$Na_2Zr_2Si_2PO_{12}$(ナシコン)	Na^+	2×10^{-1}(300℃)
(三次元ネットワーク構造)	$Li_{3.8}Si_{0.8}P_{0.2}O_4$	Li^+	1×10^{-6}(100℃)
			1×10^{-2}(300℃)
②平均構造	α-AgI	Ag^+	1.9〜2×10^2(146℃〜555℃)
③欠陥構造	$0.85\ ZrO_2$–$0.15\ CaO$(Ca-安定化ジルコニア)	O^{2-}	2×10^{-2}(800℃)

> **ガラスイオン伝導体**
>
> 近年，Li$_2$S-SiS$_2$-Li$_4$SiO$_4$系ガラスやLi$_2$S-P$_2$O$_5$系ガラスセラミックス（結晶化ガラス）が常温で10^{-3}Ω^{-1}cm^{-1}の高い伝導率を示すことが報告されている。ガラスのイオン伝導は，ガラス骨格を形成している非可動イオンとキャリアイオンとの相互作用，キャリアイオンの量，ガラス中に形成された空隙の大きさと量に大きく影響を受ける。これらのガラス固体電解質を用いた全固体リチウムイオン二次電池への応用が期待されている。

る。イオン伝導体の主なキャリアとしては，陽イオンにはLi$^+$，Na$^+$およびAg$^+$などが，また陰イオンにはO^{2-}やF$^-$などがある。固体電解質の特徴は，常温では電気伝導率は低いが，高温になると欠陥の増加や相転移により，電気伝導率が著しく向上することである。

3つのタイプの固体電解質の構造的特徴およびイオン伝導機構をまとめておこう。

① 二次元的層が積み重なった**層状構造**(layered structure)や，三次元ネットワークによって形成された**トンネル構造**(tunneru structure)から成る固体では，イオンは原子密度が非常に低い層間やトンネル状隙間，あるいは整列した格子の隙間を移動していく。図4-9(a)にβ-アルミナの構造(層状構造)を示す。

② イオンが占めることのできる多くのサイトをもつ固体で，統計分布構造あるいは**平均構造**(mean structure)とよばれる。イオンは数多くのサイトを利用して移動していく。図4-9(b)にα-AgIの構造を示す。α-AgIの単位格子中には2個のAg$^+$イオンが存在できる等価な12の4配位サイトがある(図中の●印の位置)。さらに1/2および1/3の確率で存在できる30のサイトも存在する(図中の○印の位置)。Ag$^+$イオンはこれらのサイトを自由に移動する。

③ 空格子すなわち**欠陥構造**(defect structure)から成る固体で，イオンは格子欠陥部に生成するイオンの空孔を利用して順次移動していく。図4-9(c)に安定化ジルコニアの構造を示す。

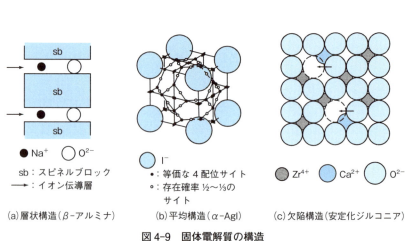

図4-9 固体電解質の構造

(2) 固体電解質の応用

固体電解質は高い温度で種々の機能を発揮するため，高温度のガスのセンサーや高温度条件下で作動する電池などに用いられている。いくつかの例を示す。

① 電池：β-アルミナを隔壁としたナトリウム硫黄電池では以下に示すように，正極に硫黄を，また負極に金属ナトリウムを用い，300～350℃で作動させる。

(正極)　　$Na^+(s) + (x/2)S + e^- \longrightarrow (1/2)Na_2S_x$

(負極)　　$Na(金属) \longrightarrow Na^+(s) + e^-$　　　　(4-10)

固体電解質を用いた電池は，従来の電池の電解質と比べると，単位重量当たりの発電量が大きく，また高温で使用できるという特徴がある。

② 燃料電池：酸素イオンを伝導イオン種とする安定化ジルコニアを隔壁とし，正極と負極にそれぞれ酸素ガスおよび水素ガス（あるいはメタノール）を送り込むと，正極では酸素ガスが極表面で酸素イオンとなり固体中に取り込まれ，負極では固体中からしみ出した酸素イオンと水素ガスとの反応により水が生成する。その際に約1Vの起電力が得られる。

(正極)　　$(1/2)O_2 + 2e^- \longrightarrow O^{2-}(s)$

(負極)　　$H_2 + O^{2-}(s) \longrightarrow H_2O + 2e^-$　(4-11)

通常，1,000℃付近の温度で作動されるが，発電効率が50～60％と高い（通常の電池の発電効率は20～30％程度である）ことが特徴である。

③ ガスセンサー：安定化ジルコニアを隔壁とし，隔壁の両側で酸素ガス濃度が異なる場合，その差が化学ポテンシャルの差となり，起電力が生じる。すなわち酸素ガス圧の高いほうから低いほうへO^{2-}が移動するが，高いほうが正極，低いほうが負極となる。その起電力Eは以下に示すようにネルンストの式で表される。

$$E = (RT/4F)\ln[P_{O_2}(高圧)/P_{O_2}(低圧)]　　　(4-12)$$

この性質利用したものには，図4-10に示すような自動車の排ガス中のガス濃度検知，医療や環境計測，燃料制御などを目的とした酸素ガスセンサーがある。

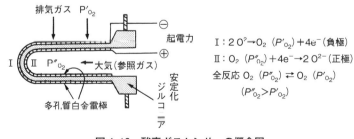

図4-10　酸素ガスセンサーの概念図
(参考文献24))

超伝導体の特性と応用

　超伝導体の身近な応用例としては，超高磁場を必要とする NMR，MRI および磁気浮上式鉄道の超伝導マグネットがあげられる。現在は合金系の NbTi や Nb_3Sn の線材（12〜30 T（4.2 K））が用いられており，液体ヘリウム（4.2 K）で冷却したコイルに電流を流し，永久電流モード運転で安定した磁場を得ている。高磁場の発生や超伝導検出器を用いた分析機器等の能力をさらに高めるためにはさらに高い磁場強度が求められる。しかし，臨界温度に加えさらに2つの問題がある。1つは電気抵抗がゼロの超伝導コイルは，どんなに大きな電流でも流せるわけではなく，ある値よりも大きな電流になると突然電気抵抗が発生して常伝導に転移してしまう。このような超伝導体に流せる限界の電流の値のことを**臨界電流密度**（critical current density）J_C という。もう1つは，超伝導体は磁場に弱いという欠点があり，臨界磁場 H_C を越える磁場を発生させるか，あるいは外部から同等の磁場をかけた場合に超伝導現象は消失する。このように超伝導状態は以下に示す3つの臨界値に支配されている。

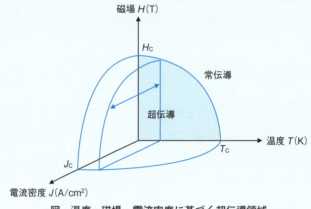

図　温度・磁場・電流密度に基づく超伝導領域

5 電気的性質(2) 誘電性

電場をかけた絶縁体内の電子やイオンは，固体内部を動き回ることはできないが，多少はその位置を変えたり(**変位**する)，あるいは永久双極子から成る場合は双極子が回転や反転してある方向を向く(**配向**する)ことができる。この種の変位や配向は自然に生じる場合もあるが，通常，電場の存在で促進される。その結果，固体内部には電荷の分布の偏り(**分極**)が生じ，表面には電荷が誘導される。電荷の分布に偏りが生ずる性質を**誘電性**といい，この性質をもつ物質を**誘電体**とよぶ。

5-1 分極と電気双極子モーメント

多くの物質では，単位格子中の原子やイオンの正と負の電荷の重心は一致している。これに電場をかけると，正と負の電荷の位置が相対的に変化し分極する。分極は生じる原因により次の3つに大別される。またそのモデルを図5-1に示す。

(1) **電子分極**(electronic polarization)，P_E：原子を構成する電子雲の原子核に対する相対的な変位に起因する分極(図5-1(a))である。電子分極はすべての物質に存在する。

(2) **イオン分極**(ionic polarization)，P_I：正負イオンの位置の相対的な変位に起因する分極(図5-1(b))である。イオン結晶や無極性分子からなる結晶に存在する。

(3) **配向分極**(orientation polarization)，P_O：永久双極子の配向の変化に起因する分極(図5-1(c))である。双極子分極(dipolar polarization)ともいい，双極性の分子や原子団などからなる結晶に存在する。

(1)，(2)で述べた電子分極やイオン分極の場合，生じる正と負の電荷の重心(G^+, G^-)のずれの大きさ l は電場の大きさに比例する(図5-2)。

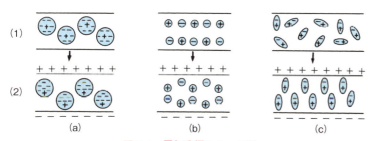

図5-1 電気分極の3つの型
(a)電子分極，(b)イオン分極，(c)配向分極
(1)電場のない場合，(2)電場をかけた場合

電荷の重心にはそれぞれ正電荷 $+q$ と負電荷 $-q$ が存在するとみなせるので，重心のずれは図 5-2 のように表すことができる。この一対の $+q$ と $-q$ を**電気双極子**(electric dipole)とよぶ。両電荷が距離 l だけ離れたところに存在するとき，$-q$ から $+q$ へ向くベクトル $\boldsymbol{l}$（大きさ l）に電荷 q（電気量 [C]）を掛けたベクトル量 $q\boldsymbol{l}$ を**電気双極子モーメント** $\boldsymbol{\mu}_e$ [Cm] という。

1) 電場 E は＋極から－極に向かうベクトルで，また電気双極子モーメント $\boldsymbol{\mu}_e$ は負電荷から正電荷へ向かうベクトル量で表す

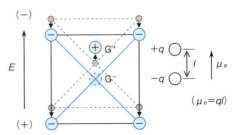

図 5-2 電場による正負イオンの相対的な変位と電気双極子の形成[1]

極性分子の双極子モーメント

水，ポリフッ化ビニリデン (PVDF)，液晶などの分子や $NaNO_2$ を構成する NO_2^- は永久双極子である。これら分子の双極子モーメントは電子の偏り，結合距離，結合角によってきまる。図に HCl，H_2O および NO_2^- の分子の形と双極子モーメント（Debye 単位）を示す。なお，1D (Debye) は，cgs 単位で 10^{-18} esu cm，SI 単位で 3.336×10^{-30} Cm である。

HCl (1.11 D)

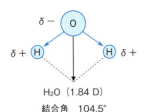

H_2O (1.84 D)
結合角 104.5°

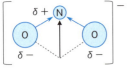

NO_2^- (0.4 D)
結合角 115°

図 極性分子の形と双極子モーメント

$$\boldsymbol{\mu}_e = q\boldsymbol{l} \tag{5-1}$$

電気双極子モーメントの大きさ μ_e は

$$\mu_e = |\boldsymbol{\mu}_e| = ql \tag{5-2}$$

で表される。ところで $\boldsymbol{\mu}_e$ は，電場のあまり大きくない範囲内では，電場の強さに比例する。

$$\boldsymbol{\mu}_e = \alpha \boldsymbol{E}_l \tag{5-3}$$

ここで，$\boldsymbol{E}_l$ は外部から加えられた外部電場 E そのものではなく，電気双極子に直接作用する局所電場 E_l である。また比例定数 α は**分極率**とよばれ，体積の次元（分子の体積程度）をもつ。

このように誘電体に電場を加えると，誘電体内に多数の電気双極子モーメントが生じる。これを単位体積内 $(1/V)$ においてすべてベクトル的に加えたものを**分極** P [Cm^{-2}] という。

$$P = \Sigma \boldsymbol{\mu}_{e,i}/V = \Sigma q\boldsymbol{l}_i/V \tag{5-4}$$

単位体積中の双極子の数を n とすると

$$\boldsymbol{P} = n\boldsymbol{\mu}_e = n\alpha \boldsymbol{E}_l \tag{5-5}$$

で表される。

上記に基づくと，電子分極の大きさ P_E は次のように表される。なお以下はいずれもベクトルではなくスカラー（すなわち分極の大きさ）で表す。

$$\mu_{e,E} = \alpha_E E_l \tag{5-6}$$

$$P_E = n_E \mu_{e,E} = n_E \alpha_E E_l \tag{5-7}$$

イオン分極の大きさ P_I は次のように表される。

$$\mu_{e,I} = \alpha_I E_l \tag{5-8}$$

$$P_I = n_I \mu_{e,I} = n_I \alpha_I E_l \tag{5-9}$$

配向分極の大きさ P_O の場合，永久双極子からなる誘電体であるために，$E_l=0$ のときすでに永久双極子モーメントをもっている。永久双極子は，ある温度以上になると熱運動によってあらゆる方向を向いているのでベクトル和は 0 となり，固体全体の分極は示さない。電場を加えると永久双極子の配向の程度は，熱エネルギー k_BT による撹乱と電場の大きさ E_l による配向のかねあいによって決まる。したがって配向分極の大きさ P_O には E_l に加えて k_BT の項が含まれる。

$$P_O = n_O \mu_{e,O}^2 E_l / 3k_B T \tag{5-10}$$

ここで配向分極は(5-7)，(5-9)式と同様に $P_O = n_O \alpha_O E_l$ と表すと，分極率は $\alpha_O = \mu_{e,O}^2 / 3k_B T$ となる。

電子分極 P_E，イオン分極 P_I，配向分極 P_O の全てをもつ物質の全分極 P_T は

$$P_T = P_E + P_I + P_O \tag{5-11}$$

で表される。また全分極率 α_T は

$$\alpha_T = \alpha_E + \alpha_I + \mu_{e,O}^2 / 3k_B T \tag{5-12}$$

で表され，誘電体の分子構造を解明する際には重要な関係式となる。

5-2 誘電体の種類

誘電体には，副格子中の陰陽イオンの変位に伴い生じた双極子モーメントの方向や大きさが異なったものが 4 種ある[2]。その誘電体の模式図を図 5-3 に示す。これらは大きく 2 つに分けられる。1 つは外部電場 E が零の時は正負の電荷の重心は一致しており，電場が加わって初めて分極するもので，これを常誘電体という。もう 1 つはイオンの変位や永久双極子などによってすでに双極子が形成されている誘電体である。後者

[2] 副格子とは結晶格子を構成する原子または分子の中で，同じ性質や状態を持つもの同士が形成する部分的な格子のことである。例えば反強磁性体(6 章)では，上向きと下向きのスピンを示すそれぞれの陽イオンが中心となりそれぞれ副格子を形成する。MnO であれば単位格子中の 4 個の Mn^{2+} がそれぞれ副格子を形成している。

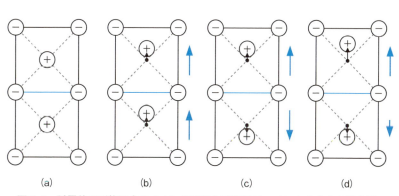

図 5-3　誘電体の副格子中のイオンの変位と双極子モーメントの方向の概念図
　　(a)常誘電体　(b)強誘電体　(c)反強誘電体　(d)フェリ誘電体

ミクロとマクロの分極

5-1項では電子，イオンおよび双極子のそれぞれの分極 P は，局所電場 E_l を用いてミクロな視点から眺めた。これに対し 5-2 項以降で分極 P は，外部電場の大きさ E を用いた $P=\alpha E$ や $P=\varepsilon_0\chi_e E$ などで表わし，物質全体の分極を考えた。すなわちマクロな視点の分極である。

はさらに3つに分類でき，1つは双極子モーメントが一定方向に揃っているために自発的に分極（自発分極）している強誘電体，双極子モーメントの方向が互いに反平行に配列しているために，全体として分極が0になっている反強誘電体，および双極子モーメントの方向が互いに反平行に配列しているが，両者の大きさが異なっているために全体としては自発的に分極しているフェリ誘電体がある。

図5-4に各誘電体に電場を加えた時の分極の変化を分極-電場曲線（$P-E$ 曲線）で示す。物質内に双極子が形成されている3つの誘電体ではいずれもヒステリシス曲線（履歴曲線）を描いていることがわかる。以下にそれぞれの誘電体の特徴を述べる。

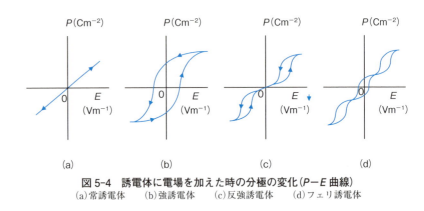

図 5-4　誘電体に電場を加えた時の分極の変化（$P-E$ 曲線）
(a)常誘電体　(b)強誘電体　(c)反強誘電体　(d)フェリ誘電体

(1) 常誘電体

誘電体に電場を加えると分極が生じ，電場を取り去ると分極が零になる誘電体を**常誘電体**（paraelectrics）という。分極は電子分極，イオン分極，配向分極に基づいており，その大きさは電場の強さに比例（$P=\alpha E$）する（図5-4(a)）。しかし電場が大きくなり分極が飽和してくると $P-E$ 曲線は非線形となる。常誘電体の例としては，中心対称性をもつ結晶の Al_2O_3 や Mg_2SiO_4 およびキュリー温度以上の強誘電体がある（5-3(2)項参照）。後者はイオンの変位や永久双極子の熱擾乱によって結晶の対称性が高くなり，自発分極が零となったものである。

(2) 強誘電体

外部に電場がなくても分極しており，外部電場の向きに応じて分極の向きが反転する誘電体を**強誘電体**（ferroelectrics）という[3]。この分極を**自発分極**（spontaneous polarization）という。図5-4(b)に示すように自発分極している強誘電体に電場を加えると，その分極はある大きさで飽和する。逆方向の電場にすると，逆方向に分極する。その際，行きと帰りの道筋が異なり $P-E$ 曲線はループを描く。これを**履歴現象**（hystere-

---

[3] 自発分極しているが分極の向きを反転できない誘電体もある。これは一部の焦電体がそうである。章末のコラムを参照して欲しい。

sis)という。

強誘電体は自発分極の発生機構により2つに分類される。1つはBaTiO$_3$(図5-7)のように, 正負のイオンが相対的に変位したため自発分極が発生したもので, **変位型強誘電体**とよばれる。PZT(Pb(Zr$_x$, Ti$_{1-x}$)O$_3$)なども代表的な変位型強誘電体である。もう1つはNaNO$_2$(図5-9)のように, 永久双極子であるNO$_2^-$の向きが整列して自発分極が生じたもので, **秩序－無秩序型強誘電体**とよばれる。この他に, ロッシェル塩((NaKC$_4$H$_4$O$_6$・4H$_2$O：永久双極子は(C$_4$H$_4$O$_6$)2$-$)や硫酸グリシン((NH$_2$CH$_2$COOH)$_3$・H$_2$SO$_4$：永久双極子は有機分子)がある。強誘電体は重要な材料[4]であるので, 5-3項で詳しく述べよう。

(3) 反強誘電体

外部に電場がなくても正負イオンの変位は起こっているが, その変位は正逆交互に起こっているので, 双極子モーメントは打ち消され, 全体としては分極していない誘電体を**反強誘電体**(antiferroelectrics)という(図5-3(c))。電場を加えると正逆の変位の大きさの違いが生じ, 自発分極が発生する。その結果, 図5-4(c)に示すように, 強誘電体と同様のヒステリシス曲線を描く。逆方向の電場でも同様の変化が起こるために二重のヒステリシス曲線を描くことになる。PbZrO$_3$がその例である。

(4) フェリ誘電体

単位格子のなかに双極子モーメントの大きさが異なる反平行な2つの双極子が存在し, 双極子モーメントの差の総和として自発分極が形成している誘電体を**フェリ誘電体**(ferrielectrics)という(図5-4(d))。電場をかけるとある大きさで双極子モーメントの反転が起こり三重のヒステリシス曲線を描く[5]。フェリ誘電体の数は多くはないが, Bi$_4$Ti$_3$O$_{12}$や(NH$_4$)$_2$SO$_4$などがその例である[6]。

5-3 強誘電体のドメイン構造と構造相転移

(1) ドメイン構造

製造直後の強誘電体をミクロに見ると, 双極子モーメントはそろっているが(図5-3(b)), その領域は限られている。この双極子モーメントのそろった分域を**ドメイン**(domain)とよぶ。図5-5に示すように, ドメインは互いに90°または180°の角度をもって配列しており, 誘電体の回りの空間に大きな静電エネルギーを蓄えることを極力小さくしている。したがって, 結晶全体としての分極は, 正分極ドメインと負分極ドメインとの容積比から決まる。製造されたばかりの強誘電体は, 製造条件によっても異なるが, 多くの場合そのドメイン比は同じ位であるため, 結晶全体の分極はあまり大きくない。

4) 誘電体は電気的特性のみならず光物性(7章の非線形光学効果など)においても重要な役割を果たす。

5) 低電場ではフェリ誘電相中の双極子モーメントの大きさが異なる反平行な2つの双極子のうち1つが平行になろうとする過程で強誘電性を示す(相A)。電場が一定以上の大きさになると2つの反平行の双極子がすべて平行になり強誘電性を示す(相B)。それぞれの相がヒステリシスを示すために三重のループを示す。ここでは電場によって相Aから相Bへの構造相転移が起こっている(5-3(2)項参照)。

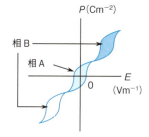

図 フェリ誘電相と強誘電相

6) NH$_4^+$には本来極性はないが, (NH$_4$)$_2$SO$_4$結晶中では歪が生じて永久双極子を持つ。2つの異なった状態の歪みをもつために, NH$_4^+$(1)とNH$_4^+$(2)の2種の異なる双極子の配向に基づくフェリ誘電的性質を示す。なお(NH$_4$)$_2$SO$_4$は$-$50℃以下では強誘電体となる。(参考文献32))

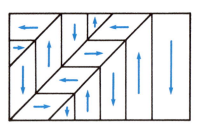

図 5-5 強誘電体のドメイン構造
(参考文献 14))

　正負のドメイン容積の等しい強誘電体を電場の中に置いたときの分極の変化を図 5-6 に示す。電場をかけない時は分極はない(0点)が，電場を強めていくと，電場の向きのドメインの容積が増加する。電場が小さいときは P は E に比例的に増加するが，E の増加に伴い非線形に変化する(0→A→B)。B点で全てのドメインは電場と同じ方向に配列する。この点以降の緩やかな直線的増加部分は電子分極に起因するものである。C点で電場を弱くすると，P 対 E 曲線はB点までは元来た道を逆にたどる。しかし，それ以降は分極は急には減少せず，電場0でも0Dのような大きな値を示す。これはドメインの大部分がまだ正方向に向いたまま残っているためである。線分CBを分極軸まで外挿し，その交点をEとすると，0Eは**自発分極** P_s とよばれ，その大きさは飽和されたときの分極の大きさに等しい。これに対し0Dは**残留分極** P_r (residual polarization)とよばれ，外部電場のないときの分極の極限値に相当する。

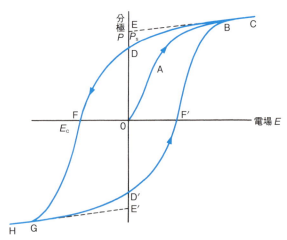

図 5-6 強誘電体の分極 P 対電場 E 曲線

　電場を負の方向に大きくしていくと，分極は急激に減少し，F点で0

となる．このときの負電場の大きさを**抗電場** E_c (coercive field) という．さらに負電場を強くするとG点に達し，逆方向の分極が飽和される．GHはBCに見られた電子分極によるものである．以下負電場を弱くしていくとP対E曲線はHGD′F′BCの道をたどる．これは正電場を弱くしていくときに得られたCBDFGH曲線と点対称になっている．

ここで述べた強誘電体の電場に伴うドメインの容積の変化は，電場方向のドメインが電場と逆向きのドメイン中に形成されることに基づいている．これに対し，次章の磁性体に見られる磁場に伴うドメイン容積の変化は，ドメイン壁の移動によるものである．これは誘電体と磁性体の違いの1つである．

(2) 構造相転移

強誘電体に電場や温度を加えるとイオンの位置や結晶の対称性などの変化と共に性質の変化が起こる．このような変化を**構造相転移**(structural phase transition) という[7]．ここでは変位型強誘電体であるBaTiO₃と秩序・無秩序型強誘電体であるNaNO₃の構造相転移について考える．

ペロブスカイト型化合物であるBaTiO₃は常温では正方晶であり，図5-7に示すように陽イオンのBa^{2+}およびTi^{4+}はc軸の正方向に，また陰イオンのO^{2-}はc軸の負方向に変位しているため，中心対称性がなく自発分極している．その際の陽イオンと陰イオンの相対的変位rは約0.018 nmであり，正方晶のa軸とb軸の比(c/a)は1.01にすぎない．

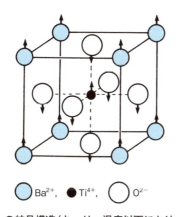

図 5-7 BaTiO₃の結晶構造(キュリー温度以下におけるイオンの変位)

図5-8にBaTiO₃結晶の温度に伴う構造相転移と自発分極の変化を示す．120℃以上の温度では，立方晶への相転移と伴にイオンの変位により中心対称性が生じ常誘電体となる．このように原子やイオンの位置の変位による相転移を**変位型相転移**(displacive phase transition) といい，

7) 構造相転移は，温度，圧力，電場，磁場などの外部条件を変化させた時に起こる結晶構造の微細な変化を伴う相転移である．結晶格子の配列の変化や結晶の対称性の変化(あるいは秩序変化)が起こる．それに伴い誘電性，磁性，超伝導などの変化が起こる(12章参照)．以下にBaTiO₃とPbZrO₃の例を示す．

$$\text{強誘電体} \underset{}{\overset{温度 T}{\rightleftarrows}} \text{常誘電体}$$
(正方晶) BaTiO₃ (立方晶)

$$\text{反強誘電体} \underset{}{\overset{電場 E}{\rightleftarrows}} \text{強誘電体}$$
(斜方晶) PbZrO₃ (菱面体晶)

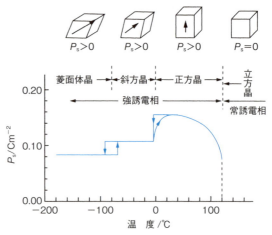

図 5-8　BaTiO₃ 結晶における相転移と自発分極の変化

相転移の次数は一次という（12-3 項および 12-4 項参照）。一次の相転移では，分極，格子定数（歪），エントロピー，体積などは不連続性を示す。なお強誘電体の自発分極が消失する温度（BaTiO₃ では 120℃）を**キュリー温度**（または**キュリー点**）T_C とよぶ。

　NaNO₂ は永久双極子の原子団（NO₂⁻）から成っており，常温付近では永久双極子は一定方向に配向しているために強誘電体である。この状態を図 5-9 に示す。温度上昇とともに双極子は回転を始め，一部が逆方向を示すようになるために自発分極の大きさは次第に減少する。自発分極の状態が温度の関数として変化する様子を図 5-10 に示す。キュリー温度である 163℃ に達すると双極子の向きは正逆それぞれ 1/2 の確率となるため自発分極は 0，すなわち常誘電体となる。このように分子やイオンの配向あるいは位置が乱雑になることによる相転移を**秩序−無秩序相転移**（order-disorder phase transition）といい，その際に結晶構造の変

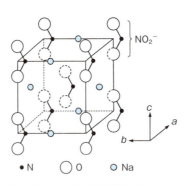

図 5-9　NaNO₂ の結晶構造（$T<T_c$）

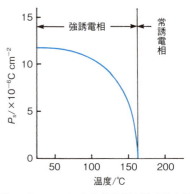

図 5-10　NaNO₂ の自発分極の温度依存性

化は起らない[8]。この相転移は二次の相転移といい，分極，格子定数（歪），エントロピー，体積などは連続的に変化し，その温度勾配は不連続となる（12-3項および12-4項参照）。

5-4 誘電率とコンデンサー容量

真空を挟んだ2枚の平行電極板（電極板面積 A [m²]，電極板の間隔 d [m]）に直流電圧を加えると電極板に電荷 $+Q_0$ と $-Q_0$ が蓄えられる（図5-11）。これを平行板コンデンサーといい，このときの電荷 Q_0 [C]（= [A·s]）は

$$Q_0 = \varepsilon_0 AV/d = C_0 V \tag{5-13}$$

で表される。すなわち電極板面積 A および電圧 V [V] が大きいほど，また電極板の間隔 d が小さいほど電荷 Q_0 は大きくなる。比例定数である ε_0 は真空の誘電率（= 8.854×10^{-12} Fm^{-1}）である[9]。また C_0（= $A\varepsilon_0/d$）は真空を挟んだ平行板コンデンサーに蓄えられる電気容量で，**静電容量** [F]（= [A·s·V^{-1}]）という。

次に電極板の間に誘電体を挿入して電場を加えると誘電体内では分極が生じ，その表面には正と負の電荷が誘起される。その結果，真空を挟んだ時に蓄えられた電荷に加え，図5-11に示すように，誘電体表面に誘起された電荷の分だけそれを打ち消す電荷が電極に生じる。このとき電極板に蓄えられる電荷 Q は

$$Q = \varepsilon AV/d = CV \tag{5-14}$$

となる[10]。ここで C（= $A\varepsilon/d$）は誘電体を挟んだ平行板コンデンサーに蓄えられる静電容量，比例定数 ε（> ε_0）は誘電体の**誘電率**（dielectric constant）[F m^{-1}] といい，物質の誘電分極に関する固有の値（物質定数）である。このように平行板に誘電体を挟むことにより大きな容量のコンデンサーが得られる。

8) 秩序−無秩序相転移には 12-3(3)項で述べる CuZn の原子の位置の変化に基づくものや，6-4(4)項で述べる強磁性体や反強磁性体のスピンの方向がランダムになり常磁性を示すものなどがある。

コンデンサーと交流

"コンデンサーは直流を通さず交流を通す" という性質がある。交流を通すことに対しては2つの説明ができる。1つは，電場の向きが交互に切り替わるために電極に蓄えられた電荷が充電と放電を繰り返すので，見かけ上交流が流れたことになる。ただし誘電体中に電流が流れたわけではない。もう1つは，電磁理論によるもので，電場の変動は周囲に変動する磁場を発生させるので，これは電流が流れることと同等とみなすというものである。

9) 真空の誘電率 ε_0 は真空が誘電体であることを意味しているのではない。MKSA単位系（SI単位系の一部）において1つの重要な普遍定数であると同時に次元換算のための定数である。CGS ガウス単位では必要ではない。また比誘電率 ε_r（= $\varepsilon/\varepsilon_0$）から分かるように誘電率の基準として用いられる。

10) 電荷 Q は(5-1)項に示した q と同義で，電気量ともよばれる。なおコンデンサーに蓄えられる電気量は Q で，$2Q$（= $|+Q| + |-Q|$）ではないことに注意しよう。

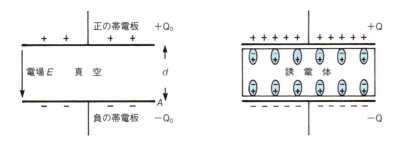

図5-11 電極間に誘電体をはさんだときの電気量の変化

電極板の間に誘電体がある場合とない場合の静電容量の比は，(5-13)式と(5-14)式から

表 5-1　誘電体の比誘電率(ε_r)と誘電強度(参考文献 7)より)

物　　質	比誘電率	誘電強度/$V\,cm^{-1}$
雲　母	2.5〜7.3	50〜2,200
ゴ　ム	2.0〜3.5	160〜480
石英ガラス(SiO_2)	3.5〜4.1	160(50℃)
アルミナ(Al_2O_3)	4.5〜9.5	16〜160
ベリリア(BeO)	6.0〜7.5	100〜120
ルチル(TiO_2)	15〜110	20〜120
チタン酸塩	15〜12,000	40〜120

$$C/C_0 = \varepsilon/\varepsilon_0 = \varepsilon_r \qquad (5\text{-}15)$$

となる。ここで ε_r は**比誘電率**とよばれる。表 5-1 に代表的な誘電体の比誘電率を示す。このようにコンデンサーの静電容量は一定の平行板電極の間に挟まれる誘電体の比誘電率に比例する($C = \varepsilon_r C_0$)ので，大きな ε_r をもつ $BaTiO_3$ は重要であり，情報通信機器の小型化に大いに寄与している。

ところで(5-14)式を書き直すと，$Q/A = \varepsilon V/d$ となる。この式は以下に示すように単位面積当たりの電極板上の電荷 Q によって生じる電束密度 $D(= Q/A\ [C\,m^{-2}])$ と電場 $E(= V/d\ [V\,m^{-1}])$ の関係となる[11]。

$$D = \varepsilon E \qquad (5\text{-}16)$$

また電束密度と電場 E によって引き起こされた誘電体内部の分極の大きさの間には $P = D - D_0$(D_0 は真空の電束密度)の関係があるので

$$P = \varepsilon E - \varepsilon_0 E = \varepsilon_0(\varepsilon_r - 1)E \qquad (5\text{-}17)$$

となる。ここで$(\varepsilon_r - 1)(= (\varepsilon - \varepsilon_0)/\varepsilon_0)$を χ_e で表す。これを**電気感受率**とよび，誘電体の分極の起こりやすさを表す量となる。すなわち外部から電場 E を掛けると誘電体に生じる分極 P は

$$P = \varepsilon_0 \chi_e E \qquad (5\text{-}18)$$

で表される[12]。

---

[11] ＋電荷から−電荷に向かって発生する力の向きと大きさを表すベクトルの仮想的な線を電気力線といい，この電気力線の $1/\varepsilon$ 本に相当する量を電束という。電束密度 D は電荷の数だけから求められるのに対し，電場 E は電荷のほかに生じた分極電荷も寄与する($D = \varepsilon_0 E + P$)。

[12] 電気感受率 χ_e（分極の起こりやすさ）は誘電率 ε（分極の大きさ）と並んで誘電体の性質を表す大切な量である。また電気感受率 χ_e は 6 章の磁性体の磁化率(= 磁気感受率)χ_m に相当する量である（表 6-1 参照）。(5-18)式は 7-9 項の非線形光学効果においても重要な式である。

誘電体の誘電強度

　コンデンサーに蓄えられる電荷は比誘電率の大きい素材を用いるか，高い電圧をかけるとより多く貯蔵できる。しかし，かけ得る電圧には限界があり，それ以上の電圧をかけるとコンデンサーは絶縁破壊する。誘電体にかけ得る限界の電圧を誘電強度(あるいは絶縁破壊電圧)という。絶縁破壊の原因には 2 種類あり，1 つは絶縁体にわずかに流れる電流によってジュール熱が電圧とともに増加し，絶縁体の温度が上昇する。電荷を運ぶキャリアーは速度を増し，いっそうジュール熱は増加する。ついには加速度的に伝導性が増加する場合である。2 つ目は伝導帯に極少数でも電子が存在すると高電圧下で加速され，価電子帯の電子に衝突する。衝突により新たに電子が伝導体に励起され，ねずみ算的に電子が増加する場合である。

　絶縁破壊電圧の高いものには共有結晶およびシリカや雲母に代表されるイオン結晶があげられる。いっぽうチタン酸塩，アルカリハライド，分子結晶などは低い。一般に結合力が大きく，機械的強度の高いものほど絶縁破壊電圧は高くなる傾向がある。

5-5 誘電分散

周波数の異なる交流電場におかれた誘電体の挙動について考えよう。図 5-12 に周波数に伴う誘電率の変化を示す[13]。交流電場の周波数が低いときは，配向分極，イオン分極および電子分極のいずれも電場の変化に追従できるので，全分極($P_T=P_O+P_I+P_E$)は直流電場における全分極と大差ない。ところが周波数が高くなるに従い，まず分子の配向が電場の変化に対して遅れを生じるようになり，ついには全く追従できなくなる。この時点で $P_T=P_I+P_E$ である。さらに周波数が高くなると $P_T=P_E$ となる。このように全分極(あるいは誘電率)が電場の周波数に依存する現象を**誘電分散**(dielectric dispersion)とよぶ。周波数が高くなり分極がついていけなくなる時には，加えられた電場は熱エネルギーなどに変化する。この損失した熱エネルギーは**誘電損失**(dielectric loss)という[14]。

[13] 実際の誘電体では，必ずしも 3 種類の分極が揃っているわけではなく，同じ種類の分極が複数ある場合もある。またそれぞれの分極の大きさも様々であるため，図 5-12 は模式的なものである。なお縦軸は誘電率で示したが，誘電率は分極率と比例する($\alpha = (\varepsilon - \varepsilon_0)/n$)ので縦軸は分極率と読み替えて良い。

[14] 誘電損失の効果は電子レンジで用いられている。電子レンジでは周波数 2.45 GHz のマイクロ波が使われているが，この周波数は水分子の配向分極がついて行けなくなる周波数領域(1 GHz〜数十 GHz)であるため，誘電損失として熱が放出される。

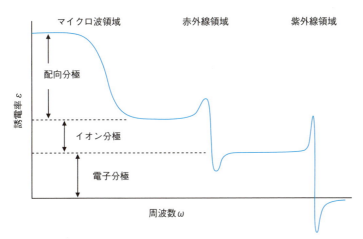

図 5-12 誘電率の周波数依存性

5-6 強誘電体の用途

(1) コンデンサー材料

コンデンサー材料としては $BaTiO_3$ およびその化合物が広く用いられている。図 5-13 に純粋な $BaTiO_3$ の誘電率の温度依存性を示す[15]。T_C(=120℃)付近で鋭い誘電率の極大($\varepsilon_r \cong 10{,}000$)を示すため，100℃ 以上では温度による誘電率の変化は大きい。したがって純粋な $BaTiO_3$ はコンデンサー材料には適さない。これを実用化するにあたって，2 つの方法がとられる。1 つは誘電率の極大を常温付近にもってくるために，ABO_3 型結晶の A, B の置換性を利用し，$BaTiO_3$ に $SrTiO_3$ や $BaSnO_3$ などを加え Ba の一部を Sr に，Ti の一部を Sn に置換固溶させる方法

[15] $BaTiO_3$ の相転移に関する図 5-8 の縦軸は自発分極 P_s で表し，図 5-13 の縦軸は誘電率 ε で表している。誘電率は $\varepsilon = 1 + (C/(T-T_C))$ の関係があるので，$T = T_C$ では ε は発散することになる。多結晶体(セラミックスなど)では発散することはなく比較的なだらかな変化を示す。

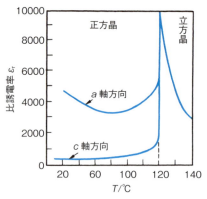

図 5-13 BaTiO₃(単結晶)の比誘電率の温度依存性

である。その結果，T_C は低温度側にシフトし，常温付近で ε_r が 3,000 ～15,000 の誘電体材料となる。もう 1 つは誘電率の極大部を平坦にするために，MgTiO₃ や CaTiO₃ を固溶する方法である。その結果，誘電率の温度変化は小さくなり，実用材料となる[16]。

(2) 圧電材料

結晶に外から応力 X を加えるとき，その結晶に誘電分極(巨視的な分極) P が生じる。その関係を単純化すると，以下のように表せる。

$$P = d_i X \quad (d_i : 圧電定数) \tag{5-19}$$

この性質を**圧電性**という。

圧電気現象は全ての誘電体に起こるものではなく，32 の結晶点群(付録 1 参照)のうち対称心を欠く 20 種に限られる。優れた圧電性を示すものにチタン酸バリウム，PZT(チタン酸ジルコン酸鉛：PbO-ZrO₂-TiO₂ の組成からなるペロブスカイト型構造化合物)，ロッシェル塩(酒石酸カリウム・ナトリウム)などの強誘電体(自発分極をもつ)，および水晶(自発分極をもたない)などがあげられる。

図 5-14 に圧電性の概念図を示す。平衡状態にある強誘電体結晶(図 5-14(a))に圧力をかけると，正負のイオンの中心の位置が相対的にずれ，電気双極子モーメントが小さくなるために誘電体表面を中和していた電荷が回路を通じて流れる(図 5-14(b))。この場合，分極の影響を打ち消すように生じた電気を，**圧電気**または**ピエゾ電気**(piezo electricity)とよぶ。逆に誘電体に電場を加えると分極が起こるのと同時に，機械的歪みが生ずる。この際特定の結晶軸に対して電場を加えると，結晶が伸び縮みする(図 5-14(c))。これを**逆圧電効果**という。

[16] 温度に伴う誘電率の変化はコンデンサー容量の変化を伴うので，厳密な回路においてはこの温度変化を打ち消すための**温度補償用コンデンサー**が併用される。このコンデンサーの材料には，正の温度係数をもつ誘電体(例えば MgTiO₃)や負の温度係数をもつ誘電体(例えば TiO₂)，また容量の温度係数の異なる誘電体が用いられる。

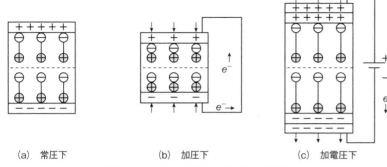

(a) 常圧下　　(b) 加圧下　　(c) 加電圧下

図 5-14　強誘電体結晶の圧電性のモデル

　圧電現象を利用したものには，ガスレンジやライターなどの着火に利用されている圧電着火素子(15,000～20,000 V の電圧を発生)，ピックアップ(LP や EP レコードの溝をトレースする針の力学的振動を電気信号へ変換)，圧力や振動の測定用装置などがある。また逆圧電効果を利用したものには，平面スピーカー，ドットペンなどがあげられる。これらには主に強誘電体が用いられている。水晶は弾性振動を電気振動に変える目的(圧電効果)や，電気振動を弾性振動に変える目的(逆圧電効果)に用いられる。これを振動子といい，おもにクオーツ時計，通信や放送用の高周波発振器などに利用されている。

(3) 焦電材料

　自発分極の値は温度 T の関数で，温度が ΔT だけ変化すると，分極が ΔP だけ変化する。その関係を単純化すると，以下のように表せる。

$$\Delta P = p_i \Delta T \quad (p_i：焦電定数) \qquad (5\text{-}20)$$

この現象を**焦電性**という。

　焦電性を示すものは，前記の圧電性を示す 20 の結晶群のうち，極性をもつ 10 の結晶群に属する誘電体に限られる。これらは結晶内部で自ら分極している誘電体である。なお強誘電体は，焦電体の部分群であるため，圧電性と焦電性をもち合わせている。

　焦電性の発現機構を図 5-15 に示す。自発分極した結晶表面に生ずる正負の電荷は，通常大気中の分子やイオン(浮遊電荷という)によって打ち消されている(図 5-15(a))。温度が急激に変化すると，自発分極は温度の関数であるので，自発分極の大きさが変化し，表面電荷が過剰になる(図 5-15(b))。余分の表面電荷は外部回路によって電流または電圧として現れる。温度が一定になるとまた平衡状態に戻る(図 5-15(c))。

　焦電性を利用したものには赤外線センサーがあげられる。赤外線センサーは熱(赤外線)を検知する熱型赤外線センサーと光エネルギーを感知

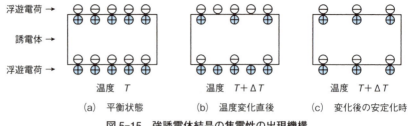

図 5-15　強誘電体結晶の焦電性の出現機構

する量子型赤外線センサーに大別される。前者には誘電体の焦電効果や2種の金属の接合による熱起電力効果などを利用した素子があり，後者にはp-n接合半導体の光起電力効果やCdSなどの半導体の光導電効果などを利用した素子がある。

焦電型赤外線センサーは侵入警報器，自動ドアスイッチ用，炎検知用などに使用されており，焦電素子の素材にはPZT，BST（チタン酸バリウムストロンチウム），LiTaO$_3$，TGS（硫酸グリシン）などの薄板や薄膜が用いられている。

なお圧電性と焦電性を示す誘電体の結晶構造については，以下の章末コラムを参照していただきたい。

誘電体結晶の結晶点群による分類と性質による分類との対比

結晶の対称操作のつくる点群（結晶点群）は32の晶族に対応し，この対称性は誘電体の物理的性質を理解，整理するのに非常に有用である。32の結晶点群を中心対称性および極性によって分類したものを以下に示す。

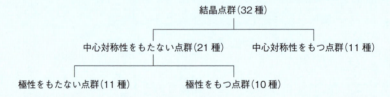

中心対称性をもつ誘電体は常誘電体であり，Al$_2$O$_3$やMg$_2$SiO$_4$などがある。中心対称性をもたない21の点群の結晶（21種のうち432（O）の点群に属する立方晶系の結晶を除く）は圧電性を示す。典型的な圧電性結晶には水晶があり水晶振動子として用いられている。中心対称性をもたない点群のうち極性をもつ点群（10種）は自然な状態で分極している結晶（極性な結晶系あるいは異極像晶族とよばれる）で，いずれも圧電性に加え焦電性（焦電気効果）を示す。典型的な結晶には電気石（トルマリン），硫酸リチウム水和物などがある。焦電体結晶の部分群に強誘電体があり，外部からの電場によって分極の方向を反転させることのできるものをいう。ロッシェル塩，チタン酸バリウムおよびチタン酸ジルコン酸鉛（PZT）などがある。なかでもPZTは巨大な誘電率，優れた圧電性と焦電性および強誘電性をもつ重要な誘電性素材である。

以下に，32の結晶点群の対称性による分類と誘電体結晶の物理的性質との対比を示す。

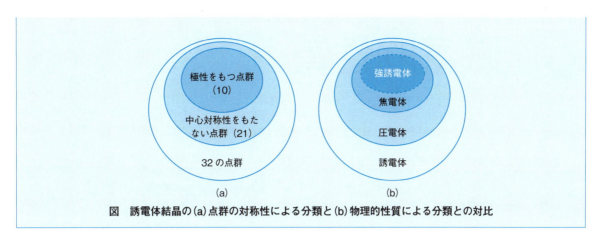

図　誘電体結晶の(a)点群の対称性による分類と(b)物理的性質による分類との対比

6 磁気的性質

電磁気学の名前が示すように電気現象と磁気現象とは互いに密接に関連し，多くの類似点をもつ。したがって磁気的性質を理解するには，前章で理解した電気的性質と対比させながら考察しよう。また固体の磁気的性質を磁性イオンの配列および磁壁の移動によって説明する。

6-1 電気量と磁気量との比較

表6-1に相対応する電気量と磁気量をSI単位で示す。同時に相対応する性質，固体，および関係式も付記した。表中の対比から次のことがわかる。

(1) 磁気的性質と電気的性質とは多くの場合きれいな対応関係をもっている。

(2) しかし磁気には電子に対応するような基本粒子は存在せず，磁気双極子がその基本となる。

(3) 磁気には反磁性体および完全反磁性体が存在するが，電気にはこれに対応するものは存在しない。

上記2つの相違点は磁気的性質を理解する上に重要である。そこでまず磁気量の基本となる磁気双極子の本質について考察しよう。

磁気双極子は概念的には図6-1(b)に示すような小磁石と考えられ，電気双極子と同様の形式($\mu_e = ql$ [Cm])で表すことができる。この場合，図6-1(b)に示すようにN極に$+q_m$，S極に$-q_m$の磁荷を考えると，**磁気双極子モーメントμ_m [Wb m]** は

$$\mu_m = q_m l \tag{6-1}$$

となる。ここで磁荷[Wb]は電荷[C]に相当するものである。しかし，磁気双極子は＋極(正電荷)と－極(負電荷)のように極は分離できず，正(N)極と負(S)極は必ず対になって存在する。また物質の磁気的性質は，電荷の円運動によって磁気双極子が形成されることから，次に示すような磁気双極子を基本と考えたほうがよい。

いま図6-1(a)に示すように，導線で半径rの輪をつくり，これにI [A]の電流を流すと，その回りに磁場が生じる。これは，環電流の右ネジの進行方向に，磁気モーメントμ_mが生じるためである[1]。その大きさμ_m [Am^2]は，

$$\mu_m = |\boldsymbol{\mu}_m| = I\pi r^2 = Is \tag{6-2}$$

[1) 磁化の表し方は，磁荷($+q_m$, $-q_m$ [Wb])の考えに基づく磁気双極子によって生じる磁気双極子モーメントμ_m [Wb m] ((6-1)式)と電流によって生じる磁気モーメントμ_m [A m^2] ((6-2)式)の2つがあるが，本書では両者は区別せず，基本的には磁気モーメントとよぶことにする。

表 6-1 電気量と磁気量の対比

電気量			磁気量		
名 称	記号	単位(SI)	名 称	記号	単位(SI)
①電 荷 electric charge	Q, q	C	——		
②電 流 electric current	I	A	——		
③電位差, 電圧 electric potential	V	V	——		
④電気双極子モーメント electric dipole moment	μ_e, p	Cm	電気(双極子)モーメント magnetic dipole moment	μ_m, m	Am^2
⑤分 極 polarization	P	Cm^{-2}	磁 化 magnetization	M	Am^{-1}
⑥電束密度 electric flux density （電気変位）	D	Cm^{-2}	磁束密度 magnetic flux density （磁気誘導）	B	Vsm^{-2} =Wbm^{-2} =10^{4}G
⑦(外部)電場強度 electric field strength	E	Vm^{-1} =(4$\pi\varepsilon_0$)$^{-1}$Cm^{-2}	(外部)磁場強度 magnetic field strength	H	Am^{-1} =4π10^{-3}Oe
⑧誘電率 permittivity	ε	Fm^{-1}	透磁率 magnetic permeability	μ	Hm^{-1}
⑨真空の誘電率	$\varepsilon_0 = 10^7(4\pi c_0^2)^{-1}$Fm^{-1} $(8.854\times10^{-12}$C^{2}J^{-1}m$^{-1})$		真空の透磁率	$\mu_0=4\pi\times10^{-7}$Hm^{-1}	
⑩電気感受率 electric susceptibility	$\chi_e=\dfrac{\varepsilon-\varepsilon_0}{\varepsilon_0}$		磁化率 magnetic susceptibility	$\chi_m=\dfrac{\mu-\mu_0}{\mu_0}$	
⑪	$P=\varepsilon_0\chi_e E$			$(\mu_0 M)=\mu_0\chi_m H$	
⑫	$D=\varepsilon E=P+\varepsilon_0 E$			$B=\mu H=(\mu_0 M)+\mu_0 H$	
⑬電 子			——		
⑭電気双極子			磁気双極子		
⑮強誘電体			強磁性体		
⑯反強誘電体			反強磁性体		
⑰フェリ誘電体			フェリ磁性体		
⑱常誘電体			常磁性体		
⑲——			反磁性体		
⑳——			完全反磁性体		

C：クーロン，A：アンペア，V：ボルト，J：ジュール=CV，s：秒，m：メーター，Wb：ウェーバー(=Vs=10^{4}Gm^2)，
G：ガウス，Oe：エルステッド(=10^3(4π)$^{-1}$Am^{-1})，F：ファラッド(=H^{-1}s^2=CV^{-1})，H：ヘンリー，
c$_0$：真空中の光速=2.99795×10^{8}ms^{-1}，$\varepsilon_0\mu_0$=c$_0^{-2}$

となる。ここで電荷 e の電子が速度 v で半径 r の円運動をしているとき，電流は $I=ev/2\pi r$ で表されるので，(6-2)式は次のようになる。

$$\mu_m = evr/2 \qquad (6-3)$$

6-2 軌道運動とスピンによる磁気モーメント

6-1項で述べた物質内の電荷の円運動とは，電子の公転(軌道)運動(図6-1(d))および自転(スピン)運動(図6-1(c))にほかならない[2]。すなわち電子の軌道角運動量 L とスピン角運動量 S が磁気モーメント μ_m をになっているのである(これらはいずれもベクトルで表される)。ここ

[2] 電子の自転という古典的表現は適切ではないが，磁気双極子の発生あるいはスピン角運動量を直感的に考えるのに都合がよいので便宜的に用いる。

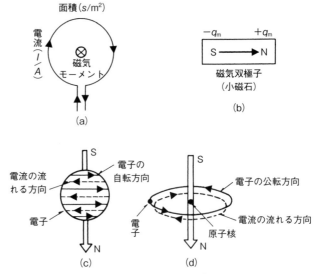

図 6-1 磁気双極子の生成と磁気モーメント
(a) 環電流による磁気双極子の生成。磁気モーメントは紙面手前から直角に，裏面につらぬく。大きさは $IsAm^2$
(b) 磁気双極子の概念図
(c) 電子の自転による磁気双極子の発生
(d) 電子の公転による磁気双極子の発生

では角運動量と磁気モーメントとの関係について考えよう。

電子の軌道角運動量 L は量子化されており，その大きさ $L(=|L|)$ は

$$L = \hbar\sqrt{l(l+1)} \tag{6-4}$$

である。ここで l は方位量子数(または角運動量子数)である。また $\hbar = h/2\pi$ で，h はプランク定数である。

軌道角運動量の大きさ L と軌道磁気モーメントの大きさ $\mu_{m,l}(=|\boldsymbol{\mu}_{m,l}|)$ との間には

$$\begin{aligned}\mu_{m,l} &= (e/2m_e)\hbar\sqrt{l(l+1)} \\ &= \mu_B\sqrt{l(l+1)}\end{aligned} \tag{6-5}$$

の関係がある。なお m_e は電子の質量，また係数 $\mu_B(=e\hbar/2m_e=9.27\times10^{-24}\,[Am^2])$ は，**ボーア磁子**(Bohr magneton)とよばれる電子の磁気モーメントを表す際の基本量である。

一方，電子の自転に基づくスピン角運動量 S はやはり量子化されており，その大きさは $(\hbar\sqrt{s(s+1)})$ である。したがって，スピン磁気モーメントの大きさ $\mu_{m,s}$ は以下のようになる。

$$\mu_{m,s} = 2\mu_B\sqrt{s(s+1)} \tag{6-6}$$

ここで s はスピン量子数で，電子の場合は 1/2 である。原子やイオンに不対電子が複数個ある場合には，全スピン量子数 S を用いて次のように表される。

$$\mu_{m,s} = 2\mu_B \sqrt{S(S+1)} \tag{6-7}$$

不対電子がn個ある場合，(6-7)式に$S=1/2 \times n$を代入すると次のようになる。

$$\mu_{m,s} = \mu_B \sqrt{n(n+2)} \tag{6-8}$$

すなわち，スピン磁気モーメントの大きさは，不対電子の数だけによって決まることがわかる。

遷移金属イオンの磁性(表6-3)にはスピン磁気モーメントが，また希土類イオンの磁性(表6-4)には合成磁気モーメント(軌道角運動量とスピン角運動量が合成された合成角運動量(全角運動量)に基づくモーメント)が大きく寄与する(付録Ⅱ参照)。

6-3 磁性体の分類

すべての物質は磁場の中に置かれると磁気的な分極を起こす。その物質の単位体積中に生じる磁気モーメントのベクトル和を**磁化**(magnetization)Mとよぶ。図6-2(a)，(b)に磁性体のスピンの配列[3]と磁場中に置かれた物質の磁化の大きさ[4]をそれぞれ模式的に示す。

[3] スピンの配列の模式図は磁性体を構成する原子や副格子のスピン磁気モーメントを矢印で表す。例えばMnO(反強磁性体)であれば副格子中の↑と↓で，Fe_3O_4(フェリ磁性体)であれば副格子中の9個の↑と5個の↓をそれぞれ合成したスピンの向きと大きさで表す。

[4] 図6-2(b)は，磁場H[Am^{-1}]による磁束密度B[Vsm^{-2}]と磁性体中に生じた磁化M[Am^{-1}]を模式的に示したもので，$B = \mu_0(M+H)$の関係がある(6-7(2)項参照)。ここでμ_0[Hm^{-1}]は真空の透磁率である(誘電性の真空の誘電率ε_0に相当するものである)。なお磁束は磁力線に磁化を加え束にしたもの(磁束線)とイメージするとよい。

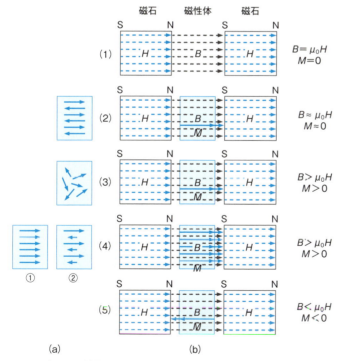

図6-2 さまざまな磁性体のスピン配列の模式図(a)と磁場H中の磁束密度B---→と磁化M——→(b)
(1)真空，(2)反強磁性体，(3)常磁性体，
(4)強磁性体(強磁性体①とフェリ磁性体②)，(5)反磁性体

物質は外部磁場によって初めて磁化が誘起されるものと，外部磁場がなくとも磁化を持つものに大別される。前者には磁場の大きさに比例して磁化されるもの(常磁性体，図6-2(3))，ほんのわずかだけ磁化されるもの(反強磁性体，図6-2(2))，および逆方向に磁化し磁場から逃げ出そうとするもの(反磁性体図6-2(5))[5]がある。後者には，大きな自発的な磁化をもつもの(強磁性体，フェリ磁性体，図6-2(4))がある。

磁性体を分類するためのパラメータとしては，磁化率 χ_m が用いられる。磁化率とは物質の磁化の強さ M [Am^{-1}] と磁場の強さ H [Am^{-1}] との間の比例係数をいい

$$M = \chi_m H \tag{6-9}$$

で表される。磁化率(磁気感受率ともいう)は磁化の起こりやすさを示す物性値で，誘電体の分極率 α (または電気感受率 χ_e) に相当するものである。なお磁化率は無次元であるのに対し，分極率は体積の次元をもつ。

図6-3に各磁性体の磁化 M 対磁場 H 曲線を示す[6]。ここで磁性体と誘電体の大きな違いは，磁性体には負の χ_m を示すものがあるのに対し，誘電体においては負の α 値をもつものはないことである。この違いは，磁性が円運動している電荷から生ずることに起因しているのに対し，誘電性が分離可能で静止している正と負の電荷から生ずることに起因している。

以下に，それぞれの磁性体の特徴を述べよう。

(1) 常磁性体

外部磁場のない時は磁気モーメントがランダムに配向して自発磁化を

---

[5] 反磁性は原子中の電子対(内殻電子を含む)が示す性質である。すなわちすべての物質は反磁性をもっている。しかし反磁性は非常に弱いために，強磁性や常磁性といった不対電子のスピンによる磁性をもつ物質では隠されてしまう。

[6] 図6-3①の強磁性体に関しては，磁化されていない状態(消磁状態)からの磁化を示しており，初期磁化曲線(あるいは初磁化曲線)とよばれる。

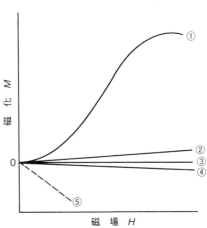

① 強磁性体とフェリ磁性体，$\chi_m = 10^3 \sim 10^6$
② 常磁性体，$\chi_m = 10^{-3} \sim 10^{-5}$
③ 反強磁性体，$\chi_m \approx 0$
④ 反磁性体，$\chi_m = -10^{-5} \sim -10^{-6}$
⑤ 完全反磁性体，$\chi_m = -1$

図6-3　各種磁性体と磁化対磁場(M 対 H)曲線

もたないが，磁場を加えるとその方向に弱く磁化し，磁場を取り除くと磁化が再び消失する物質を**常磁性体**(paramagnetic material, paramagnet)という。常磁性体の磁化率は $10^{-5}\sim10^{-2}$ の小さな値を示す。磁場をかけてスピン(磁気モーメント)を完全に平行にするためには，熱運動 ($E=k_\mathrm{B}T$) 以上のエネルギーに相当する磁場(通常の磁場の $10^2\sim10^3$ 倍の大きさ)を必要とする。常磁性材料には Al, Na, Pt, FeSi$_4$, 内殻のd軌道に安定な不対電子を持つ遷移金属，および平行な2個の不対電子をもつ酸素分子などがある[7]。またキュリー温度以上の強磁性体やフェリ磁性体あるいはネール温度以上の反強磁性体はスピンの方向がランダムとなり常磁性を示す(6-8項参照)。

(2) 強磁性体

磁場がなくとも，物質の微小領域(ドメイン)中では磁気モーメントが一定の方向に規則正しく配列している磁性体を**強磁性体**(ferromagnetic material, ferromagnet)といい，その時形成された磁化を**自発磁化**(spontaneous magnetization)という。磁気モーメントが平行になるのは，原子の磁気モーメントを互いに平行にする交換相互作用が働いたためである(6-4(1)項で説明)。しかし磁場を一度もかけていない場合(初磁化状態という)は，図6-3①の磁化曲線に示したように磁化は消失している ($H=0, M=0$) ために，磁化は0から出発する[8]。強磁性体の磁化率 χ_m は $10^3\sim10^6$ と大きいことが特徴である。強磁性物質には磁場により磁石になりやすい金属単体の Fe, Co, Ni, およびこれらの合金 (Fe・Al・Ni・Co(アルニコ), Fe$_{65}$Co$_{35}$) などがある。

(3) フェリ磁性体

大きさが異なった2種類の磁気モーメントをもつ磁性イオンが互いに反平行に配列しており，その差が自発磁化となる磁性体を**フェリ磁性体**(ferrimagnetic material, ferrimagnet)という。強磁性体とは異なるミクロ構造からなっているが，マクロ的には自発磁化していること，磁区構造から成っていること，および磁化率 χ_m も $10^3\sim10^6$ と大きいことから，広義の強磁性体に含まれる[9]。磁性材料としてはマグネタイト (Fe$_3$O$_4$), フェライト (MFe$_2$O$_4$: M=Mn, Fe, Co, Ni など), 鉄ガーネット (R$_3$Fe$_5$O$_{12}$：R は希土類元素で，例えばイットリウム鉄ガーネット (YIG)) などがある。

(4) 反強磁性体

磁気モーメントが互いに反平行に配列しており，磁気モーメントのベクトル和は0，すなわち自発磁化が存在しない磁性体を**反強磁性体**(antiferromagnetic material, antiferromagnet)という。磁化率は $\chi_m\approx 0$ の小さな値であるが，常磁性体と同様の M-H 曲線を描く。磁性材料と

---

[7] 常磁性には，磁場を加えないと原子磁気モーメントがバラバラな向きを向くことによって生じる常磁性(ランジェバンの常磁性という。図6-2(3)参照)と，非磁性金属において磁場を加えると↑スピンバンドと↓スピンバンドが分裂し，磁場の強さに伴い一方のスピンバンドの電子数が増加することによって生じる常磁性(パウリ常磁性またはスピン常磁性という。6-6項参照)がある。

[8] 初磁化状態では，磁性体中に発生する磁気的ポテンシャルエネルギー(静磁エネルギー)を下げるように磁区構造をとり，全体の磁化を打ち消している。ただし，ミクロの領域(磁区内)では磁気モーメントは一定の方向に配列している(6-6項で説明)。

[9] フェリ磁性は，ミクロには反平行の磁気モーメントからなる反強磁性の変形であり，マクロには自発磁化をもつ強磁性の一種と位置付けられる。

してはMnO, NiO, FeSなどの酸化物や硫化物，およびCr, α-Mnなどの金属やAuMnなどの合金がある[10]。

(5) 反磁性体

構成原子が磁気モーメントをもたず，加えられた磁場を打ち消すように電子の軌道運動が逆の誘起磁場(誘導電流)を生じ，磁場に対して負の磁化を示す物質を**反磁性体**(diamagnetic material, diamagnet)という。すなわち磁石を近づけると磁石から逃げる磁性体ということができる。原子中の対になった電子(内殻電子を含む)は必ず弱い反磁性を生み出すため，あらゆる物質は反磁性を持っている。しかし，その磁性は非常に小さいので，常磁性や強磁性などのスピンによる磁性をもつ物質では隠されてしまう。磁化率は-10^{-5}〜-10^{-6}の負の小さい値を示す[11]。反磁性体には原子が閉殻構造をとるもの(希ガスや多くのイオン結晶)，共有結合性物質(有機化合物，熱分解グラファイト，H_2Oなど)，11族元素(Cu, Ag, Au)やZn, Biなどがある。

6-4 磁気モーメントの方向を決める因子

前項ではスピン(磁気モーメント)が平行である強磁性体と，反平行であるフェリ磁性体と反磁性体を紹介した。これらの磁気モーメントの配列はどのようにして生じているのであろうか。この原因は電子のスピン間の相互作用が存在するためで，隣接するスピン間でスピンを同じ向きに揃えようとする作用(強磁性相互作用で交換相互作用という)とスピンを逆向きに揃えようとする作用(反強磁性相互作用で超交換相互作用という)の2つがある[12]。

(1) 交換相互作用

原子内で異なる軌道に電子が配置する場合は，フントの法則に基づきスピンを平行に配置される(図6-4(a))。格子を形成する隣り合う原子間にも同様の力が働き，スピンを平行にする。この力を**交換相互作用**(exchange interaction)といい，強磁性発現の源となる。電子のスピンが反平行であるとき(図6-4(b))よりも平行であるときの方が安定になることについては量子力学的説明が必要となる。

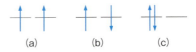

(a)　　　(b)　　　(c)

図6-4　軌道への2電子の配置

フントの規則によると，スピンを平行にする図の(a)が最も安定である。その際，スピンの向きをそろえるような力が2つのスピンの間に働

---

10) 反強磁性には，超交換相互作用によって磁気モーメントが反平行に配列して生じるもの(酸化物や硫化物などの絶縁体や半導体に見られ，局在電子反強磁性とよばれる。6-4(2)項参照)と，これとは全く異なる機構で磁化が打ち消されて生じるもの(金属，合金，遷移金属化合物などに見られ，遍歴電子反強磁性とよばれる。まだ十分に解明されていない)がある。

11) 反磁性体の一種に超伝導体(4-4項参照)がある。超伝導体はその内部から完全に磁場を排除する(マイスナー効果)ため，完全反磁性体($\chi_m = -1$)といわれる。

12) 隣接する原子i, jがそれぞれスピン角運動量S_i, S_jをもつとすると，交換エネルギーH_{ex}は$H_{ex} = -2JS_iS_j$で表される。ここでJは交換積分とよばれ，これが正であれば相互作用は強磁性的になり，負であれば反強磁性的になる。参考文献20), 33)などを参照のこと。

かねばならないが，この力が交換相互作用である[13]．磁気モーメントを持つ原子が多数集合した結晶では，互いに隣り合う電子のスピン間に交換相互作用が働き全体のスピンは平行になり強磁性が発現する．室温で強磁性を示す単体は少なく，Fe，Co，Ni，Gdだけである．

(2) 超交換相互作用

反強磁性やフェリ磁性ではスピンが反平行に配置しているが，その原因には2つがあげられる．1つは，(1)で述べた交換相互作用において磁性軌道間に重なりがあるとき反強磁性的相互作用が働き反平行になる場合と，もう1つはMnOやNiOなどの酸化物磁性体でみられる酸化物イオンを介して金属イオン間のスピンが反平行になる場合である．本書では後者の酸化物磁性体を用いて反平行のスピン（反強磁性とフェリ磁性）の生成を考える．

図6-5に示すように，MnO（NaCl型構造）中のMn^{2+}($3d^5$)は5個の不対電子をもち，6個のO^{2-}($2p^6$)で取り囲まれている．この八面体位置にあるMn^{2+}の3d軌道の不対電子とO^{2-}の2p軌道の電子との間でカップリングが起こる．例えばMn^{2+}のd_{z^2}軌道（e_g軌道）からO^{2-}のp_z軌道への電子移動により励起状態になり，互いの軌道がわずかに重なり合う．その結果，O^{2-}を挟んで存在する2つのMn^{2+}の不対電子は互いに反平行になる．この相互作用を**超交換相互作用**（superexchange interaction）という[14]．

MnOの反強磁性構造を図6-6に示す[15]．鎖状のMn-O-Mn結合のカップリングの影響が結晶全体に及ぼされ，隣り合うMn^{2+}のスピンの方向は互いに反平行になっている．しかし詳細に見ると1つの(111)面上のMn^{2+}のスピンはすべて平行で[16]，隣り合う(111)面のスピンとは互いに反平行になっていることがわかる．なお(111)面上のMn^{2+}によって形成された自発磁気モーメントは，強磁性体の自発磁化と同様の温度変化をする．他にFeOやNiO（NaCl型構造）およびα-Fe_2O_3や

13) 交換相互作用は，2つの電子の位置交換と電子間のクーロン相互作用（電子間反発力）に基づいた機構で説明されている．

14) 超交換相互作用は酸化物磁性体だけではなく，陰イオンが16族のS^{2-}やSe^{2-}や17族のCl^-やBr^-などの化合物磁性体でも見られる．

15) 図6-6に示した構造は化学的に示す結晶の単位胞の8倍の大きさで表している．この表し方は磁気構造を表す際に用いられ，磁気単位胞といわれる．

16) 1つの方向の磁気モーメント（(111)面上のMn^{2+}のスピン）だけを取り出すと強磁性のようにそろっている．このような結晶格子を構成する原子，分子の中で同じ性質や状態を持つもの同士が形成する部分的な格子のことを副格子と呼ぶ．

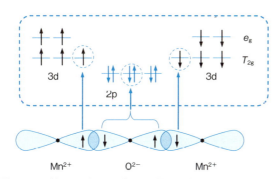

図6-5 隣接したMn^{2+}のスピンのO^{2-}のp電子を介した反強磁性カップリングの概念図

Cr_2O_3（コランダム型構造）が代表的な反強磁性体である。

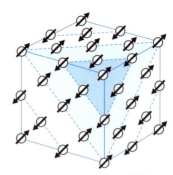

図 6-6　MnO の反強磁性構造
矢印は Mn^{2+} イオンのスピンの方向を示す。破線で囲まれた面は(111)面である。

次に代表的なフェリ磁性構造であるフェライトについて考えよう[17]。フェライトはスピネル構造で，1-5(6)項で述べたように4配位位置（Aサイト）と6配位位置（Bサイト）から成り，2価と3価のイオンのサイトへの占め方により正スピネルと逆スピネルがある。これを表6-1示す。矢印は，各金属イオンのスピンの方向を，また［　］はBサイトを表す。

ここで Fe_3O_4 (Fe^{3+} [Fe^{2+}・Fe^{3+}] O_4：逆スピネル構造) を例にとりフェリ磁性のスピンの状態を考えよう。各金属イオンのスピンの方向は強磁性と同様に平行になろうとしている。ところが，AサイトとBサイトにある2つの Fe^{3+} イオンは O^{2-} イオンを挟んでほぼ直線上に配置しているため，MnO と同様に超交換相互作用によって2個の Fe^{3+} イオンの3d軌道の5個の電子のスピンは O^{2-} イオンの2p軌道を介して互いに反平行になる。一方，Bサイト中の Fe^{2+}—O^{2-}—Fe^{3+} の結合角は90°あるいは125°であるために超交換相互作用は非常に弱くなり，2個の金属イオンのスピンは強磁性的な交換相互作用によって平行になる。その結果，1分子（Fe_3O_4）当たり14個の不対電子のうち10個は超交換相互作用によって打ち消され，残りの4個の不対電子のスピンによって磁性がもたらされる。すなわち Fe^{2+} の磁気モーメントのみが自発磁化として残ることになる。この関係を図6-7に模式的に示す。

---

17) フェライトは MFe_2O_4 または $MO \cdot Fe_2O_3$ と書ける。M^+ は Mn^{2+}, Fe^{2+}, Co^{2+}, Ni^{2+}, Zn^{2+} などの2価の陽イオンで表され，単位胞（単位格子）には8MFe_2O_4（24個の金属イオンのうち8個の M^{2+} と16個の Fe^{3+}，および32個の酸素イオン）が含まれる（図1-13参照）。

ミクロとマクロの磁性の発現

強磁性（フェリ磁性を含む）と反強磁性の磁性は，以下に示すようなミクロ（①～③）とマクロ（④，⑤）の磁化の発現過程や発現機構に基づいて考えよう。①軌道運動とスピン運動による原子の磁気モーメント（原子磁石），②，③原子磁石間の交換相互作用や超交換相互作用によって形成される分子・単位胞の磁気モーメント，④初磁化状態における磁化の消失，⑤外部磁場による磁区の大きさの変化とそれに伴う磁化の大きさの変化，によって磁気的状態が決まる。

磁性	段階
反強磁性	①原子イオン
強磁性・フェリ磁性	②分子*
	③単位胞
	④磁区
	⑤バルク

＊組成式で表現される最小単位を仮に分子とよぶ。

表 6-2　正スピネルと逆スピネルのA,Bサイトを占めるイオンの種類

	Aサイト	Bサイト
正スピネル	M^{2+} ↓	[$2Fe^{3+}$ ↑] O_4
逆スピネル	Fe^{3+} ↓	[M^{2+}・Fe^{3+} ↑] O_4

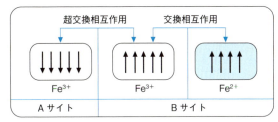

図6-7 $Fe_3O_4(Fe^{3+}[Fe^{2+}\cdot Fe^{3+}]O_4)$のFeイオンのスピンの方向

表6-3にフェライトのM^{2+}イオンの種類(M^{2+}：Mn^{2+}，Fe^{2+}，Co^{2+}，Ni^{2+}，Cu^{2+}，Zn^{2+})による磁気モーメントの計算値と実測値を示す。全スピン磁気モーメントの大きさは(6-7)式および(6-8)式によって求められる。すなわち

$$\mu_{m,s} = 2\mu_B\sqrt{S(S+1)} = \mu_B\sqrt{n(n+2)} \quad (6\text{-}10)$$

である。ここで，Sは全スピン量子数，nは不対電子の数である。表6-3から，フェライトの磁性はM^{2+}の全スピン数あるいは不対電子の数だけに支配されていることがわかる。

表6-3 遷移金属イオンM^{2+}およびフェライト$Fe^{3+}[M^{2+}, Fe^{3+}]O_4$の磁気モーメントの計算値と実測値

M^{2+}	電子配置	M^{2+}イオン					フェライト
		不対電子数 n	S	磁気モーメント 計算値/μ_B $2\sqrt{S(S+1)}$	磁気モーメント 実測値/μ_B	磁気モーメント 実測値/μ_B
Mn^{2+}	$3d^5$	5	5/2	5.92	5.9	4.5
Fe^{2+}	$3d^6$	4	2	4.90	5.4	4.1
Co^{2+}	$3d^7$	3	3/2	3.87	4.8	3.9
Ni^{2+}	$3d^8$	2	1	2.83	3.2	2.3
Cu^{2+}	$3d^9$	1	1/2	1.73	1.9	1.3
Zn^{2+}	$3d^{10}$	0	0	0	～0	～0

6-5 希土類イオンの磁性と希土類磁石

6-4項では主に遷移金属イオンおよびそのイオンを含むフェライトの磁気的性質について述べた。この磁石の最大エネルギー積$(BH)_{max}$の値はせいぜい30～60 kJm^{-3}である(6-7(2)項参照)。これに対し，希土類磁石(Sm-Co系，Nd-Fe-B系，Nd-Fe-Co-B系など)の場合は，$(BH)_{max}$＝160～320 kJm^{-3}というとてつもなく大きな値をもつ。なぜ希土類磁石はこのように大きな値を示すのであろうか。この項では希土類イオンおよび希土類磁石の磁性について考察しよう。

Fe，Co，Niなどの遷移金属イオンでは，全スピン角運動量Sに基づく磁気モーメントの値と実測値はよく合っていた(表6-3参照)。その理

由は，鉄族イオンのd殻は最も外側に位置しているので，固体の中では周囲の原子による結晶場の影響を受け3dの軌道角運動量$L=0$になる(消失効果)ためである．

これに対し希土類イオンでは，4f軌道は5s，5p軌道の内側にあるため，軌道角運動量が残されている．したがって，希土類イオンの磁気モーメントは，スピン角運動と軌道角運動が合成された**全角運動量$J=L+S$**に依存している．その磁気モーメントの大きさ$\mu_{m,j}$は

$$\mu_{m,j} = g_J \mu_B \sqrt{J(J+1)} \tag{6-11}$$

で表される．ここで，g_Jはランデの因子といい

$$g_J = \frac{3}{2} + \frac{1}{2}\left\{\frac{S(S+1)-L(L+1)}{J(J+1)}\right\} \tag{6-12}$$

で表される．表6-4に希土類イオンのS，L，Jの値，および磁気モーメントの計算値(理論値)と実測値を示す．なお理論値は，(6-11)式，(6-12)式に基づいて求めた．Sm^{3+}とEu^{3+}を除けば，理論値と実測値はよく合っていることがわかる．

表6-4 希土類イオンの磁気モーメント

イオン	電子配置	S	L	J	モーメント理論値/μ_B $g_J\sqrt{J(J+1)}$	モーメント実測値/μ_B
			$(J=\|L-S\|)$*			
Ce^{3+}	$4f^1 5s^2 5p^6$	1/2	3	5/2	2.54	2.4
Pr^{3+}	$4f^2 5s^2 5p^6$	1	5	4	3.58	3.6
Nd^{3+}	$4f^3 5s^2 5p^6$	3/2	6	9/2	3.62	3.8
Pm^{3+}	$4f^4 5s^2 p^6$	2	6	4	2.68	—
Sm^{3+}	$4f^5 5s^2 5p^6$	5/2	5	5/2	0.84	1.5
Eu^{3+}	$4f^6 5s^2 5p^6$	3	3	0	0.00	3.6
			$(J=\|L+S\|)$*			
Gd^{3+}	$4f^7 5s^2 5p^6$	7/2	0	7/2	7.94	7.9
Tb^{3+}	$4f^8 5s^2 5p^6$	3	3	6	9.72	9.6
Dy^{3+}	$4f^9 5s^2 5p^6$	5/2	5	15/2	10.63	10.6
Ho^{3+}	$4f^{10} 5s^2 5p^6$	2	6	8	10.60	10.4
Er^{3+}	$4f^{11} 5s^2 5p^6$	3/2	6	15/2	9.59	9.4
Tm^{3+}	$4f^{12} 5s^2 5p^6$	1	5	6	7.57	7.3
Yb^{3+}	$4f^{13} 5s^2 5p^6$	1/2	3	7/2	4.54	4.5

＊(6-13)式および(6-14)式参照

最も大きな磁気モーメントを持つDy^{3+}やHo^{3+}のイオンを用いると，最も強力な磁石の製造が期待される．ところが実用化されている希土類磁石の構成イオンは，比較的小さな磁気モーメントしかもっていないNd^{3+}やSm^{3+}である．この理由は，磁石は希土類元素とFeやCoなどの遷移金属元素との合金(金属間化合物)として作られるため，合金全体としての磁気モーメントが問題となるからである．これを理解するには，希土類イオンのスピンの向きを2つのグループに分けて考えるとよい．

① 4f殻が電子で半分以下しか満たされていない場合($n<7$)，合成軌道角運動量Lの向きと合成スピン角運動量Sの向きが逆になるために$J=|L-S|$となる。その結果，Jは比較的小さな値となる。ところが遷移金属のスピン角運動量$S_{(T)}$はSと逆向きに入るので

$$J = L - S + S_{(T)} \tag{6-13}$$

となる。合金全体のJ値は大きくなり，磁気モーメントも大きくなるのである。例えば，Sm^{3+}にFe^{2+}が作用すると，磁気モーメントは0.84から4.52に増加する。

② 4f殻が電子で半分以上満たされている場合($n≥7$)，合成軌道角運動量Lの向きと合成スピン角運動量Sの向きが同じになるために$J=L+S$となる。その結果，Jは比較的大きな値となる。ところが遷移金属のスピン角運動量$S_{(T)}$はSと逆向きに入るので

$$J = L + S - S_{(T)} \tag{6-14}$$

となり，合金全体の磁気モーメントは小さくなってしまう。例えば，Ho^{3+}にFe^{2+}が作用すると，磁気モーメントは10.60から6.48に減少する。

以上のように希土類磁石やフェライト磁石(6-4項)の磁気モーメントは比較的簡単な式で求めることができた。これは磁石材料の設計にはスピン・軌道角運動量およびその磁気モーメントに関する概念が有用であることを意味する。

6-6 自由電子と金属の磁性

これまで磁気モーメントを担う電子が原子やイオンに局在している場合(局在電子磁性)について考察した。ここでは原子に局在化していない金属中の自由電子に基づく磁性(遍歴電子磁性)について考えよう。

金属結晶中の自由電子は金属の種類によって，自由電子のように遍歴的な挙動をとるもの(アルカリ金属)や，軌道に強く束縛されて局在的な挙動をとるもの(遷移金属)がある。その結果，電子間の相互作用はそれぞれ異なるために，磁性は異なるモデルで説明される。表6-5に金属の電子特性と磁性の説明に用いられるモデルを示す。

表6-5 代表的な金属の電子特性とモデル

金属	アルカリ金属	遷移金属	希土類金属
価電子の属する軌道	s	d	f
価電子の遍歴性と局在性	遍歴的	やや局在的	局在的
電子モデル	自由電子モデル	バンドモデル	共存モデル

自由電子の示す磁性の概略は以下のとおりである[18]。

① 自由電子はパウリの原理により1つのエネルギー準位に逆方向のスピンの電子が対を作ってフェルミ準位まで詰まっているので，それぞれの向きの電子の数は同数である（$M=0$）。磁場をかけると，磁場に平行なスピンを持つ電子の数が反平行なものより増加し常磁性が生じる（パウリの常磁性）。

② 磁場中の自由電子は円運動を起こすため，①の効果と同時に反磁性効果も示す（ランダウ反磁性）。その大きさはパウリの常磁性の1/3程度である。

③ 閉殻電子構造からなる金属イオン（アルカリハライドなど）は反磁性を示すが（ラモーア反磁性），自由電子はこの影響を強く受ける。

ここでは，パウリの常磁性と金属の示す強磁性について考えよう。

(1) 常磁性金属

金属の自由電子のスピンに由来する常磁性で，これまでの絶縁体の常磁性とは大きく異なる。図6-8にパウリ常磁性の概念図を示す（この図は3章で示した状態密度曲線とは異なり，スピンの方向の違いを区別した状態密度曲線である）。アルカリ金属などの磁性体に外部磁場がかかっていないとき上向きスピンと下向きスピンの状態密度分布は同じである（図6-8(a)）[19]。すなわち両者のスピンの数は等しく磁気モーメントは0である。磁場Hをかけるとスピン自由度の縮退が解け，磁場の大きさに伴い$\pm\mu_B H$のエネルギー変化が起こる（図6-8(b)）。その結果，フェルミ準位を合わせるように状態密度分布が上下にずれる（図6-8(c)）。両者のスピンの数の差が磁気モーメントとして残るのである。例えば，単位体積あたりの上向きスピンと下向きスピンの密度をそれぞれ$n\uparrow$と$n\downarrow$とすると，磁化Mは

$$M = -\mu_B(n\downarrow - n\uparrow)$$

で表される。このような性質をもつ磁性を**パウリ常磁性**あるいはスピン

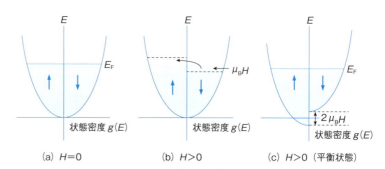

(a) $H=0$ (b) $H>0$ (c) $H>0$（平衡状態）

図6-8　常磁性金属の状態密度曲線
(a)外部磁場のないとき，(b)外部磁場がかかったとき，
(c)外部磁場がかかっておりフェルミ面を揃えた平衡状態のとき

[18] ①〜③の各性質の詳細は参考文献20)を参照して欲しい。

[19] 上向きスピン（up spin）と下向きスピン（down spin）は，↑スピン，↓スピンと表す。また＋スピンと−スピンとよぶこともある。

常磁性とよび，磁化率は小さくまた温度に依存しないことが特徴である。アルカリ金属の他に非磁性金属の多くはパウリ常磁性である[20]。パウリ常磁性は 6-3 項で述べたキュリー温度以上でスピンが熱撹乱によってランダムな方向を向いている常磁性とは大きく異なっていることに注意しよう。

(2) 強磁性金属

Fe, Co, Ni などの遷移金属は我々にとって最も身近な強磁性金属であるが，強磁性の発現機構は単純なモデルでは説明できない。単純でない原因の1つには，1族や2族の金属では非局在化した s, p 軌道によって形成されたバンドが融合し自由電子モデルが適用できたのに対し，遷移金属の d 軌道（あるいは d 電子）は局在化しておりそのバンドも狭いために，s, p 軌道と部分的に融合したバンドとなるためである。この状態を図 6-9(a) に示す。Fe, Co, Ni の場合，電子配置は $3d^{6\sim8}4s^2$ であり，4s バンドと 3d バンドはわずかに重なり合っている。したがって 4s バンドに2個の電子は存在しておらず，むしろ 4s および 3d バンドでフェルミ面を合わせるような電子の詰まり方をする（図 6-9(b) 参照）。その結果，Ni の場合，$T>T_c$ であれば 4s に 0.54 個，d 副バンドに上下スピンがそれぞれ 4.73 個の電子が詰まっている。$T<T_c$(0 K) では 3d 電子間に交換相互作用が働き，上向きスピンが 5 個，下向きスピンが 4.46 個となり，0.54 個の差が磁気モーメントとなる（図 6-9(c) 参照）。このように遷移金属の強磁性体では原子あたりのモーメントがボーア磁子の非整数倍の値をとる[21]。なお Fe, Co, Ni の磁気モーメント（実験値）は原子1個あたりそれぞれ $2.22\mu_B$，$1.71\mu_B$，$0.62\mu_B$ であり，これが強磁性遷移金属の起源となっている。

[20] 遷移金属である Cu の場合は，2つの d 副バンドに反平行のスピンが 5 個ずつ完全に詰まるために，全スピンは 0 になる。したがって Cu はパウリ常磁性となるはずである。しかし電子の性質③で述べた反磁性効果がパウリ常磁性を上回るために反磁性となる。

[21] 軌道に詰まる電子の数が整数でない原因の1つには，多数スピンバンドの占有電子密度を $n_\uparrow$，少数スピンバンドの占有電子密度を $n_\downarrow$ とすると，磁気モーメント M は，$M=(n_\uparrow-n_\downarrow)\mu_B$ で表されるためである。またスピン磁気モーメントのみならず軌道磁気モーメントも寄与することなども原因である。

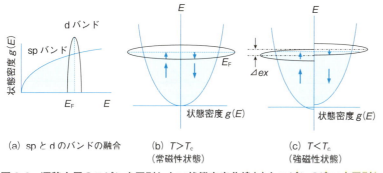

(a) sp と d のバンドの融合　(b) $T>T_c$（常磁性状態）　(c) $T<T_c$（強磁性状態）

図 6-9　遷移金属のスピンを区別しない状態密度曲線(a)とスピンの違いを区別した状態密度曲線(b)，(c)　((c)の Δex は交換分裂の大きさを示す)

6-7 強磁性の磁区構造と磁化曲線

これまでミクロな視点で磁性を眺めてきたが，強磁性体の応用にあたってはマクロな性質を理解しておくことが大切である。ここでは作りたての磁石はマクロな磁性を示さないこと，磁化曲線および磁性体の形状や方位によって物性が大きく変化することなどについて考える。

(1) 磁区構造と磁化過程

強磁性結晶内部の磁気モーメントはすべて同じ向きを向いているわけではない。製造直後の磁石や磁化されていない強磁性体(あるいは)では，小領域(ドメイン)中では磁気モーメントは揃っているものの隣接する小領域は磁気モーメントの向きが異なり，全体として磁気が打ち消されている[22]。この状態を**初磁化状態**という。また磁化の方向がそろった小領域を**磁区**(magnetic domain)，磁区の境界層を**磁壁**(magnetic domain walls)という。

棒磁石を例にして磁区と磁壁の形成について考えよう。図 6-10(a)に示すように磁性体の自発磁化が試料全体でそろっていると，試料表面に発生する N，S の磁極に基づく磁性体内部に形成されるポテンシャルエネルギーと磁性体の外部の空間に作り出す磁場のエネルギー(磁力線の数)は等しい。この磁石自信の内部のエネルギーを**静磁エネルギー**(magnetostatic energy)という。図 6-10(a)の棒磁石は高いエネルギー状態にあり，内部の大きな静磁エネルギーのために不安定になる。N 極と S 極の磁極が近くで短絡できるように磁区構造をとると，磁区の細分化に伴い静磁エネルギーは逐次ほぼ半分ずつになる(図 6-10(a)→(b)→(c))。図 6-10(d)のタイプの磁区構造をとると静磁エネルギーは 0 になる[23]。このように強磁性体は，静磁エネルギー(その他に磁気異方性エネルギーや交換エネルギーを含む自由エネルギー)を最小にするように異なる磁化方向を持った微細な磁区に分かれて消磁する。

製造直後の磁石は，磁区構造を形成して静磁エネルギーを最小にして

[22] 製造直後の強磁性体の磁区とその構造を図に示す。磁区中の矢印はそれぞれの磁化の向きを表しており，全体として磁気モーメントはほぼ 0 になる。また磁壁には，磁化の向きが 180°変化しているもの(180度磁壁)と 90°変化しているもの(90度磁壁)がある。

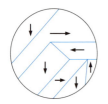

図 強磁性磁区模様の模式図

[23] 図 6-10(d)に示した磁区構造は磁性体内で磁化がループを形成しているため環流磁区(closure domain)とよばれ，全く消磁している。

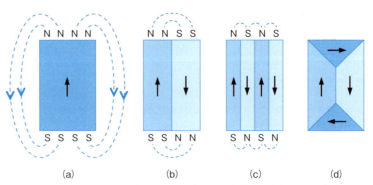

図 6-10 磁区の形成と静磁エネルギーの減少((a)→(b)→(c)→(d))

いるために，外部に磁化が現れていないことがわかった。この素材を永久磁石として用いるためには，外部磁場を加えて各磁区の磁気モーメントの方向を一定方向に揃わせ，磁化を発生させなくてはならない。これを**着磁**(magnetization)とよぶ。着磁はコイルに電流を流して磁場を発生させ，その中心に磁石素材を入れて行う。

着磁は磁石素材の磁化が飽和するまで外部磁場を加えられるが，その磁化過程を図6-11に示す。領域①は磁場の強さに比例して磁化が増加する($M \propto H$)領域で可逆的である。この曲線の傾きは**初透磁率**μ_iといい，磁性体材料の特性を表す値の1つである。②は磁壁が移動する領域で，磁場と同じ方向の磁区の拡大が起こる。この過程以降は不可逆である。領域③では磁化の回転が起こり，磁気モーメントは外部磁場と平行になる。④で磁化は飽和する。

> **磁区の大きさ**
>
> 磁区の大きさは結晶面の方向や歪みにも支配されるが，一般に数μm～数百μm程度の大きさである。図に示すように磁区の大きさ(磁壁による分割数)を決める因子は磁性体の磁壁エネルギーと静磁エネルギーである。すなわち磁性体の内部に磁区が形成されると磁壁形成に伴う磁壁エネルギーは増加するが，それに伴い磁化の一部が打ち消し合うので静磁エネルギーは減少するため，両者のバランスで磁区サイズが決まる。
>
>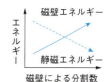
>
> 図 磁壁形成に伴うエネルギーの変化(概念図)

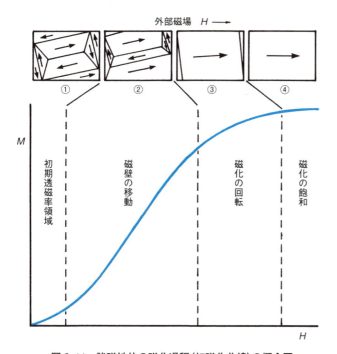

図6-11 強磁性体の磁化過程(初磁化曲線)の概念図

領域②で起こる磁壁の移動はどのようにして起こるのであろうか。磁壁は一般に数百原子層(数十nmの厚さ)から成っており，磁壁の中ではスピンの向きは徐々に回転し，隣の磁区のスピンの向きへと変化している。この概念図を図6-12に示す。磁壁の移動は，スピンの回転が次々に伝搬することなので，比較的弱い外部磁場でも磁壁の移動が起こる。

(2) 強磁曲線とその特性

前項で，外部磁場を経験していない強磁性体に，磁場をかけると磁壁

> **磁区の観察法**
>
> 数十 μm の磁区観察には大きさ数十 nm のマグネタイト(Fe_3O_4)微粒子を分散させたコロイド溶液を，磁性体試料の表面に滴下させ，磁壁または磁区に引き付けられたマグネタイト微粒子の作る模様(これをBitter模様という)を光学顕微鏡や金属顕微鏡で観察する方法がある。微細な磁区観察には透過電子顕微鏡による方法や磁気光学効果(Faraday効果，磁気Kerr効果)を利用する方法などがある。

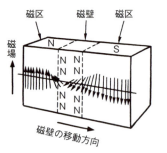

図6-12 磁壁の構造と移動(180度磁壁)

の移動と磁化の飽和が起こることを述べた。その際，磁場を取り去っても大きく成長した磁区は容易に元には戻らない。したがって磁場を減少させると，図6-11に示した磁化曲線をそのままたどるのではなく，図6-13に示すような磁化 M(あるいは磁束密度 B)対磁場 H において一周する曲線が観察される。この一周曲線を履歴曲線あるいは**ヒステリシス曲線**(hysteresis loop)という[24]。

24) 描かれたヒステリシス曲線は，強誘電体において観察された曲線と同じ形状であることがわかる。しかし，すでに述べたように，誘電体と磁性体ではドメインの容積の変化は，異なる機構に基づいている。

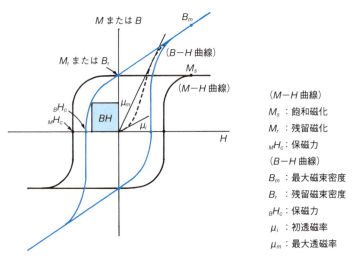

図6-13 強磁性体のヒステリシス曲線(M-H曲線とB-H曲線)

磁化曲線や強磁性体のヒステリシス曲線は磁化 M 対磁場 H あるいは磁束密度 B 対磁場 H の関係で表される。6-3項で述べたように，磁化 M とは，磁性体に外部磁場を加えたときに生ずる磁気モーメントのベクトル和であるのに対し，**磁束密度** B は磁化に外部磁場の強さ H を加えたもので

$$B = \mu_0(H+M) \tag{6-15}$$

で表される。ここで，μ_0 は真空の透磁率($4\pi \times 10^{-7}$ [Hm^{-1}])である。その結果，M-H 曲線と B-H 曲線では，いくつかの点で異なる値をと

るので注意しておこう．図6-13のヒステリシス曲線において，M_sとB_mはそれぞれ**飽和磁化**および**最大磁束密度**とよばれ，前者は飽和した磁化の大きさを表すのに対し，後者は与える外部磁場Hに比例して大きくなり，飽和することはない．M_rとB_rは**残留磁化**および**残留磁束密度**とよばれ，外部磁場の無いときの磁化の強さを表す．この場合，$H=0$の条件下であるので，$B=M$となる．

H_cは**保磁力**（coercive force）とよばれ，逆向きの磁場に抵抗して磁化を保つ力を表す．$M-H$曲線と$B-H$曲線ではやはり違いが生ずるので，それぞれ$_MH_c$と$_BH_c$と区別されることが多い．またμ_iは**初透磁率**，μ_mは**最大透磁率**とよばれる．前者は図6-11で説明したように，$M \propto H$の関係が成り立つ領域を表し，磁性体試料の特性を表す値の1つである．図中にBHと示した領域は，ヒステリシスループにおける磁束密度Bと磁場の強度Hの積を表している．その最大値は**最大エネルギー積**$(BH)_{max}$といい，外部で有効に利用できる磁気エネルギーを表す．すなわちこれは永久磁石の性能の目安となる．

ところで強磁性体（あるいはフェリ磁性体）を特徴づける残留磁化M_r（あるいは残留磁束密度B_r）や保磁力H_cの大きさは何に支配されているのであろうか．残留磁化は単位体積当たりの磁性イオンの密度に支配される．例えばフェリ磁性体よりも強磁性体のほうが，また酸化鉄よりも金属鉄のほうがより大きな磁化を示す．一方，H_cの発生機構は明確になされていない部分もあるが，現象論的には以下のようにいえる．

① 磁壁をピン止めすることによりH_cは大きくなる．例えば結晶粒界や不純物は磁壁の移動を防ぐ（すなわち磁壁をピン止めする効果がある）ので，意図的にこれらを増すことにより高保磁力磁性材料をつくることができる．逆にこれらを減少させるとH_cは小さくなり，高透磁率材料になる．このように保磁力と透磁率とは反比例の関係にあり，磁性材料の製造においても逆の操作を行う．

② 単磁区構造（10-3(1)項参照）によりH_cは大きくなる．例えばフェライト磁石を製造する際に，単磁区粒子の臨界径（約0.5μm）以下に粉砕した材料を磁場中圧縮成形－焼結すると，単磁区粒子の磁化の反転は磁壁の移動によらず粒子内の磁気モーメントの一斉回転によって起こらなくてはならないために，保磁力の大きな磁石となる．

③ 結晶磁気異方性（6-7(3)項参照）によりH_cは大きくなる．例えばSm-Co単結晶ではc軸方向（磁化容易方向）とc面内方向（磁化困難方向）とでは磁化曲線は大きく異なっており，結晶磁気異方性が非常に大きい．これを②と同様の工程をとることによって大きなH_cの磁石が得られる．

(3) 磁気異方性

磁性体の磁気的な性質は等方的でなく，形状・結晶方位・磁化の方向などによって物性が大きく変化する。これを異方性があるという。例えば外部磁場に対する磁性体結晶の方位により，磁化が起こりやすい方位と磁化が起こりにくい方位が存在する。これを**磁気異方性**(magnetic anisotropy)といい，変化が起こりやすい方位を**磁化容易軸**，起こりにくい方位を**磁化困難軸**とよぶ。この原因は，電子軌道は結晶軸に密に関係しており，磁気的性質と電子軌道との結びつき（スピン軌道相互作用）を通じて，磁性が結晶軸と結びつくためである。例えば，Fe単結晶（立方晶系）では容易軸は［100］方向で困難軸は［111］方向である。Co単結晶（六方晶系）では容易軸はc軸に平行方向，困難軸はc軸に垂直方向である[25]。

ここで紹介した磁気異方性はとくに**結晶磁気異方性**という。他に磁性体の形状・寸法によって生じる**形状磁気異方性**がある。異方性は等方性に比較して約2倍程度の磁力を示すために，MK鋼，NKS鋼，アルニコ磁石，鉄-クロム-コバルト磁石などの永久磁石で応用されている。

6-8 磁性体の構造相転移

強磁性（フェリ磁性を含む）や反強磁性などのスピンの秩序構造からなる磁性体の温度を上げていくとエントロピー増加に伴いスピンはランダムな方向を向いた無秩序構造へと変化して常磁性体になる。このような変化を構造相転移といい(5-3項参照)，磁性体の場合はとくに**磁気相転移**(magnetic phase transition)とよぶことがある。

(1) 強磁性体

強磁性は構造相転移に伴い自発磁化を失い常磁性に変化する。これは強磁性状態である秩序相から，常磁性状態である無秩序相への相転移であり，**秩序-無秩序相転移**という。この相転移温度を**キュリー温度**(Curie temperature, T_C)とよぶ[26]。T_C以上の磁化率χ_mは**キュリー・ワイスの法則**に基づく次の式から求められる。

$$\chi_m = C/(T - T_C) \quad (6\text{-}16)$$

ここでCは物質に固有の定数で，キュリー定数($C \equiv N\mu_e^2/3k_B$)という。これらの関係の概念図を図6-14(a)に示す。T_c以上における常磁性の磁化率の逆数($1/\chi_m$)は温度に比例する直線で表され，ゼロに外挿するとキュリー温度が求まることがわかる。また図6-14(b)に磁化率χ_mの温度依存性を示す。代表的な強磁性体とフェリ磁性体のキュリー温度を表6-6に示す。

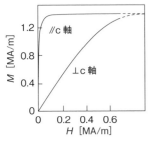

図 Co単結晶の磁化曲線

25) 図にCo単結晶の容易軸(c軸に平行方向(//))，困難軸(c軸に垂直方向(⊥))の磁化曲線を示す．磁化特性が軸方向によって大きく異なることがわかる。

26) 強誘電体の自発分極が消失する温度もキュリー温度という(5-3参照)。いずれもPierre Curie (1859-1906)によって発見された秩序相と無秩序相の相転移温度であるためである。

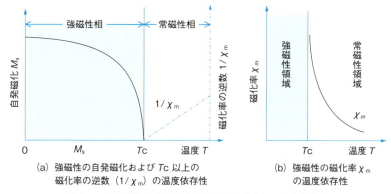

図 6-14 強磁性の自発磁化(a)と磁化率(b)の温度依存性

表 6-6 強磁性体およびフェリ磁性体の飽和磁化 M_S とキュリー温度 T_C

物　質	M_S/G	T_C/K	物　質	M_S/G	T_C/K
α-Fe	1,707	1,403	MnO・Fe_2O_3	410	573
γ-Co	1,400	1,388	FeO・Fe_2O_3	480	858
Ni	485	631	CoO・Fe_2O_3	400	793
Cu_2MnAl	500	710	NiO・Fe_2O_3	270	858
MnBi	620	630	CuO・Fe_2O_3	135	728
CrO_2	515	392	MgO・Fe_2O_3	110	713

＊1 G = 10^3 Am^{-1}

(2) 反強磁性体

　反強磁性体は温度上昇に伴い互いに打ち消しあった反平行のスピンの配列が乱れるので，磁化率は温度と共に大きくなる。しかしある温度以上ではドメインがなくなり，反強磁性相は常磁性相となる。この構造相転移温度は**ネール温度**(Neel temperature, T_N)とよばれる。物理的意味はキュリー温度と同じである。T_N 以上での磁化率は次の式で表される。

$$\chi_m = C/(T + \theta) \tag{6-17}$$

ここで C は物質に固有の定数，θ [K]は**ワイス定数**(ワイス温度)である[27]。$1/\chi_m$ は(6-16)式と比較するとわかるように，$-\theta$ を原点とした直線で表される。これらの関係を図 6-15(a)に示す。6-4(2)項で述べたように反強磁性体は上向きスピンと下向きスピンの副格子から成っているが，1つの副格子の自発磁気モーメントが強磁性体の自発磁化と同様の温度変化をする様子を図に示している。図 6-15(b)に磁化率 χ_m の温度依存性を示す。T_N 以上では磁化は等方的でキュリー・ワイスの法則に従っているが，T_N 以下では磁化は異方的になる。すなわち個々のスピンが向きやすい方向(容易軸($\chi_{//}$))と向きにくい方向(困難軸($\chi_\perp$))があり，それぞれ磁化率や磁化過程が異なる(6-7(3)項参照)。

　表 6-7 に代表的な反強磁性体のネール温度とワイス定数を示す。

27) 強磁性と反強磁性のキュリー点以上の温度における常磁性の磁化率の温度依存性の式((6-16)式と(6-17)式)は一般的に $\chi_m = C/(T - \theta_p)$ あるいは $1/\chi_m = (T - \theta_p)/C$ で表現される。この場合 θ_p [K]は常磁性キュリー温度といい，その値が正の場合は強磁性的相互作用が，負の場合は反強磁性的相互作用があることを表し，その絶対値はそれぞれの相互作用の大きさを示す。

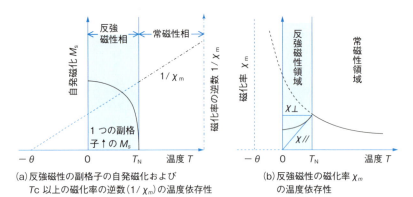

(a) 反強磁性の副格子の自発磁化および T_C 以上の磁化率の逆数 ($1/\chi_m$) の温度依存性

(b) 反強磁性の磁化率 χ_m の温度依存性

図 6-15　反強磁性の自発磁化 (a) と磁化率 (b) の温度依存性

表 6-7　反強磁性体のネール温度 T_N とワイス定数 θ

物　質	結晶格子	T_N/K	θ/K
MnO	面心立方	116	-610
α-MnS	面心立方	160	-528
FeO	面心立方	198	-570
CoO	面心立方	291	-330
NiO	面心立方	525	~ -2000

6-9　強磁性体の用途

強磁性体(フェリ磁性体を含む)は，保磁力 H_c の大きさにより3つに区分される。H_c の値が約 $10\,\mathrm{Am^{-1}}$ 以下のものを**ソフト(軟質)磁性体**(図 6-16(a))，H_c の値が約 $10^3\,\mathrm{Am^{-1}}$ 以上のものを**ハード(硬質)磁性体**(図 6-16(b))という。この中間のものを**セミハード(半硬質)磁性体**という。

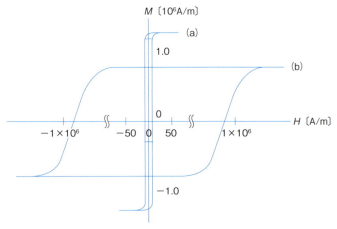

図 6-16　強磁性体のヒステリシス曲線
(a)ソフト磁性体，(b)ハード磁性体

(1) ソフト磁性体

ソフト磁性体は，残留磁化が大きく，保磁力 H_c が著しく小さい。保磁力と透磁率は逆相関の関係にあるので，ソフト磁性体は**高透磁率材料**である。すなわち弱い磁場を加えても強く磁化され，また交番磁場中でのエネルギー損失（ヒステリシスループ中の内部の面積に等しい）が小さいという特性がある。したがって低周波および高周波領域におけるトランスの鉄心（コア）[28] として利用される。

ソフト磁性材料には合金と鉄酸化物（フェライト）の2つのタイプがある。代表的な合金磁性材料には，パーマロイ（Fe-Ni 系合金），センダスト（Fe-Si-Al 系合金），ケイ素鋼（Fe-Si 系合金）などがある。合金は抵抗率が低く，交流では渦電流損失が大きいので，素材への Si の添加や，アモルファス化により抵抗率を増加させたり，薄板形状にするなどして高周波デバイス，磁気ヘッド，変圧器の鉄心として用いられる。フェライト磁性材料にはソフトフェライトとよばれる Mn-Zn フェライト，Ni-Zn フェライトなどがある。これらは $M^{2+}Fe^{3+}_2O_4$（M^{2+} = Mn, Ni）と非磁性の $ZnFe_2O_4$ との固溶体である。いずれも抵抗率が高く，渦電流損失も少ないために高周波磁心として用いられる。また，高周波トランスや磁気シールドなどに大量に用いられている。

(2) ハード磁性体

ハード磁性体は H_c が大きいために**高保磁力磁性材料**，あるいは永久磁石材料とよばれ，残留磁束密度 B_r の大きさが外部磁場の変化に対してほとんど変わらないことが特徴である。永久磁石材料の性能には，高残留磁束密度と高保持力が要求され，その大きさは最大エネルギー積 $(BH)_{max}$ によって表される（図 6-9 参照）。高保磁力磁性材料には合金，フェライト，希土類磁石の3つのタイプがある。合金磁石にはアルニコ（Al-Ni-Co-Fe 系の析出硬化型の鋼），MK 鋼（Ni-Al-Fe 系合金），新 KS 鋼（Co-Ni-Ti-Fe 系合金）などがある。フェライト磁石には BaO-6 Fe_2O_3，PbO-6 Fe_2O_3，SrO-6 Fe_2O_3 組成の焼結体が，また希土類磁石には希土類とコバルトの間に生ずる金属間化合物（R-(Co)$_5$，R$_2$-(Co)$_{17}$ など，：R＝ランタノイド系元素）があげられる。

(3) セミハード磁性体

セミハード磁性体は適度の H_c と残留磁束密度 B_r をもつもので，微粉体や薄膜の形状で AV 用磁気テープや磁気ディスクの磁性材料として用いられている。磁気記録材料としては，γ-Fe_2O_3，CoO-Fe_2O_3，CrO_2，Fe-Co 合金，Ba-フェライトなどがあげられる。

[28] トランス（変圧器）は一次と二次のコイルおよび鉄心からなり，電磁誘導を利用して交流電圧を変換する機器である。鉄心の役割は発生した磁束を二次コイルへ伝えることで，鉄心材料に求められることは磁場の変化に伴って生じる鉄損（ヒステリシス損と渦電流損）が小さいことである。低周波用トランスにはケイ素鋼板が，また高周波用トランスには鉄損がさらに小さなソフトフェライトが用いられる。

鉄とその酸化物の磁性

鉄とその酸化物の磁性に関してはすでに本文中に一部掲げているが，これらは磁性を理解する上で基本となるので，ここで整理しておこう。鉄は酸化の進行に伴い以下のように磁性が変化する。

		α-Fe	FeO	Fe_3O_4	α-Fe_2O_3	γ-Fe_2O_3
磁性		強磁性	反強磁性	フェリ磁性	反強磁性	フェリ磁性
構造	晶系	立方晶系	立方晶系	立方晶系	三方晶系	立方晶系
	格子	体心立方	NaCl型	逆スピネル型	コランダム型	欠陥のあるスピネル型
形状		・白色光沢金属	・黒色粉末	・黒色粉末	・赤色結晶	・針状結晶
応用		・構造材料 ・磁性材料	[不安定]	・永久磁石(天然産：磁鉄鉱)	・顔料，研磨材	・磁気テープ用 ・磁性材料
飽和磁化 M_S		1740 G (σ_S：218 emu/g)	──	510 G (σ_S：95 emu/g)		≈ 450 G (σ_S：95 emu/g)
T_C または T_N		T_C=770℃	T_N=−75℃	T_C=585℃	T_N=675℃	T_C=400～700℃

[Fe]：磁性は各Fe原子の磁気モーメントに起因することはいうまでもないが，単位体積当たりのFeの原子密度が大きいために，M_s や B_r(単位体積当たりの磁気モーメント)も大きい。

[FeO]：NaCl型結晶構造をとっており，Fe^{2+}イオンのスピン磁気モーメントは酸素イオンを介して1つおきに逆向きになり(超交換相互作用)，全体としては Fe^{2+} の磁気モーメントは打ち消し合い，反強磁性を示す(6-3項参照)。

[Fe_3O_4]：スピネル構造で，四面体配置(Aサイト)を占める Fe^{3+} イオンの5個の不対電子と，八面体配置(Bサイト)を占める Fe^{3+} イオンの5個の不対電子のスピンの方向は，超交換相互作用により逆になり，磁気モーメントは打ち消される。その結果，Fe_3O_4 の磁気モーメントは，八面体配置(Bサイト)の Fe^{2+} イオンの4個の不対電子の磁気モーメントだけに支配されている。

[α-Fe_2O_3]：O^{2-} イオンの作る六方最密格子のなかに Fe^{3+} イオンが入った結晶構造で，1個の Fe^{3+} イオンは6個の O^{2-} イオンに取り囲まれている。この場合，FeOと同様に超交換相互作用により，Fe^{3+} イオンのモーメントは O^{2-} イオンを介して互いに逆向きになり，全体としてモーメントは打ち消し合い，反強磁性を示す。

[γ-Fe_2O_3]：Fe_3O_4 を穏やかに酸化した際に生じる物質で，Fe_3O_4 と同様スピネル構造をとる。しかし，単位格子中の24個の陽イオンサイトのうち8/3個だけが不足しているので，$Fe^{3+}[\square_{1/3}, Fe^{3+}{}_{5/3}]O_4$ で表される。そこではAサイトとBサイトにある Fe^{3+} の数が異なるので，γ-Fe_2O_3 はフェリ磁性を示す。400～700℃で α 型に転移する。

以上のように結晶の磁気的性質は，化学組成だけで決まるのではなく結晶構造が大きく寄与することを注意しておこう。

7　光学的性質

　光は空間の電場と磁場の変化によって形成される波（波動）であり，波長，振幅，伝播方向，偏光，位相などで特徴付けられる。光は真空中を光速 c で直進するが，物質に光を照射すると，反射，吸収，屈折，散乱，回折などの現象が起こる。これらの現象は光が振動電場として物質に電気的な作用を及ぼすためであるため，物質の誘電的性質が基本となる。ここでは光の基本的現象と電気光学効果を定性的に述べ，その応用を紹介する。なお光は可視光線（波長 380～780 nm）に限定されることもあるが，この章では図 7-1 に示すように，紫外線と赤外線を含む波長が 10^2～10^4 nm の範囲の電磁波を主に光とよぶことにする。

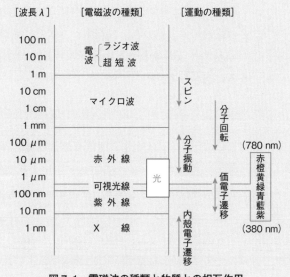

図 7-1　電磁波の種類と物質との相互作用

7-1　屈折と複屈折

　媒質 1（例えば空気）中を直進する光が媒質 2（例えばガラス）中に入射すると，境界面で進行方向が変化する。これを**屈折**（refraction）といい，媒質によって光の伝搬速度が異なることで生じる現象である。図 7-2 に光の屈折と反射の関係を示す。媒質 1 と媒質 2 の 2 つの媒質中を進行する波の伝播速度 v_1・v_2 と入射角 i・屈折角 r の間には次の関係がある。

$$\frac{\sin i}{\sin r} = \frac{v_1}{v_2} = n_{12} \qquad (7\text{-}1)$$

ここで n_{12} は媒質 1 に対する媒質 2 の**相対屈折率**（relative refractive

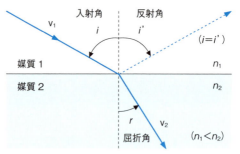

図7-2 光の屈折と反射

光と電磁波

光は電磁波である。電磁波には時間と共に振動する電場と磁場があり，それらが空間的に振動しながら伝搬していく。電場と磁場は"大きさ"と"向き"をもっておりベクトルで表される。電場ベクトルEと磁場ベクトルH，および伝搬方向の波数ベクトルkは互いに直交している。

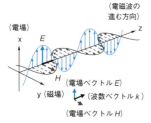

図 電磁波の電場ベクトル(E)と磁場ベクトル(H)

index)とよび，両者の速度比(v_1/v_2)を表している。これを**スネルの法則**(Snell's law)あるいは屈折の法則という。この際，進行する波の一部は境界面で反射する。

物質に光が入射すると，物質を構成する原子やイオンに伴う電荷とそれによって形成される電気的，磁気的な場と電磁波である光の相互作用(電子分極に基づく誘電率変化)によって光の速度は遅くなる。Maxwellの電磁理論に基づき，真空中から媒質に光が入射した場合について考えてみよう。真空中の光の速度cおよび媒質1中の光の速度v_1は次のように表される。

$$c = \frac{1}{\sqrt{\varepsilon_0 \mu_0}} \quad \text{および} \quad v_1 = \frac{1}{\sqrt{\varepsilon \mu}} \tag{7-2}$$

ここでε_0，μ_0は真空の誘電率および透磁率，ε，μは媒質1の誘電率および透磁率である。(7-3)式に示すように両者の速度比(c/v_1)を媒質1の**絶対屈折率**(absolute refractive index)n_1という。

$$\frac{c}{v_1} = \frac{1/\sqrt{\varepsilon_0 \mu_0}}{1/\sqrt{\varepsilon \mu}} = \sqrt{\varepsilon_r \mu_r} = n_1 \tag{7-3}$$

ここでε_r，μ_rは媒質1の比誘電率および比透磁率である。多くの誘電体では$\mu_r \approx 1$として良いので，屈折率は誘電率だけの関係で表される。

$$n_1 = \sqrt{\varepsilon_r} \tag{7-4}$$

なお(7-4)式は一定振動数νのもとで測定された屈折率$n(\nu)$と比誘電率$\varepsilon_r(\nu)$の間で成り立つ。

次に媒質1と媒質2の絶対屈折率n_1とn_2を用いてスネルの法則((7-1)式)を表すと

$$n_{12} = \frac{n_2}{n_1} = \frac{v_1}{v_2} = \frac{\sin i}{\sin r} \tag{7-5}$$

および

$$n_1 \sin i = n_2 \sin r \tag{7-6}$$

と表される。

物質中の光の速度と波長

真空中では光の速度は振動数あるいは波長に関わらず一定である。光が媒質中に入ると光は減速されるが，この原因は「媒質中の光の減速は光と物質の相互作用によって波長が短くなる(振動数は変わらない)」ためである。すなわち媒質中の光は波長が圧縮された形で進行する(一周期に進む距離が短くなる)ために光速は遅くなると考えることができる。(7-5)式を波長λで示すと以下のようになる。

$$n_{12} = \frac{n_2}{n_1} = \frac{v_1}{v_2} = \frac{\lambda_1}{\lambda_2}$$

(あるいは$n_1 = \frac{c}{v_1} = \frac{\lambda}{\lambda_1}$)

例えば屈折率$n_1=1$の媒質(真空あるいは空気)から$n_2=2$の媒質(固体)に光が侵入するとすれば，速度v_2は1/2に，また波長λ_2も1/2になる。

物質の屈折率は，気体の場合は絶対屈折率が，液体や固体の場合は空気に対する相対屈折率が一般に用いられる。なお真空の屈折率は1（基準）であり，空気の屈折率は1.0003である。表7-1に代表的な無機固体の屈折率を示す。

表7-1　無機固体の屈折率 n_D^{20}

物質Ⅰ[*1]	n_D	物質Ⅱ[*2]		n_D
シリカガラス	1.458	Al_2O_3（コランダム）	n_o	1.768
ソーダ石灰ガラス	1.51		n_e	1.760
鉛ガラス	1.7	SiO_2（水晶）	n_o	1.544
NaCl	1.543		n_e	1.553
ダイヤモンド	2.418	$CaCO_3$（方解石）	n_o	1.658
PbS	3.91		n_e	1.486

[*1] 光学的等方体，[*2] 光学的異方体：n_o 正常光，n_e 異常光

屈折率は入射光の波長によって変化するので[1]，通常 Na-D 線（λ = 589.3 nm）で測定された値を示すことが多い。この場合，20℃で測定された屈折率は n_D^{20} のように表記される。

スネルの法則が成り立つのは，誘電率が方位に依存しないガラスなどの非晶質や立方晶系（等軸晶系）の結晶に限られる。これらの物質を**光学的等方体**という。一方，光学結晶，高分子配向膜，液晶高分子などの多くの物質では，x, y, z 方向による原子配列の違いに伴って誘電率が異なるために，光が入射すると互いに直交する振動方向を持つ2つの直線偏光に分かれて屈折する[2]。これを**複屈折**（birefringence）という。その概念図を図7-3に示す。複屈折の1つはスネルの法則に従う**常光線**（正常光：o），もう1つは**異常光線**（異常光：e）である[3]。2つの屈折率，n_o と n_e の差 $\Delta n (= n_e - n_o)$（あるいは2つの光線の位相差）で複屈折性が定量化される。複屈折は方解石（炭酸カルシウム結晶）によって文字が二重に見える現象として知られているが，このような光学的な異方性をもつ物

1) プリズムで見られるように、物質の屈折率は波長が短くなると大きくなる。短い波長の光は物質中では光速が遅くなるため屈折率が大きくなるからで、屈折率の周波数依存性は $n = \sqrt{1+\chi(\omega)}$ で表される。ここで $\chi(\omega)$ は電気感受率 χ で、周波数 ω の関数であることを示している。

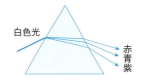

2) 自然光はランダムな方向に振動している無偏光状態にあるが、偏光板を通すと直線偏光を取り出すことができる。なお偏光には電場（および磁場）の振動方向が一定である**直線偏光**，振動が伝搬に伴って円を描く**円偏光**，および楕円を描く**楕円偏光**がある。楕円偏光は直線偏光と円偏光が一次結合したものである。

3) 常光線の屈折率は入射光の光学軸に対する角度には依存しないが、異常光線についての屈折率は入射光の光学軸に対する角度によって変化する。その2つの光の屈折率は入射光が光学軸と同軸で入射するときは一致する。

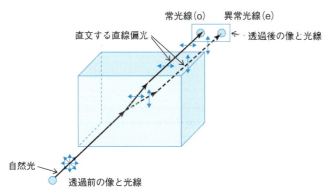

図7-3　複屈折した像と光線の概念図

質を**光学的異方体**といい，結晶の光学軸の数によりさらに一軸性結晶と二軸性結晶に分けられる．光学的等方性と光学的異方性による結晶の分類を表7-2に示す．

表7-2　結晶の光学的等方性と光学的異方性による分類

結晶		晶系	単位格子の軸比	備考
光学的等方体		非結晶質	—	—
		立方晶系	$a=b=c$	三次元面内で等方的
光学的異方体	一軸性結晶	正方晶系	$a=b\neq c$	光学軸が1本で，二次元面内では等方的
		六方晶系	$a=b\neq c$	
		三方晶系	$a=b=c$	
	二軸性結晶	斜方晶系	$a\neq b\neq c$	光学軸が2本で，どの面内でも等方的でない
		単斜晶系	$a\neq b\neq c$	
		三斜晶系	$a\neq b\neq c$	

4) この"一定の条件"とは，(1)「波動ベクトルの境界面に平行な成分は，各光において等しい」(2)「電場と磁場の境界面に平行な成分は，境界面の両側で等しい」(3)「電束密度・磁束密度の境界面に垂直な成分は，境界面の両側で等しい」ことである．難解ではあるが，反射角・屈折角に関する法則(スネルの法則)や，反射率・透過率に関する法則(フレネルの式)はこの原理から導出される．

7-2　反　射

屈折率が異なる物質間の境界面に光が入射したときには，屈折の項で述べたように一定の条件を満たすように，反射光と透過光(屈折光)が生じる[4]．ここには(透過率＋反射率＝1)の関係がある．

いま，空気(屈折率 n_0)中から固体(屈折率 n)表面に直角に光を照射したとする．このときの光の反射率 R は次式で与えられる．

$$R = \frac{(n_0-n)^2 + k^2}{(n_0+n)^2 + k^2} \tag{7-7}$$

ここで k は $\sqrt{\pi n\sigma/c^2}$ (n は固体の屈折率， σ は電気伝導率， c は光速)で表される光の減衰に関する定数である．

いくつかの金属と半金属の R 値を図7-4に示す． R 値が波長に依存する理由の1つは(7-7)式中の屈折率 n が波長に依存するためである．

光の波長と金属光沢および金属の色

(1) 600 nm付近以上の波長の高い反射率と金属光沢：光は金属の自由電子に遮断され，金属の中に侵入できずにほとんどが反射される．これが金属光沢の原因となる．

(2) 600 nm付近以下の波長の特徴的な吸収と金属の色：金属の中に入った光は原子核に束縛されている電子によって吸収される．束縛されている電子の状態は金属の種類によって異なるので，吸収される光の波長も異なる．これが金属特有の色の原因となる．詳細はプラズモンを学んで欲しい(参考文献20)．

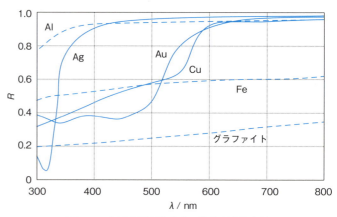

図7-4　金属の反射能(R)の波長(λ)依存性

アルミニウムや銀は可視光線全域の波長の光をよく反射するので表面の色が銀白色になる。これに対し銅が赤味を帯びるのは，短波長側でそのR値が小さく反射量が少なく，長波長側の赤色系の光をよく反射されるからである。金は赤色系と緑色系の光を反射するので黄金色に見える。鉄は可視光線全域を反射するが銀やアルミニウムに比べると反射率が低いため，灰色がかった金属光沢となる。また半金属であるグラファイトは伝導帯と価電子帯が一部重なっているバンド構造からなり，赤外，可視，紫外にかけて連続的に吸収が起こるために黒色となる。

一方，透明物質(絶縁体)ではkはほとんど0であり，空気の屈折率$n_0 \fallingdotseq 1$であるので，(7-7)式は次のように簡単になる。

$$R = ((n-1)/(n+1))^2 \tag{7-8}$$

例えば，空気中から$n = 1.5$のガラスに光を垂直に照射すると，4%の光が反射され，残りの96%は固体内部に進入する。なお，入射角が0(垂直)でない場合は，R値を与える式は複雑になる。また固体表面に波長と同程度かそれ以上の凹凸があれば光は種々の方向に乱反射される。

7-3 全 反 射

屈折率の大きな媒質2(屈折率n_2)から屈折率の小さな媒質1(屈折率n_1)に向かって光が進行する場合を考えよう。図7-5に示すように媒質2の界面に対する入射角を(1)→(2)→(3)と大きくすると媒質1に屈折光を生じなくなり，すべて反射光になる現象が生じる。これを**全反射**(total reflection)という。全反射が起こるときの最小の入射角iは屈折角が90°になるときである(図7-5(2))。この入射角を**臨界角**(critical angle)といいθ_cで表す。この関係をスネルの法則((7-6)式)に適用すると

$$n_2 \sin \theta_c = n_1 \sin 90° \tag{7-9}$$

となり臨界角θ_cは次のように表される。

$$\sin \theta_c = n_1/n_2 \quad \text{および} \quad \theta_c = \sin^{-1}(n_1/n_2) \tag{7-10}$$

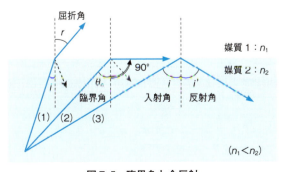

図7-5 臨界角と全反射

入射角をさらに大きくすると反射光となり，入射角 i と反射角 i' は等しくなる（図 7-5(3)）．なお屈折率の小さい媒質から大きい媒質へ光が進行するときは，全反射は起こらない．

全反射は入射光が 100% 反射される特徴をもつため，プリズムによる分光や光ファイバーで光情報を伝えるときに利用される[5]．ここで**光ファイバー**（optical fiber）について考えてみよう．光ファイバーは，屈折率 n_1 をもつファイバー状のコアに n_1 より小さな屈折率 n_2 をもつ被覆層であるクラッドを被せたものである．コアの中心軸に対し i の角度で空気中から光を入射させると，図 7-6 に示すように光はコアとクラッドとの界面で全反射され，コア外部に出ることはない．このような全反射が起こるための入射角 i の最大値は次のようにして求められる．(7-10)式から

$$\sin\theta \geqq \frac{n_2}{n_1}\sin\left(\frac{\pi}{2}\right) = \frac{n_2}{n_1} \quad (7\text{-}11)$$

となる．空気中からコア n_1 への光の入射であるので(7-6)式を用いて

$$\sin i = n_1 \sin r = n_1 \sin\left(\frac{\pi}{2}-\theta\right) = n_1 \cos\theta = n_1\sqrt{1-\sin^2\theta} \leqq \sqrt{n_1^2 - n_2^2}$$

(7-12)

となる．コア内で全反射する最大の入射角度 i_max（一般には θ_max）を受光角といい，$\sin i_\text{max}$ の値を光ファイバーの開口数（NA）という．この範囲内の角度で入射した光はコア中を全反射しながら伝搬する．例えば $n_1 = 1.500$，$n_2 = 1.485$（コアとクラッドの屈折率の差が 1% の場合）とすると，開口数は 0.21，受光角は 12.4° となる．

[5] 全反射と正反射（鏡面反射）とは全く異なる現象であることに注意しよう．全反射はコアとクラッドの境界面で行われ，コア材料の吸収さえなければ光はコアの一端から他端まで全量伝播される．しかし正反射では，たとえばコア壁を銀で全面コートしても反射能は 1 より小さいので光の全量は伝播されない．

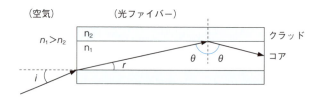

図 7-6　光ファイバーへの光の入射とコア・クラッド界面での光の全反射

光ファイバーはレーザー治療器，レーザー溶接，分光光度計などに用いられているが，最も重要なのは光通信である．長距離の光伝送を行う光通信が実用化されるようになったのは，低損失のガラスファイバーの実現と，光ファイバーの製造方法の確立（15-3 項(d)参照），および小型で高性能な半導体レーザーの開発があったからである．

光ファイバーには光の伝搬の仕方がマルチモードタイプとシングルモードタイプがあり，前者にはステップインデックス型（SI）とグレー

デッドインデックス型(GI)が，また後者にはコアの径を非常に小さくしたシングルモード(SM)光ファイバーがある[6]。表7-3にこれらの光ファイバーの特徴を示す。

表7-3 光ファイバーの特徴

光ファイバーの種類	コア径 $2r_c(\mu m)$	クラッド径 $2r(\mu m)$	主な使用波長 (μm)	伝送容量	伝送距離
(a) SI 光ファイバー	50	125	*1	中	短距離
(b) GI 光ファイバー	50	125	0.85	中	短・中距離
(c) SM 光ファイバー	<10	125	1.31, 1.55	大	長距離

*1 主に短距離のデータ通信や光パワー伝送などに使われている。

6) 代表的な光ファイバーの構造と屈折率分布を示す。

ステップインデックス型(SI)

グレーデッドインデックス型(GI)

シングルモード(SM)

図 光ファイバーの構造と屈折率分布

7-4 透過と吸収

光が固体内を通過する間に，吸収と散乱によりその強度は低下する。入射光のうち媒質によって吸収される割合は，次式に示すように光の通過する媒質層の厚さに比例する。

$$I = I_0 \exp(-\alpha x) \tag{7-13}$$

これを**ランバートの法則**(Lanmbert's law)という。ここで，I_0 は入射光の強度，I は透過光の強度，α は吸収係数，x は媒質層の厚さである。吸収係数 α には光の吸収と散乱による光損失が含まれる。光損失の要因を表7-4に示す。なお表中の ▬▬ で示した要因は，光ファイバーなど x が著しく大きいものにおいて重要な損失の原因となる。

表7-4 光損失の要因

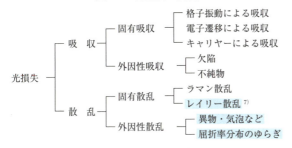

ここでは固体物質の固有吸収である格子振動や電子遷移による吸収，および外因性吸収である不純物と格子欠陥による吸収について考える。

(1) 格子振動に伴う吸収

物質に赤外線を照射すると分子振動および結晶の格子振動を引き起こす。振動準位は量子化されており，そのエネルギー準位間の遷移に伴い赤外領域の電磁波の吸収が起こる。通常その遷移は振動の基底状態(振動量子数 $\nu=0$)から第1励起状態($\nu=1$)への遷移である。

分子や結晶を構成する2原子間の化学結合をばねによるものと考える

7) 光の波長に比べて十分小さい微粒子による光の散乱をレイリー散乱という。伝搬する光の波長が短いほど散乱は大きくなる。光ファイバ中では，製造時に生じる密度の揺らぎ(屈折率のゆらぎ)によって光が散乱し光損失が生ずる。その割合は全伝送損失の1%以下である。大気中では，太陽光が大気分子でレイリー散乱され，空が青く見える現象を生じる。

と，結合部は伸びたり縮んだり(伸縮振動)，角度が変わったり(変角振動)している。そこに働く力 F はフックの法則 ($F=-kx$) で表され，ばね定数(力の定数) k と振動数 ν との間には次のような関係がある。

$$\nu = \frac{1}{2\pi}\sqrt{\frac{k}{\mu}} \qquad (7\text{-}14)$$

ここで μ は**換算質量**(原子 A, B の質量を m_A, m_B とすると $\mu = m_A m_B/(m_A+m_B)$)である。このような2個の原子間の振動により電気的な分極が生じる。その際に生じる分極波が電磁波と共鳴すると，電磁波は吸収される。すなわち分子振動や格子振動と共鳴する赤外線は吸収される。その際，吸収される赤外線の振動数 ν は，構成原子間の結合力と構成原子の質量に依存していることがわかる[8]。

(2) 電子遷移に伴う吸収

物質に可視・紫外線を照射すると，電子遷移に由来する分子内遷移，バンド間遷移，d-d 遷移および電荷移動遷移などが起こる。分子内遷移は有機化合物で見られ，可視・紫外領域の光で $\pi\rightarrow\pi^*$, $n\rightarrow\pi^*$, $\sigma\rightarrow\sigma^*$ などに対応する吸収が起こる[9]。バンド間遷移は半導体や絶縁体で見られ，バンドギャップに相当するエネルギーをもつ光を照射すると価電子帯の電子は伝導帯にジャンプし，価電子帯に正孔を残す。これらの電子遷移に伴い光は吸収される。例えば，半導体の CdS と絶縁体の NaCl のバンドギャップは，それぞれ 2.4 eV と 9.4 eV であるので，512 nm (可視光線) と 132 nm (紫外線) の光およびそれ以上のエネルギーをもった光は吸収される[10]。なお吸収される光のうち最長波長(最小エネルギーをもつ光の波長でバンドギャップに相当する光)を**基礎吸収端**という。d-d 遷移と電荷移動遷移は遷移金属錯体で見られ，前者は配位子場(あるいは結晶場)によって分裂した遷移金属の d 軌道間の電子遷移であり，後者は配位子と中心金属の異なる原子間での電子移動を伴う遷移過程である。いずれの吸収も物質の色に関与する。なお d-d 遷移は本項の (4) で説明する。

(3) 欠陥による吸収

固体中の欠陥も可視光線を吸収する。これには 2-1 項(および図 2-4)で述べた F 中心がある。例えば NaCl 結晶内部に陰イオンの抜けた空格子点が生成すると，電気的なバランスをとるために余分の電子が入り込む。そのモデルを図 7-7 (a) に示す。補足された電子はイオンに取り囲まれた局所的な環境にあるためエネルギーは量子化される[11]。NaCl の禁制帯に新たな準位(F 吸収準位)を生じ，光を吸収した電子は励起状態になる。このエネルギー準位を図 7-7 (b) に示す。エネルギー準位差は 2.7 eV であり青色の光 (465 nm) を強く吸収するので補色である黄色に

---

8) 2原子分子のみならず，二次元や三次元に配置した原子間を，結合力の違いに伴う強さの異なるばねで結び付けた原子模型は，分子振動や格子振動理解するのに便利である。なお原子間の相互作用は調和振動として結晶中を伝搬すると考える。

9) 分子内遷移は有機分子における軌道間の電子遷移である。その概念図を示す。なお n は非共有電子対を表し，$n\rightarrow\pi^*$ は例えば N 原子の非共有電子対のうち1個の電子が π^* 軌道へ遷移することによる吸収である。

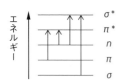

図　有機分子における軌道間の電子遷移

10) 光のエネルギーは，$E=h\nu=hc/\lambda$ で表される。ここで h は Planck 定数，ν は振動数，c は真空中の光速度，λ は波長である。hc は 1.24×10^{-6} eVm であるので，光の波長とエネルギーの関係は λ (nm) $=1.24\times10^3/E$ (eV) から求められる。

11) 量子化された電子の挙動は次のように説明できる。補足された電子は隣り合った陽イオン上に分布し，水素原子の 1s 軌道の電子のように動いている。これを水素原子類似の電子状態といい基底状態に相当する。光により励起されると 2p 軌道の類似状態へ電子遷移が起こると考えると良い。

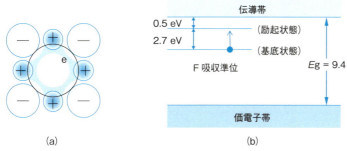

図7-7 NaClの色中心(F中心)の電子状態(a)とエネルギー準位(b)

見える。なおKClとKBrのF吸収準位におけるエネルギー準位差はそれぞれ2.2 eV, 2.0 eVであり紫色〜深紅色および青緑色に見える。

(4) 不純物による吸収

ルビーを例にして考えよう。ルビーは約0.05%のCr^{3+}を含むα-アルミナであり，赤い色をしている。母体のAl^{3+}とO^{2-}イオンはともにネオン構造をもつ。したがって基底状態では最外殻の2p軌道は埋まっているが，励起状態では2p電子のうちの1個が3s軌道に移っている。この電子の2p→3s遷移に必要なエネルギーはAl^{3+}およびO^{2-}の場合は大きく，紫外線のエネルギーに相当する。したがってアルミナ自身は可視光を吸収せず，ルビーの赤色とは関係ない。アルミナは赤外線を吸収するが，これはAl^{3+}—O^{2-}の格子振動による。

Cr^{3+}は最外殻の5個の3d軌道に3個の電子が入っている。アルミナ中ではCr^{3+}はAl^{3+}の格子位置に置換的に入っており，6個のO^{2-}がつくるひずんだ八面体形の結晶場の中にある。その3d軌道は図7-8(a)に示すように，まずt_{2g}軌道とe_g軌道とに大きく分かれ，それぞれはさらに2つに分かれる(付録V結晶場理論参照)。基底状態(^4A)では3個のd電子は全てt_{2g}軌道に入っているが，励起状態(^4T)ではそのうち1個が2通りの方法でe_g軌道に入っている[12]。Cr^{3+}の$^4A \rightarrow ^4T$励起には図7-8(b)のように，410あるいは560 nmの可視光の吸収が必要である。ルビーが赤く見えるのはこのためである。

シリカガラス系光ファイバーに特有な不純物の吸収としては，OH基によるものがある。これは製造時に形成される≡Si-OHに由来するものである。OH基の吸収は2.73 μm付近(赤外域)で起こるが，倍音(1.38 μm)の吸収なども起こるため光伝送損失は無視できない。

このように光が物質を透過する際には，格子振動や電子遷移などの物質固有の避けることのできない吸収，および材料製造法によってある程度軽減できる構造欠陥や不純物などによる吸収がある。

[12] $^4A_{2g}$などの準位を表す記号は，固体中の多重項のスピン多重度と対称性を表す群論の記号で，^MX_Y(スピン縮重度，軌道縮重度，対称中心)で表される。その一例を表に示す。

表1 電子配置と電子状態を表す記号

軌道縮重度		記号 X
一重縮退	軌道	a
	状態	A
二重縮退	軌道	e
	状態	E
三重縮退	軌道	t
	状態	T

表2 スピン縮重度と軌道縮重度と電子状態の表現の例*

スピン縮重度 $M(2S+1)$	軌道縮重度 X (A, E, T)	対称中心 Y $(g, 1g, 2g, u)$	状態 (表現)
2	2(E)	反転対称ならg，反転反対称ならu	^2E_g
2	3(T)		$^2T_{2g}$
3	3(T)		$^3T_{1g}$

*軌道や電子の状態は点群の既約表現(マリケン記号)で表される。

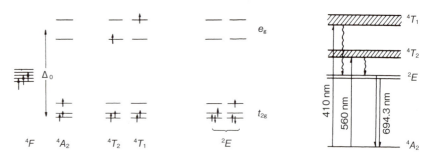

$^4A_2$：基底状態，$^4T_2$，$^4T_1$，^2E：励起状態。直線は光の吸収および発光の過程を，波線は振動緩和（無輻射）過程を示す。e_g，t_{2g}がともに2つに分かれるのは結晶場がひずんでいるため。

図7-8　ルビー内のCr^{3+}イオンの電子配置(a)とエネルギー準位(b)

7-5　発　光

熱・光・電気・化学反応などによって励起した状態にある原子や原子集団あるいは電子は，その過剰なエネルギーを放出して基底状態に戻ろうとする。その際に熱エネルギーとして放射する場合は，**無放射過程**（あるいは温度放射）といい連続スペクトルを与える[13]。一方光エネルギーとして放出する場合は**放射過程**といい，遷移エネルギーに応じた波長の光を与える。この発光現象をルミネッセンスという。ここでは放射過程について考えよう。

放射過程には図7-9(b), (c)に示すように**自然放出**(spontaneous emission)と**誘導放出**(stimulated emission)がある。前者は(b)に示すように励起状態にある電子が自発的に基底状態になろうとする時にその差のエネルギーを光として放出するものである。後者は(c)に示すように励起状態にある電子に自然放出と同じ波長の光を入射すると励起状態の電子が刺激され強制的に基底状態に戻るが，その時に誘導光と同波長，同位相の光が放出され，光は（図の場合であれば2倍に）増幅される。誘導放出はレーザー発振で重要である。

13) 無放射過程の例としては加熱された物体から放射される光がある。加熱温度が高くなるにしたがって赤→橙→黄→白と色が変わっていくものである。すなわち光の波長は温度で決まる。

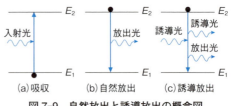

図7-9　自然放出と誘導放出の概念図

(1) ルミネッセンス

電磁波（可視光線・紫外線・X線など）の照射や電場の印加，あるいは電子の衝突などによって物質中の基底状態にある電子にエネルギーを与えて励起状態に遷移させると，励起状態の電子は再び安定な基底状態

に緩和する。その時にエネルギー差を光として放射する現象を**ルミネッセンス**（luminescence）という。ルミネッセンスには物質中の電子遷移過程の違いによって生じる蛍光とリン光があり、また熱を生じない発光であるために冷光と呼ばれることがある。

蛍光とリン光の放射過程の概念図を図7-10に示す。光の放射過程には2つの経路があり、1つは、励起した電子が緩和する際に、第一励起状態（一重項[14]）から基底状態（一重項）に戻る過程で発生する光を**蛍光**（fluorescence）という。一重項励起状態から一重項基底状態へ戻る過程はスピン反転を伴わないため許容遷移であり、容易に起こる。

14）一重項や三重項などはスピン多重度Mを表しており、2S+1で表される。例えば電子2個でスピン↑↓であればS=0, M=1（一重項）となる電子1個あるいは電子3個でスピン↑↑↓の場合はS=1/2, M=2（二重項）となり、スピン↑↑↑の場合はS=3/2, M=4（四重項）となる。図7-10ではS=0, M=1（一重項）とS=1, M=3（三重項）が描かれている。

絶縁体と半導体の透明波長領域

それぞれの固体には格子振動および電子遷移などに基づく光吸収が起こらない波長領域がある。これを透明波長領域といい、物質のバンドギャップによってその領域は異なる。例えば固体の透明波長領域が可視光線域と重なると、我々にとっていわゆる透明物質となる。図に代表的な絶縁体および半導体の**透明波長領域**（図中の枠で囲んだ部分）を示す。

絶縁体（酸化物とハロゲン化物）の場合、バンドギャップが大きい（$E_g > 5$ eV）ので可視光線（$E = 1.59 \sim 3.26$ eV）との相互作用は全く起こらない。その結果、絶縁体は可視光線を全て透過するので我々には無色透明として見える。酸化物とハロゲン化物を比較すると、明らかにハロゲン化物のほうが透明波長領域は広い。その理由は、赤外域では振動子を形成する原子の結合力が弱いか、換算質量が大きいためである。赤外域に広い透明領域をもつNaClやKBr（ほかにCaF$_2$やBaF$_2$など）は赤外分析用の窓材として利用することができる。

半導体は、多くは可視光のエネルギー領域付近のバンドギャップをもつため、光を照射すると電子遷移により可視光の一部または全部が吸収される。例えばCdSの場合、2.42 eV以上のエネルギーをもつ光（$\lambda = 510$ nm以下の波長の光）は吸収され、それ以上の光は透過するので、黄色を帯びたオレンジ色に見える。またCdTeはバンドギャップが1.44 eVで、870 nm付近以下の光はほとんど吸収されるために暗赤色金属光沢を示す。バンドギャップが小さくなるにつれて半導体の色は黄色→オレンジ→赤→黒へと変化する。Siの透明領域は可視光域にはなくまた高い反射率を示すために金属光沢を示す。しかし赤外領域に透明領域のあるSiやCdTeは、NaClやKBrと同様に赤外分析用窓材としての利用が可能である。

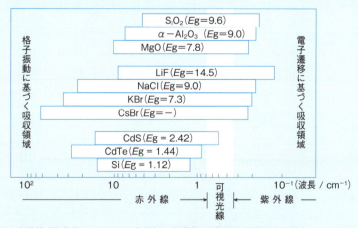

図　絶縁体（酸化物・ハロゲン化物）と半導体の透明波長領域（透過率10%以上）
（図中のEgの単位はeVである）

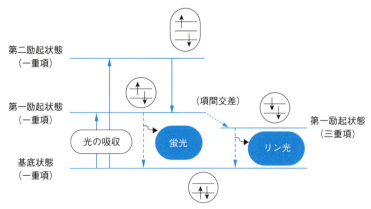

図7-10　蛍光とリン光の放射過程の概念図

　一方，励起した電子が準安定な三重項の中間励起状態を経て基底状態に戻る過程で発生する光を**リン光**（phosphorescence）という。一重項励起状態から三重項状態への遷移（これを**項間交差**（intersystem crossing）という）はスピンの反転を伴うので，禁制遷移である。しかし軌道間の相互作用などによってスピン禁制則が弱まると，スピンの反転を伴って第一励起三重項状態へ遷移する[15]。ここから一重項基底状態に戻る時は，再度スピンを反転して失活する。この遷移速度は遅いのが特徴である。

　このように，蛍光はスピン多重度が同じ2つの状態間の放射遷移であり，リン光はスピン多重度が異なる2つの状態間の放射遷移である。蛍光の寿命が数ナノ〜数マイクロ秒なのに対し，リン光の寿命が数ミリ〜数秒と長くなるのは，このスピン反転の有無に深く関与している[16]。

　蛍光や燐光は蛍光ペン，蛍光灯，LED，ケミカルライトなど身近なものに利用されている。蛍光・リン光物質には無機物質と有機物質があり，無機蛍光体には，酸化物や硫化物の結晶，酸化物ガラス，酸化物や窒化物のセラミックスにそれぞれ発光元素である Mn^{2+}，Eu^{3+}，Sm^{3+}，Gd^{3+} などを添加したものがある。有機蛍光体には分子（フルオレセインなど）や希土類錯体などがある。後者は発光中心となる希土類イオンと，それに結合する有機配位子からなっており，配位子の構造によって励起波長や発光強度が強く影響される。りん光体には，硫化物に微量の重金属を添加したもの（ZnS：Cu）や酸化物に希土類元素を添加したもの（アルミナ系：希土類元素）などがあり，発光塗料（蓄光塗料）として用いられている。

　ルミネッセンスは物質中の電子を励起させるエネルギー源の違いによって9つに分類される。これを表7-4に示す。

---

[15] 物質内にスピン軌道相互作用が大きい重元素（Ir, Pt, Mn, Eu など）を含むと，スピン禁制則が弱まるためにスピン反転が起こりやすくなる。

[16] 一般に蛍光とリン光を"光の寿命"で区別する。しかし，リン光でも短時間のものがあったりするので，"励起一重項からの発光を蛍光，励起三重項からの発光をリン光"とよぶことが適当であろう。

表 7-4 ルミネッセンスの種類

種類	励起源	具体例
フォトルミネッセンス	紫外線, 可視光線, 赤外線	蛍光・りん光とその物質(染料, 塗料に利用)
エレクトロルミネッセンス	電場	LED, 有機 EL, 無機 EL
化学ルミネッセンス	化学変化(酸化反応)	Ru(Ⅲ)錯体の還元, ルミノールの酸化
生物ルミネッセンス	生理的吸収(酸化酵素反応)	ホタルの発光(ルシフェラーゼの接触作用により酸素で酸化される際に発生)
放射線ルミネッセンス	α, β, γ 線, 中性子線	シンチレーター(放射線の入射により蛍光を発する物質)および放射線検出器
X 線ルミネッセンス	X 線	$CaWO_4$, ZnCdS-Ag, Zn_2SiO_4-Mn(医療用 X 線撮像装置のスクリーンなどに利用)
カソードルミネッセンス	電子線	蛍光・りん光体(ブラウン管に利用)
熱ルミネッセンス	熱(加熱または冷却)	ホタル石, 硫化物系蛍光体(温度上昇に伴う発光)
摩擦ルミネッセンス	摩擦, ひずみ, 破壊	ZnS, 氷砂糖,

(2) レーザー

レーザーは単色で指向性に優れ,位相のそろった高出力の光である。この特徴ある光はどのようにして発生させるのであろうか。レーザーを発生させる媒体には固体,液体,気体および半導体があるが,ここでは 7-4 項で取り扱ったルビーを再び例にとって説明しよう。

図 7-11 にルビーレーザー発振装置を,また図 7-12 に Cr^{3+} のエネルギー準位(図 7-8(b)の図を改めたもの)を示す。ルビーの丸棒の外部からキセノンランプの光(波長 350～600 nm)を照射し,Cr^{3+} の基底状態 $^4A_2$(四重項状態)の電子を励起させる。この過程をポンピングという。$^4T_2$, $^4T_1$(四重項状態)に励起した電子は無放射過程によって速い速度で ^2E(二重項状態)へ遷移する。この過程は格子振動エネルギー(熱エネルギー)となって放出される。^2E から $^4A_2$ への遷移は放射過程(光の放出を伴う発光過程)であり,リン光で述べたようにスピン多重度が異なると禁制遷移であるので,その遷移速度は極めて遅い。したがって,強い

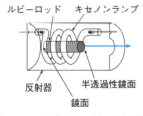

図 7-11 ルビーレーザー発振装置

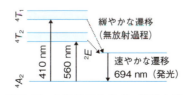

図 7-12 Cr^{3+} のエネルギー準位と光の吸収および発光過程

光を照射して発光速度より電子の励起速度の方を速くしてやれば ^2E の状態の電子は増加して，ついには基底状態の電子数より多くなる。この状態を**反転分布**(population inversion)とよぶ[17]。

反転分布状態のルビーに，^2E から $^4A_2$ とのエネルギー差に相当する 694 nm の光を照射すると，その光が引き金となり，^2E の状態の電子は一斉に光を放出し基底状態に戻る。すでに図 7-9 に示したように外部からの光照射により引き起こされる発光を誘導放出とよび，励起状態からの遷移が自然に起こって発光する自然放出と区別される。なお実際の誘導放出の場合は反転分布した 1 個の電子が自然放出すると 694 nm の光が発生し，その光によって反転分布した残された電子が連鎖的に誘導放出する。

誘導放出した光はルビー棒の両端の定常波を作る距離にある 2 枚の鏡の間で往復して増幅される。ついには低い反射率の鏡側から外部に光が放出される。出力光は誘導放出に基づき位相がそろっている（コヒーレント，coherent な光という）ことから，<u>l</u>ight <u>a</u>mplification by <u>s</u>timu-lated <u>e</u>mission of <u>r</u>adiation（誘導放出による光増幅）の頭文字をとって，**レーザー**(laser)という名前がついた。このように，レーザー光を得るためには，光が共振および増幅されること，反転分布が実現し誘導放出することが必要である。ルビーレーザーは出力が周期的に変動するパルス発振である。なお，ルビーは $^4T_2$, ^2E および $^4A_2$ の 3 つの準位間の遷移と反転分布によってレーザー光を得ることから三準位レーザーという。

レーザー発振する無機固体はその他に，Nd^{3+} をドープした YAG (Yt-trium Aluminum Garnet)[18] や Nd^{3+} を 0.5〜2% 含むバリウム・クラウンガラス(SiO_2(59%)，BaO(25%)，K_2O(15%)，SbO(1%))などがある。これらを固体レーザーとよぶ。気体レーザーとしては He-Ne レーザー，CO_2 レーザーなどがある。これらは材料の加工などで工業的に利用されている。一方，CD・DVD・BD のレコーダーやプレーヤーなどの家電製品およびバーコードリーダー，レーザーポインターおよび光通信などには半導体レーザーが用いられている。

我々に最も身近なレーザーである**半導体レーザー**(semiconductor laser)を紹介しよう。その素子の概念図を図 7-13 に示す。半導体レーザー素子は発光ダイオード(LED)素子と同様に p 型と n 型の半導体（例えば AlGaAs）からできており，その真中には nm オーダーの発光層を挟んだ形になっている[19]。順方向に電圧をかけると n 型から電子が，p 型からホールが発光層に流入し，発光層内で再結合して発光する。この光は発光層に閉じこめられ，発光層の両端面が反射鏡（ハーフミラー）の

[17] 通常の電子の分布はフェルミ・ディラック分布に従うために高いエネルギー準位よりも低いエネルギー準位の電子の数が多い。したがって二準位系においては反転分布は起こりえない。ところが禁制遷移を含む三準位系や四準位系においては反転分布が可能となる。

[18] Nd^{3+} をドープした YAG は四準位レーザーであり，三準位ルビーレーザーの ^2E と基底状態 ^4A に相当するエネルギー準位の間にもう 1 つ準位があるため，より多くの電子が反転分布できる特徴をもつ。

[19] 発光層は活性層ともいう。半導体レーザーの発光波長は基本的には活性層に用いる半導体のバンドギャップエネルギーで決まる。

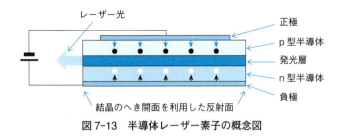

図 7-13　半導体レーザー素子の概念図

役目をするので光は発光層内を増幅されながら往復して誘導放出を生じてレーザー発振が起こる。半導体レーザー素子は小型・低電力・低価格であることが特徴である。

7-6　光電効果

(1) 光伝導効果

　半導体や絶縁体にバンドギャップ E_g よりも大きなエネルギーの光を照射すると，図7-14(a)に示すように伝導帯の電子密度および価電子帯の正孔密度が増加するため，電気伝導率は増加する。この現象を**光伝導**(photoconductivity)という。しかし生成した電子と正孔の対は放っておくと再結合し，光を放出して消滅する。一方，半導体に電場を加えると，暗黒時にもわずかに電流が流れる。これを**暗電流** I_d という。電圧を加えた状態(バンドを傾斜させることに相当)で光を照射すると，価電子帯から伝導帯にジャンプした電子は＋側(傾斜の低い方)へ，価電子帯に生じた正孔は－側(傾斜の高い方)へ移動する。その結果，電気伝導率が上昇し電流も増加する(図7-14(b))。その際の電流の増加分 ΔI を**光電流**という。

　光伝導は，固体内電子のエネルギー準位や電気的特性を調べる有力な

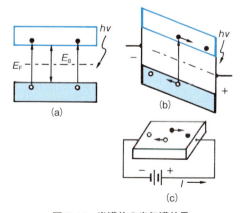

図 7-14　半導体の光伝導効果
(a) 光照射，(b) 加電圧下の光照射，(c) 回路図(電流 $I = I_d + \Delta I$)

手段となる．このような光伝導効果を利用したものには，光センサーがある．例えば乾式複写機の感光ドラム(アモルファスのSeやSi)や，カメラの露出計(CdSやCdSとCdSeの焼結体)などに古くから利用されている．

(2) 光起電力効果

半導体に光を照射すると，照射された部分とされない部分の間に電位差(光起電力)が生じる．この現象を**光起電力効果**(photovoltaic effect)という．古くはセレンが光度計，照度計として利用されてきた．

一方，p型半導体とn型半導体を接合した**p-n接合**にバンドギャップ以上のエネルギーをもつ光を照射すると，やはり起電力が生じる．これらは外部電圧をかけなくとも光電流を取り出すことができるので，光電池あるいは後ほど述べる太陽電池として利用されている．この原理を図7-15に示す．図7-15(a)に示すように，p型とn型の半導体のフェルミ準位は異なるが，両者を接合するとフェルミ準位は同じになる．これに伴い，p型半導体の価電子帯と伝導帯の位置は，n型半導体の対応するバンドの位置よりも高くなり，p-n接合部が傾斜する．これにバンドギャップよりも大きなエネルギーをもつ光を照射すると，価電子帯の電子はホールを残し伝導帯にジャンプする．電子は伝導帯の最下位部(n型領域)に，またホールは価電子帯の最上位部(p型領域)に集まる．その結果，フェルミ準位はn型で高くp型で低くなり，その差が電位差Eとなって現れる(図7-15(b))．このようにp-n接合においては，電場を加えなくとも**電荷の分離**(charge separation)が実現し，電位差が生じるのである．図7-15(c)，(d)に示すように，p型とn型を回路で結ぶと，フェルミ準位が同じになるまで電流が流れる．この際，光を

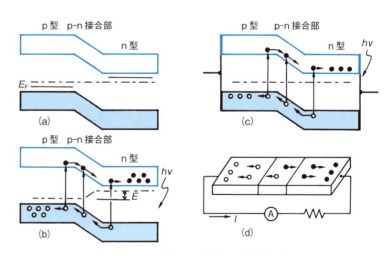

図7-15 p-n接合した半導体の光起電力効果
(a)p-n接合，(b)p-n接合への光の照射，(c)光電流の取り出し，(d)回路図

照射し続けると，連続して電流が取り出せる。これを利用したものが**太陽電池**(solar battery，あるいは solar cell)である。太陽電池には，太陽光の吸収係数が大きく，また起電力の大きい素材が望ましい。現在は主に単結晶，多結晶およびアモルファスのシリコンが用いられている。

7-7　電気光学効果

誘電体に電場を加えると，誘電体内部の分極の大きさ P は電場の大きさ E に比例して増加する。それに伴い屈折率，吸光度，散乱，反射などの光学的性質が変化する。これを総称して**電気光学効果**(electro-optic effect)とよぶ。代表的なものには屈折率変化が電場に比例する**ポッケルス効果**(Pockels effect)と電場の二乗に比例する**カー効果**(Kerr effect)がある。この効果は結晶がもつ固有の屈折率異方性が電場によって変形・回転して屈折率(厳密には複屈折)が変化する現象である[20]。

電気光学効果の応用例としては光変調器があげられる。光通信では音声や映像およびデータなどの電気情報(電気信号)を光情報(光信号)に変換させる必要があるが，光に情報を載せるためには，光の強度，周波数，位相等を変化(光変調)させる必要がある。LiNbO$_3$ などの電気光学効果を示す強誘電体結晶に電場(電気信号)を加えて屈折率を変化させ，通過するレーザー光を変調する方法がとられる。その他に超高速光シャッター[21]や表示素子などがあげられる。

7-8　磁気光学効果

磁場によって誘起される光学活性を**磁気光学効果**(magneto-optical effect)という。その発見は古く1845年のことである。ガラス棒にコイルを巻き電流を通じるとガラス棒の長手方向に磁場ができるが，このときガラス棒に直線偏光を透過させると偏光面が回転することがファラデーによって発見された。この現象を**ファラデー効果**(Faraday effect)あるいは**磁気旋光**という。その概念図を図7-16に示す。

[20] ポッケルス効果は一次の電気光学効果とよばれ，$n = n_0 - n_1 E$ で表される。一方，カー効果は二次の電気光学効果とよばれ，$n = n_0 + n_2 I$ で表される。ここで I は光強度で，$I = \dfrac{n_0 c}{2\pi} E^2$ である。これらの効果はそれぞれ二次および三次の非線形光学効果として位置づけられる。

[21] 結晶の両端に偏光板をおき，偏光方向を互いに垂直にすると不透明となる。しかし，結晶に電場(パルスレーザー光による電場を利用)をかけて偏光方向を変えることにより透明になる。これにより，機械のシャッターでは不可能な ns，fs のレーザーの超高速シャッター(スイッチング)で光のオンオフを行うことができる。

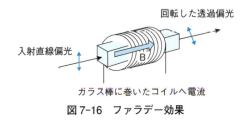

図7-16　ファラデー効果

偏光面の回転角(磁気旋光角)をファラデー回転角といい θ_F で表す。磁場の強さを H，光路長を l とすると

$$\theta_F = VHl \qquad (7\text{-}15)$$

で表される．すなわちファラデー回転角は試料の厚さ l と磁場の大きさ H に比例する．ここで V は，物質の種類と偏光の波長，温度に依存する定数でヴェルデ定数とよばれる．

　ガラスのような強磁性を示さない物質では電流を流してファラデー効果を得るが，強磁性体およびフェリ磁性体の磁化は非常に大きく，コイルに電流を流さなくてもファラデー効果が起こる．なお強磁性体やフェリ磁性体のバルク素材は光を通さないので，ファラデー効果の測定やその利用においては薄膜が用いられる．

　次に，直線偏光を磁化した材料の表面にあてると，反射光が楕円偏光となる現象がある．これを**磁気カー効果**（magneto-optical Kerr effect）といい，材料の磁化の方向の違いによって反射した楕円偏光の傾きや強度の変化が生じる．磁気カー効果は，反射光に対するファラデー効果といえるものである．

　ファラデー効果を利用したものとして，光アイソレータがある．これは光を一方向だけ通過させ，逆方向には光を遮断する光学素子である[22]．光源の不安定性および損傷の原因となる戻り光から光源を保護するために使用される．偏光を透過させる物質としてはガーネット（一般式は $A_3B_2(SiO_4)_3$：A は Ca, Mg, Fe（二価），Mn など，B は Fe（三価），Al, Cr, Ti など）の薄膜などが用いられる．また磁気カー効果は，垂直磁化によって記録する MO（光磁気ディスク）の検出器に用いられており，磁化の方向に応じた偏光の回転の変化を検出して記録された情報を読み取る．

7-9　非線形光学効果

　強度が小さくその光電場が原子の内部電場に比べて十分小さい通常の光の場合，屈折率や位相のずれは光強度に依存しなかった（7-1 参照）．すなわち物質の誘電率は一定であり，媒質を通過する前後の光の周波数も基本的には一定である．しかし，レーザー光のように非常に強い光を物質に入射すると，外部から電場を加えた時のように光自身のもつ強い電場によって分極が誘起される．すなわち誘電率は光の強度に依存し，入射光の周波数も変化する．その結果，物質は光に対して非線形な応答を示すようになる．これを**非線形光学効果**（nonlinear optics effect）という．この原因は，電子の感じるポテンシャルは電子の振幅が小さい時は調和的であるが，振幅が大きくなると非調和（非線形）となることに基づいている．

　光電場 E によって誘起される分極 P は次のように表される[23]．

---

22) 光アイソレータ（偏光依存型）は透過軸が 45°傾いた 2 つの偏光子 A,B の間にファラデー回転角が 45°の素子を挿入した構造を持つ．入力光は偏光子 A により直線偏光とされ，ファラデー回転子により +45°回転し，45°傾けた偏光子 B を透過できる．逆方向では -45°偏光面が回転するため，偏光子 A と直交してしまい，光が通過できなくなる．

23) 分極と電場は本来ベクトル（P, E）であるが，ここではその大きさ（P, E）で表すこととする．

$$P = \varepsilon_0 (\underbrace{\chi^{(1)} E}_{\text{線形応答}} + \underbrace{\chi^{(2)} E^2 + \chi^{(3)} E^3 + \cdots}_{\text{非線形応答}}) \qquad (7\text{-}16)$$

第1項は式(5-18)で示した関係($P = \varepsilon_0 \chi_e E$, ここでは$\chi_e = \chi$とする)そのもので，$P$と$E$は線形であるといい，$\chi^{(1)}$は**線形電気感受率**(linear electric susceptibility)とよばれる．第2項以降を「非線形性」といい，入射光の強度が原子の内部電場に比べて大きい時に重要な項となる．第2項の$\chi^{(2)}$は二次の**非線形電気感受率**(nonlinear electric susceptibility)，第3項の$\chi^{(3)}$は三次の非線形電気感受率とよばれる．$\chi^{(2)}$は$\chi^{(1)}$に比べて10^5以上小さく，また$\chi^{(3)}$は$\chi^{(2)}$に比べてやはり小さい．光の強度が低いときにはその寄与は無視できる．しかし，高強度のパルスレーザーなどの場合，非線形光学現象は容易に生じる．その結果，非線形光学効果は線形性では見られない周波数の変化が起こる．以下に各種の重要な非線形光学効果を示す．

(1) 光高調波発生：ある周波数ωのレーザー入射光によって整数倍の周波数$n\omega$の光が物質から放出される現象[24]．(例)［$\omega \to 2\omega$］；1.06 μm(近赤外光)$\to$ 0.53 μm(緑色光)．

(2) 光混合：2つの異なる周波数ω_1とω_2を入射するとその和($\omega_1 + \omega_2$)と差($\omega_1 - \omega_2$)の周波数(和・差周波数という)が物質から出力する現象．(例)［$\omega_1 + \omega_2 \to \omega_3$］；1.06 μm + 0.53 μm $\to$ 0.35 μm(紫外光)．

(3) 光パラメトリック効果：放出される2つの光の周波数の和($\omega_2 + \omega_3$)が入射光の周波数ω_1に等しい現象で，和周波数発生の逆過程．(例)［$\omega_3 \to \omega_1 + \omega_2$］；0.35 μm $\to$ 0.53 μm + 1.06 μm．

(4) 多光子遷移：レーザー光を集光させると，複数個の光子($nh\nu$)を同時に吸収または放出して，光子のエネルギーの和または差に相当する固有状態に遷移する現象．(例)記録媒体中への三次元的光記録への応用．

(5) 非線形屈折率変化：通常は光強度に依存しない媒質(ガラス，石英，サファイヤなどの光学材料)の屈折率が，入射光強度が強いために媒質中に屈折率分布を作る現象．(例)レーザーの超短パルス化や光ファイバーを用いた情報通信技術や光スイッチング技術に応用(7-7項参照)．

その他には，1/3の波長の光が発生する現象(光第3次高調波発生)および2次の電気光学効果であるカー効果(7-7項参照)などがあり，これらは3次の非線型光学効果とよばれる．

図7-20に代表的な二次の非線型光学効果の概念図を示す．

非線形光学現象は，レーザー光の短波長や長波長領域への波長変換(光高調波発生，光混合)，レーザーの超短パルス化や光ファイバーを用

---

[24] ωは角周波数といい，ベクトル量である角速度の大きさにあたる．周波数fとの間には$\omega = 2\pi f$の関係があり，波長λと周波数fとの間には$f = c/\lambda$の関係がある．したがって$\omega = 2\pi c/\lambda$となり，ωとλは逆数の関係となる．例えば和周波数の$\omega_1 + \omega_2 \to \omega_3$の関係を波長で表すと，$1/\lambda_1 + 1/\lambda_2 \to 1/\lambda_3$となる．

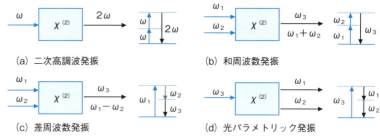

図 7-17 二次の非線型光学効果の概念図

いた情報通信技術や光スイッチング技術(非線形屈折率効果の利用),可動部品の不要な焦点可変レンズ(電場依存屈折率効果の利用)などに用いられる。また非線形光学効果を通じて物性を探る非線形分光学やそれらの知識や技術を利用したレーザー工学など広く応用されている。

非線形光学結晶には KTP($KTiOPO_4$),KDP(KH_2PO_4),BBO(β-BaB_2O_4),CLBO($CsLiB_6O_{10}$),$LiNbO_3$,MgO:$LiNbO_3$,$AgGaS_2$ などがあり,結晶の角度や温度などのコントロールや組み合わせにより,様々な波長のレーザーを出力することができる[25]。

25) Nd:YAG レーザーの基本波長は 1,064 nm で近赤外レーザーである。これに加え第二高調波(532 nm:グリーンレザー),第三高調波(355 nm:UV レーザー)がある。これらは金属の溶接,金属のマーキング(文字,バーコード,QR コード,図形,画像)および超微細加工などの加工用途にそれぞれ用いられている。

次世代照明の LED と有機 EL

青色 LED の発明に対するノーベル賞の授与で,LED 照明の圧倒的な省電力と長寿命および広範囲の分野での利用など,LED のポテンシャルの高さを我々に再認識させてくれた。ここではエレクトロルミネッセンスを利用した次世代照明である LED(発光ダイオード,light emitting diode)と**有機 EL**(organic electroluminescence)を紹介しよう。

LED は p 型と n 型の半導体を接合した素子で,n 型部に-,p 型部に+の電圧をかけると(順方向に電圧を加えるという),p-n 接合部で電子と正孔が再結合し,その時のエネルギーが光として放出される。最も基本的な構造を図 1 に示す。再結合時には p-n 接合を形成する素材のバンドギャップ(禁制帯幅)にほぼ相当するエネルギーが光として放出される。なお輝度や色純度を高めるために発光部には量子井戸構造(n 型と p 型の結晶層の積層構造)が用いられる(12 章で説明)。LED は本文中で述べた半導体レーザー(LD)と基本的には同様の構造である。なお白色光は光の三原色(R(赤),G(緑),B(青))の混合や補色関係にある 2 色の混合によって実現できる。1960 年代に赤色 LED(GaAsP),1993 年に青色 LED(InGaN),1995 年に緑色 LED(GaInN)がそれぞれ開発された。また 1996 年には青色 LED と黄色蛍光体の組み合わせによって白色 LED が製造されるようになった。RGB と白色が勢ぞろいしたため,これまでの電灯や蛍光灯に取って代わる低消費電力,長寿命,小型の照明器具として,また多彩な色の発光を利用した小型のスマートフォンなどから大型のディスプレイまで用いられるようになった。東京スカイツリーでは,夜のライトアップ照明を全て LED で行っている。

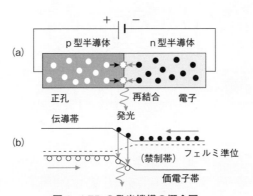

図1 LEDの発光機構の概念図
(a)LEDの回路図と電子と正孔の分布
(b)LEDのバンド構造と発光過程

　有機ELはカソード(外部回路から電子が流れ込む電極)とアノードで有機発光層を挟んだ単純な構造をしている。その構造を図2に示す。有機層の厚さは数十～数百nmで、2つの電極からそれぞれ－と＋の電荷を持つ「電子」と「正孔」を注入する。両者が発光層で再結合すると有機物はいったん励起状態になる。そこから元の基底状態に戻るため、有機層はエネルギーを光として放出する。発光層として用いられる有機物は導電性の蛍光あるいはリン光の発光体であり、トリス(8-キノリノラト)アルミニウム錯体(Alq)や、ビス(ベンゾキノリノラト)ベリリウム錯体(BeBq)、トリ(ジベンゾイルメチル)フェナントロリンユーロピウム錯体(Eu(DBM)$_3$(Phen))などがある。

　電圧をかけると光の三原色(RGB)に発光する有機EL素子をそれぞれ組み合わせることで、白色を含むあらゆる色の光を発することができる。駆動電圧は3～10V程度である。面でやわらかく光るために広い範囲を照らすことに適している。また有機ELは、液晶とは異なり自発光であるので、ディスプレイにはバックライトや導光板が要らない。したがって薄型で折り曲げや任意形状への加工も容易である。大型テレビ、中型モニター、タブレット・スマートフォン・デジカメの画面、大型平面照明としての利用が進んでいる。

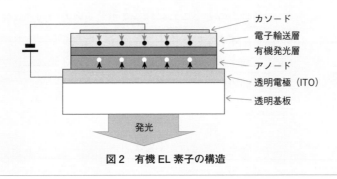

図2 有機EL素子の構造

8 機械的性質

固体に応力(張力と圧力)を加えると,固体は伸び縮みする。応力を取り去ると元の状態に戻る場合(**弾性変形**)と,元の状態に戻らない場合(**塑性変形**)がある。さらにある程度以上の応力が加わると破壊が起こる。本章ではまず応力と弾性変形および塑性変形との関係について,次いで固体のこれらの変形および硬さと結合エネルギー,結合様式および結晶構造などとの関係について考察しよう。

8-1 応力と変形

ゴムひもの両端を外力 F で引っ張ったとする。ゴムひもは外力の大きさに応じてある長さだけ伸びる。このときゴムひもの内部は緊張状態にあり,ひも内部の任意の断面の両側には,向きが正反対の**張力**(tension)が働いている。またレンガの両側面を外力 F で押したとする。レンガ内の任意の断面の両側には,向きが正反対の**圧力**(pressure)が働き,内部にはやはり緊張状態が生ずる。

一般に,任意の断面積に働く単位面積当たりの力を**応力**(stress)とよぶ。応力は面に対して必ずしも直角ではない。応力を面に直角な成分と平行な成分に分け,前者を**法線応力**(normal stress),後者を**接線応力**(tangential stress)または**ずれ応力**(shearing stress)とよぶ。図8-1に各種の外力とこれに伴って生じる応力の向きと変形の仕方および量を示す。図からわかるように,曲げとねじりはずれの一種である。したがって我々は引張り,圧縮およびずれの3つの場合について,応力と変形との間の量的関係を究明すればよい。

8-2 弾性率

変形した固体から外力を取り除くと,外力が小さいときは固体は元の形を取りもどす。このような性質を**弾性**(elasticity)といい,元にもどれる限界を**弾性限界**という。弾性限界内では,変形量は加えた力の大きさに比例する。まず引張りの場合には,単位面積当たりの張力 T と伸びの割合 $\Delta l/l_0$ との間には次の式が成り立つ。

$$T = E \Delta l / l_0 \qquad (8-1)$$

このとき E を**伸びの弾性率**(modulus of elasticity)または**ヤング率**(Young's modulus)とよぶ。また横に縮む割合 $-l'/l_0'$ と伸びの割合の比 σ を**ポアソン比**(Poisson's ratio)とよぶ。

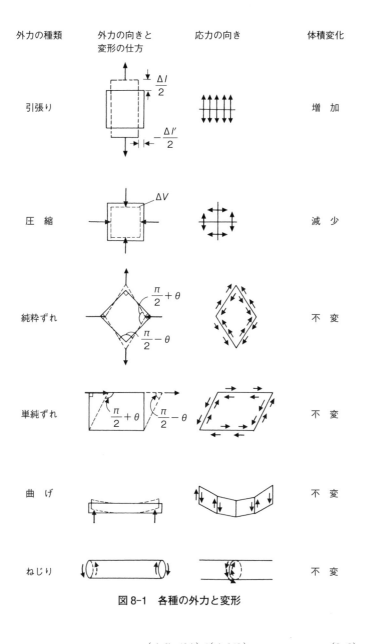

図8-1 各種の外力と変形

$$\sigma = -(\Delta l'/l_0')/(\Delta l/l_0) \tag{8-2}$$

圧力の場合は，**静水圧**(物体の任意の部分にかかる単位面積当たりの圧力)Pと体積変化率$\Delta V/V_0$との間には

$$P = -K\Delta V/V_0 \tag{8-3}$$

の式が成り立つ。ここで，Kは**体積弾性率**(bulk modulus)とよばれ，その逆数$1/K$が**圧縮率**(compressibility)である。

ずれの場合は，ずれ応力τと角度変化θとの間に次式が成り立つ。

$$\tau = G\theta \tag{8-4}$$

ここでGを**剛性率**(modulus of rigidity)とよぶ。

E，σ，K，Gなどの弾性率は全く独立なものではなく，互いに次の

関係式で結ばれている。

$$K = \frac{E}{3(1-2\sigma)} \tag{8-5}$$

$$G = \frac{E}{2(1+\sigma)} \tag{8-6}$$

したがって，上記の4種の弾性率のうち2種を決めれば，残り2種は計算で求めることができる。表8-1に種々の固体の弾性率を示す。表8-1から次のことがわかる。① 結合力が大きい，② 結合に強い方向性がある，③ 配位数が大きい，あるいは，④ 原子密度が大きい，などを満足する固体，例えばダイヤモンド，コランダム，タングステンあるいはイリジウムなどは弾性や硬度が大きい。また金属には(8-5)式や(8-6)式がよく当てはまり，ポアソン比 σ はほぼ $0.2 \sim 0.4$，G はほぼ $E/3$，そして K は $0.6 \sim 2E$ の範囲となる。

表8-1 種々の無機固体の弾性率(E, K)，剛性率(G)およびポアソン比(σ)

物 質	$\dfrac{E}{\text{GPa}}$	$\dfrac{K}{\text{GPa}}$	$\dfrac{G}{\text{GPa}}$	σ
ダイヤモンド	1210 ⟨111⟩*	556 *	505 *	
ケイ素	188 ⟨111⟩*	99 *	——	
NaCl	44 ⟨100⟩*	23.5 *	23.7 *	
MgO	245 ⟨100⟩*	167 *	—— *	
Al$_2$O$_3$	460 ⟨0001⟩*	263 *	147	
SiO$_2$(石英ガラス)	73 *	37(石英)*	31 *	~0.2
TiO$_2$	243	208	92.5	~0.31
Ir	514	357	(204)	(0.26)
W	354	312 *	131	0.35
Fe	206	(156)	80.3	0.28
Cu	123	137 *	45.5	0.35
Ag	73.2	100 *	23.6	0.38
Au	79.5	172	27.8	0.42
Pt	168	277	59.7	0.39
Pb	16.4	41.5 *	5.86	0.44
Sn	54.4	52.3 *	20.4	0.33
Al	68.5	(71.4)	25.6	0.34
黄銅	88.2	(73.5)	34	0.30
ジュラルミン	71.5	(74.5)	26.7	0.34
WC	534.4	(318)	219.0	0.22

* 桐山著『固体構造化学』および『化学便覧』により作成．( )内の値は著者の計算による．

8-3 弾性変形

弾性の概念は2原子間の結合ポテンシャルエネルギーをもとに説明できる。図8-2(a)は2原子間の平衡距離 r_0 でエネルギーは最少になり，$r < r_0$ では反発力が，また $r > r_0$ では引力が働くことを表している。ポテンシャルエネルギーの谷の深さは結合を切断するのに要するエネルギー

の大きさに等しく，また平衡点 r_0 での曲率は原子間力をバネにたとえたときのバネの強さに相当する[1]。

図8-2(b)は，(a)の結合ポテンシャルエネルギー曲線を原子間距離で微分したもので，原子間の引き離し，あるいは収縮に要する力を表している。r_0 付近では原子の変位は加えた力に比例し，力を除けば原子は平衡位置に戻る。この領域が弾性領域である。原子間距離が r_0 から離れるにつれて元に戻ろうとする力が大きくなり，r_m で最大の F_m 力を必要とする。また F_m より大きな力で引張ると結合は切断される。このように圧縮率の場合 ($r<r_0$) とヤング率の場合 ($r>r_0$) では異なる方向の力が作用するが，いずれも原子間の結合力に支配されていることがわかる。ところで一対の原子間の結合エネルギーの大きさの順は，共有結合＞イオン結合＞金属結合＞分子結合であるので，結合様式によって弾性率は大きく異なる。

[1] バネの強さに相当するヤング率 E は，フックの法則が成立する弾性範囲内で応力 σ（本文中では張力 T）と同軸方向の歪み ε（本文中では伸びの割合 $\Delta l/l_0$）との関係の比例定数（伸びの弾性率）である。すなわち(8-1)式は $\sigma = E\varepsilon$ と書くことができる。これを原子間の結合に適応すれば，歪み（伸びの割合）は原子間距離 r を用いると $\varepsilon = \Delta r/r_0$ となり，応力は原子間のポテンシャル U を用いると $\sigma = (\Delta r/r_0^2)(d^2U/dr^2)_{r=r_0}$ で表される（r_0^2 は1個の原子が占める面積）。これからヤング率は $E = (1/r_0)((d^2U/dr^2))_{r=r_0}$ となる。ここで (d^2U/dr^2) は図8-2(a)のポテンシャル曲線の曲率を示すことから，材料のヤング率は平衡原子間距離における原子間ポテンシャルの曲率に比例するといえる。

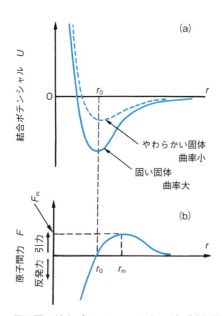

図8-2 原子間の結合ポテンシャルエネルギー(a)と原子間力(b)

さて，結合力（凝集エネルギー）の大きさと物質の融点は密に関係しているので(9-3項)，融点の高い物質は弾性率も高くなることが予想される。実際，金属の融点とヤング率の間では相関性が認められる（図8-3）。一般に，同一の結合様式の物質群では，図8-3に示すような関係が存在している。

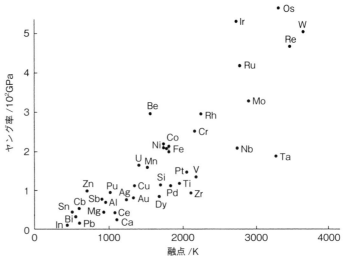

図 8-3 単体の融点とヤング率との関係

　無機固体のモル体積と体積弾性率との間にも密接な関係がある。モル体積の大きさは，平衡原子間距離と原子の配位数に支配されるが，同じ結合様式であれば，モル体積の小さい（原子密度の高い）ものほど体積弾性率は大きく（圧縮率は小さく）なる。例えば SiO_2 の場合，α-石英（三方晶系，4配位，密度 $2.65 \, g/cm^3$）と高圧型シリカであるステショバイト（正方晶系，6配位，密度 $4.3 \, g/cm^3$）との間では，体積弾性率 K の値は 37 GPa と 340 GPa の違いがある。このように結合力に加え，原子密度が体積弾性率に大きく寄与している。

8-4 塑性変形

　塑性変形は，結晶のある原子配列面が応力によって，不可逆的にすべった結果起こる現象である。すべりは，**すべり面**と**すべり方向**によって表され，これらを**すべり系**という。すべり面が多いほど，またすべり方向が多いほど，すべりの可能性が大きくなる。金属の場合は，最も密度の高い原子面がすべり面になる。例えば面心立方の金属（Cu，Ag，Au など）には，図8-4(a)に示すように，すべり面となる原子の最密配列面には，(111)面を含む同等な面が4種類あり，各すべり面は互いに120°の角度をなす3つの同価なすべり方向（図中の矢印方向）がある。したがって，すべり系の数は全部で12となる。このように金属はすべり系が多いのが特徴である。

　これに対し，イオン結晶では陰と陽のイオンおよびサイズの異なるイオンからなるので，幾何学的要因と静電相互作用によってすべり系が決まる。たとえば NaCl 型結晶では，最密配列面は(100)面であるが（図

8-4(c)),すべりの過程で同符号のイオンの接近により大きな反発力を生じるので,むしろすべり面は(110)で,すべり方向は$\langle 1\bar{1}0 \rangle$(図中の矢印方向)のすべり系が先行して起こる(図8-4(b))。六方晶のAl_2O_3は,O原子のつくる六方最密格子の隙間にAl原子が入っているので,すべり系は3にすぎなくなる。このようにイオン結晶はすべり系の数が少ないことに加え,強い静電力を断ち切るのに大きなエネルギーを要するので,常温では塑性変形が起こりにくい。

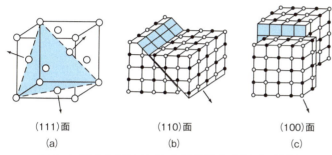

(111)面 　　(110)面 　　(100)面
(a) 　　　　(b) 　　　　(c)

図8-4　面心立方晶(a)とNaCl型結晶(b),(c)のすべり系

一方,すべりとは転位が移動することでもある(2章参照)。もし結晶中にすでに転位が存在しているのであれば,すべりに必要なエネルギーは著しく低くなり,理論値よりも小さい応力ですべりが起こり,変形し,ついには破壊されてしまう。

単結晶を中心に塑性変形について考えてきたが,材料として通常用いられる多結晶の場合はどのような挙動をとるであろうか。多結晶体には転位に加えて粒界が存在するが,一般的に小傾角粒界はすべりを助長し,大傾角粒界はこれを妨げるように働く(2-3項参照)。微細な結晶(主にイオン結晶)の焼結体であるセラミックスの場合は,多くの大傾角粒界をもち,構成する微結晶そのものもすべり系が少ないので,たとえすべりが起こっても,粒界を超えたすべりは容易でなく,塑性変形は全く起こらない。しかし一定以上の力が加わると突然破壊が起こる。これがセラミックスの特徴である。これに対し,多結晶体である一般の金属材料では,先に述べたようにすべりの自由度が大き過ぎるために,粒界の種類にかかわらず,すべりは比較的容易に起こる。

低炭素鋼を例にとり,塑性変形の過程を考察しよう。低炭素鋼とは,鉄に炭素を加え(C<0.30%),熱処理することにより,すべり系を減少させ,引張り強度を増した鋼である(12-5項参照)。鋼に応力(張力)をかけると,図8-5に示すように,OからEまでは応力と歪み(単位長さ当たりの変形)の関係は直線的で,弾性率(ヤング率)に相当する領域で

ある．次に，弾性限界点 E を超えてしばらくすると応力は増さずにひずみだけが増加する点 A にぶつかる．この点を**降伏点**(yield point)とよぶ．点 B を過ぎると鋼をさらに伸ばすためには，応力を増加させねばならない．しかしこの範囲内(例えば G 点)で外力を取り去っても，ひずみは GBAE をたどるのではなく，短時間内に H にいき，以後そこに留まって決して原点には戻らない．このときの OH を**永久ひずみ**とよぶ．G 付近から曲線は応力の定義の仕方により 2 つに分かれる．すなわちひずみが大きくなると，固体の断面積 S_l は始めの断面積 S_0 より小さくなる．断面積として S_0 を使用した場合の応力を**みかけの応力**，S_l を使用した場合を**真の応力**とよび，それぞれについて曲線①と②が得られるのである．曲線①にはみかけの応力が最大になる点 C があり，それを超すと，みかけの応力対ひずみ曲線は下向きになり D で鋼は切れる．しかし真の応力は C 以後でも切断点 D′ まで増加し続ける．C および D′ における応力をそれぞれ**引張り強度**(tensile strength)および**破壊強度**(breaking strength)とよぶ．

> **材料の強度**
>
> 材料の強度には引張強度，弾性的強度，降伏強度，破壊強度などがある(これらの静的強度に加え疲労強度や環境強度などあるが，ここでは考えない)．なかでも弾性的強度，引張強度などに関係する弾性率は材料の物性値でもあるので重要である．一方では破壊強度のような材料の極限を表すものもあるが，これは材料の表面や内部の割れや微細組織などに強く影響を受ける場合が多い．なお金属材料の強度評価には引張強度が良く用いられる．

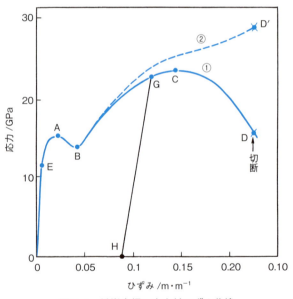

図 8-5　低炭素鋼の応力対ひずみ曲線
① みかけの応力対ひずみ曲線，② 真の応力対ひずみ曲線
E：弾性限界，A：降伏点

8-5　硬　　度

固体の硬さの定義は容易ではないが，一般的には硬度は塑性変形に対する抵抗を表す指標といえる．固体とくに鉱物の硬さを表す単純な指標としては，モース硬度が古くから用いられてきた(表 8-2)．この方法は最も柔らかい鉱物である滑石から，最も固い鉱物であるダイヤモンドに

至る10段階の硬さの標準鉱物を選び,標準鉱物を試験物質でこすり,引っ掻き傷ができるかどうかで硬度を判断するという相対的な硬度測定法である[2]。選ばれた10個の標準物質はそれぞれ特徴があり,柔らかい物質は単に結合力が弱いだけでなく,すべり面が多いかまたは層状構造である。固い物質は結合力が強く(共有結合),また原子密度が高い(配位数が大きい)。

[2] 近年,15段階の硬さの標準物質を示した修正モース硬度計が用いられることもある。従来の鉱物だけではなく新たに合成無機化合物も加えられている。これを下表に示す。

修正モース硬度計

新硬度	旧硬度	標準物質
1	1	滑石
2	2	石膏
3	3	方解石
4	4	蛍石
5	5	燐灰石
6	6	正長石
7		溶融石英
8	7	水晶(石英)
9	8	黄玉
10		ざくろ石
11		溶融ジルコニア
12	9	溶融アルミナ
13		炭化ケイ素
14		炭化ホウ素
15	10	ダイヤモンド

表8-2 モースの硬度計

硬度	標準鉱物	結合の種類と結晶の特徴
1	滑石:$Mg_3Si_4O_{10}(OH)_2$,層状ケイ酸塩,層間は弱い静電力による結合.
2	石膏:$CaSO_4 \cdot 2H_2O$,著しい劈開性を示す(劈開面 {010}, {100}, {011}).
3	方解石:$CaCO_3$,イオン結晶,著しい劈開性を示す(劈開面 {1011}).
4	蛍石:CaF_2,AB_2型イオン結晶,劈開面 {111}.
5	リン灰石:$Ca_5(F, Cl, OH)[PO_4]_3$,イオン結晶,生体で骨や歯を形成.
6	正長石:$KAlSi_3O_8$,イオン結晶,Al,Siの酸素四面体の三次元網目構造.
7	石英(水晶):SiO_2,イオン結晶(結合のイオン性50%),三次元網目構造.
8	黄玉:$Al_2SiO_4F_2$,イオン結晶,OとFからなる六方最密充填構造.
9	コランダム:Al_2O_3,イオン結晶(結合のイオン性63%),高密度の原子の充填.
10	ダイヤモンド:C,共有結合結晶,三次元網目構造.

一方,金属の定量的な硬度測定法としては,種々の圧子を一定の荷重をかけて固体表面に打ち込み,生じた圧痕の大きさから硬度を算出する押し込み硬さ法が用いられる。測定法にはブリネル硬度(圧子:直径10 mmの鋼球),ビッカーズ硬度(圧子:ピラミッド型ダイヤモンド),ロックウェル硬度(圧子:円錐状ダイヤモンドあるいは鋼球)などがある。この場合の物質の硬さとは,固い物質を材料に押しつけたときの変形に対する抵抗である。したがって,材料の変形抵抗の大きさを示す引

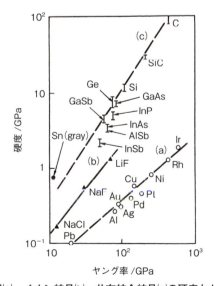

図8-6 fcc金属(a),イオン結晶(b),共有結合結晶(c)の硬度とヤング率との関係

張り強度やヤング率が硬度と関係することが予想される。実際, 図8-6 に示すように, 同一の結合様式からなる固体では, 硬度とヤング率の間に強い相関関係が認められる。

金属材料の強化

　金属の強度を低下させる主な原因は転位の動きであることが本文中の考察でわかった。したがって金属の強度を増大させるには, 転位の密度を減らすかその運動をにぶくさせればよい。これには次のような4つの**硬化法**(hardening method)がある。

① **加工硬化**(別名ひずみ硬化または転位硬化)
② **固溶硬化**
③ **粒界硬化**
④ **析出硬化**

　① は金属にひずみを与えて, 転位密度を増加させ($10^7 \sim 10^8$ line cm^{-2}から$10^{11} \sim 10^{12}$ line cm^{-2}へ), これらをつなぎ合わせたり, もつれさせたりして, 転位の動きを止める強化法である。鋼鉄の場合を例にとれば, 図のように転位の存在で一度は極度に小さくなった強度が, 転位の増加とともに増加し, **超強力鋼**といわれるものでは理論値の1/3にも達する。この方法は不純物濃度に依存せず, 高純度の単結晶にも適用できる。

　② は金属に種々の不純物を添加する方法で, 不純物の量や母体の構成元素との違いにより硬化の程度が異なる。この硬化法の原理は不純物の溶解度が転位付近で高くなり, 転位の動きを押さえるところにある。

　③ は結晶粒子を微細化し, 粒界を増加させて転位の動きを押さえる方法である。この方法は後述の靱性も同時に強化し得るただ1つの方法でもある。

　④ は母相から第2の相(炭化物や金属間化合物の粒子)を析出させる方法である。この析出相が転位の動きを妨げる。

　以上が金属材料の強度, すなわち引張り強度を増大させる方法である。しかし引張り強度が大きくても, もろくてはあまり良い材料とはいえない。金属材料には**靱性**(toughness)という粘り強さに関係する性質も重要である。これは破壊に至るまでに要するエネルギーの大きさに相当し, みかけの応力対ひずみ曲線(図8-5)がおおう面積に等しい。しかし靱性と引張り強度とは相反する性質であり, 上記③の方法はあるが, ともに大きな値をもたせるのはやはり難しい。したがって現実には, どちらの性質を優先させるかにより加工法を適当に調整する。こうして, 例えば高靱性・低強度鋼とか低靱性・高強度鋼というような種々の材質がつくられる。

　Ti, Mo, WおよびBeのような単体は本質的に大きな強度をもっているので, 特別な強化法をほどこさなくとも, 高温でも使用に耐え得る。しかし逆に延性に極めて乏しいので加工が非常に困難である。そこで, このような物質では, 不純物濃度が数ppmの程度になるまで純度を上げて, 不純物による転位の釘付け機構を取り除く。こうすると延性が増し, 加工がしやすくなる。

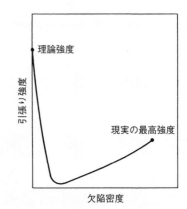

鉄鋼の引張り強度の欠陥密度依存性の模式図

9 熱的性質

固体を加熱すると，加熱していない部分も熱くなり，また長さや体積が変化する。さらに加熱すると，融解や分解を起こす。このような固体の熱的な挙動を，熱伝導率，比熱，熱膨張および融点という観点から考察しよう。これらはいずれも固体物質の物性を示す重要な定数である。また実用面とのつながりを示すために，耐熱材料についてもふれる。

9-1 熱伝導率

熱伝導性の大小は次式で定義される**熱伝導率**（thermal conductivity）κ で比較される。

$$\frac{dQ}{dt} = -\kappa A \frac{dT}{dx} \tag{9-1}$$

ここで，dQ/dt は熱の伝導度，A は固体の断面積，dT/dx は温度勾配である。表9-1に各種金属の熱伝導率を比電気伝導率 σ とともに示す。κ 値と σ 値との比較から，両者が比例関係にあることがわかる。いま，κ 値を σT で割った値**ローレンツ数**（L 値）は表中の金属に対しほぼ一定の値を示す。これは次のように説明される。

固体は2種類の熱の運搬体をもつ。1つは**自由電子**で，他はフォノン（phonon）とよばれる格子振動がつくる弾性波のエネルギー量子である。金属の熱伝導率は前者の寄与によって決まり，理論的には次式で与えられる。

$$\kappa = \pi^2 n \tau k_B^2 T / 3 m_e \tag{9-2}$$

表9-1 金属の熱伝導率(κ)(273K)，電気伝導率(σ)およびローレンツ数(L)

金属	$\dfrac{\kappa}{\mathrm{J\,m^{-1}\,s^{-1}\,K^{-1}}}$	$\dfrac{\sigma}{10^{-7}\,\Omega^{-1}\,\mathrm{m}^{-1}}$	$\dfrac{L}{10^{-8}\,\mathrm{J\,s^{-1}\,\Omega\,K^{-2}}}$
Ag	418	6.21	2.31
Cu	400	5.88	2.23
Au	311	4.55	2.35
Al	238	3.65	2.25
Zn	120	1.69	2.31
Cd	92	1.38	2.42
Fe	82	1.02	2.6
Pt	69	0.96	2.51
Sn*	65	0.91	2.52
Pb	35	0.48	2.47

* β-Sn

ここに n は自由電子濃度,τ は(4-6)式にも出てきた衝突時間,m_e は電子の質量,k_B はボルツマン定数,T は絶対温度である。ここで $\sigma = ne^2/m_e$((4-4)式および(4-6)式から求まる)なので,これを(9-2)式と組合わせれば

$$L = \frac{\kappa}{\sigma T} = \frac{\pi^2}{3}\left(\frac{k_B}{e}\right)^2 \qquad (9\text{-}3)$$

という一定値,$2.45 \times 10^{-8}\,\text{Js}^{-1}\,\Omega\text{K}^{-2}$ が得られる。この理論値は表中の実験値とほぼ一致している。

次に絶縁体の熱伝導率を表9-2に示す。

表9-2 絶縁体の熱伝導率(300K)(参考文献5)より)

絶縁体	$\dfrac{\kappa}{\text{Jm}^{-1}\text{s}^{-1}\text{K}^{-1}}$	絶縁体	$\dfrac{\kappa}{\text{Jm}^{-1}\text{s}^{-1}\text{K}^{-1}}$
C(ダイヤモンド)	2300	α-Al_2O_3	46
BeO	272	TiO_2(ルチル)//c	10.4
Si	148	〃 ⊥c*	7.4
C(グラファイト)//c*	100	SiO_2(石英)//c	10.4
〃 ⊥c*	130	〃 ⊥c*	6.2
Ge	60	シリカガラス	1.4
MgO	60	並ガラス	0.6

*グラファイトは絶縁体ではない。// と⊥は主軸に平行と直角な値を示す。

表9-1と表9-2の比較から特に注目されることは,金属の熱伝導率は,絶縁体のそれよりも著しく高いことと,絶縁体のダイヤモンドが電気良導体の銀よりも,はるかに大きな熱伝導率をもつことである。絶縁体内の熱の運搬体はフォノンである。したがって上記の事実はダイヤモンド中のフォノンが特別にすぐれた熱運搬体であることを意味する。その理由は次のとおりである。すなわち一般に低原子番号の元素からできている共有結合結晶では,原子密度が高くかつ格子振動子の固有振動数が大きいので,エネルギー値の大きなフォノンが高密度に存在する。したがって熱伝導率は高い。ダイヤモンドはこの条件を最もよく満足させるので,最高の熱伝導率をもつ。BeOやケイ素の熱伝導率が比較的大きいのも同様な理由による。ダイヤモンドは熱の良導体であるが電気的には絶縁体であるので,高熱を発する電気回路用の放熱体としてよく使われる(11-4項)。

表9-1と表9-2の比較から気がつく第2の点は,14族元素の熱伝導率が最初はC>Si>Geの順に小さくなるが,Snのところで再び大きくなることである。これはGeとSnの間で,主な熱の運搬体がフォノンから自由電子に替わるためであろう。表9-2では熱伝導率が石英>シリカガラス>並ガラスの順になっている。これはこの順に結晶性が悪く,欠陥濃度が高くなるため,フォノンの τ 値が小さくなることに起因す

る。

　フォノンの数は温度に比例して多くなり，衝突頻度も比例して増加するので，フォノンのτ値は温度上昇とともに，急速に小さくなる。したがって熱伝導率は温度上昇とともに減少する，例えばダイヤモンドの場合，κ値は 300 K の 2 300 J m^{-1} s^{-1} K^{-1} から 2 200 K 付近では 140 J m^{-1} s^{-1} K^{-1} まで減少する。

9-2 定容比熱

　固体の**定容モル比熱** C_V（以下単に比熱とよぶ）は前項の熱伝導率がそうであったように，自由電子に依存する項（**電子比熱**）と格子振動すなわちフォノンに依存する項（**格子比熱**）の 2 つに分けられる。しかしながらこの 2 種類の比熱が全比熱に寄与する程度は，固体の種類および温度により異なる。共有結合結晶やイオン結晶には自由電子は存在しないので，その比熱は格子比熱そのものである。これは図 9-1 のように常温以上では $3R (\approx 25 \mathrm{~J~mol^{-1}~K^{-1}})$ の一定値をとるが，低温では αT^3（α は物質により異なる比例定数）で表される値をとる。なお図 9-1 中の θ_D については(9-12)式，(9-13)式を参照せよ。

　金属は自由電子をもっているが，その全比熱は図 9-1 のように共有結合結晶やイオン結晶と同様，格子比熱のみが寄与している。しかし極低温（液体ヘリウム温度以下）では全比熱は図 9-2 のように $\alpha T^3 + \gamma T$ の式で与えられ，γT という電子比熱の項が効いてくる。以上をまとめると次のようになる。

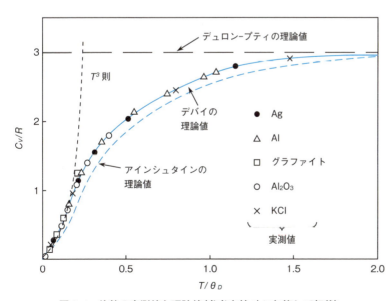

図 9-1　比熱の実測値と理論値（参考文献 4）に加筆して転載）

固体の比熱の歴史

　固体の比熱に関しては 1800 年代の初期から研究されており，時代とともにより低温下の比熱が議論された。その歴史を追って示す。それぞれの理論の象徴的な事象を「」内に記す。

(1) 常温～高温の比熱

　「1 モルの固体の原子の比熱は $3R (=3N_A k_B)$ である」，これをデュロン-プティの法則(1819)という。これは 1 振動子あたりのエネルギー（[運動エネルギー]＋[位置エネルギー]）は $k_B T$ で，1 モルあたりのエネルギーは $U=3N_A k_B T$ である。定容モル比熱は $C_v=(\partial U/\partial T)_v=3N_A k_B=3R$ となる。

(2) 低温の比熱

　「固体の比熱は低温では $C_v \propto e^{-\varepsilon_0/k_B T}$（$\varepsilon_0=h\nu_0$）で表され，$T \to 0$ で $C_v \to 0$ となる」，これをアインシュタインの格子比熱の理論(1907)という。

(3) 極低温の比熱

　「格子比熱は極低温では $C_v \propto T^3$ でゼロに近づく」，これをデバイの格子比熱の理論(1912)という。

　(2)と(3)の比熱のモデルの違いは，アインシュタインは「各振動子は独立しており，同じ振動数をもつ振動子の集合体とした」（単純化した）のに対し，デバイは「振動子は互いに連携し合い，数々の振動数をもつ振動子の集合体とした」（精密化した）ことである。

　図 9-1 に示すように，(2)と(3)の理論式はいずれも常温～高温になるとデュロン-プティの法則による値(3R)と一致する。

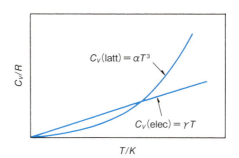

図 9-2　極低温における金属の比熱
C_V(latt)：格子比熱，C_V(elec)：電子比熱

（1）極低温におかれた金属を除き，全比熱は格子比熱と考えてよい。格子比熱は低温では αT^3 という温度に依存する値をとるが，常温以上では一定値 $3R$ となる。

（2）電子比熱は極低温におかれた金属についてのみ考慮すればよく，γT で与えられる。

以上，比熱を決めるのは主として格子比熱（格子振動）であることがわかった。ここでの第1の課題は何故格子比熱が低温では T^3 に比例し，常温以上では $3R$ に収れんするかを理解することである。アインシュタイン（Einstein）とデバイ（Debye）はこの格子比熱の温度依存性を説明するため，それぞれ独自の理論式を提出した。以下彼らの理論式を概説しよう。

（1）格子比熱（I）アインシュタインモデル

固体1モルは N 個の粒子をもち，したがって $3N$ 個の振動の自由度（すなわち $3N$ 個の**振動子**）をもつ。各振動子は $h\nu_i$ の振動エネルギーをもつので固体の内部エネルギー U は

$$U = \sum_{i}^{3N} h\nu_i \tag{9-4}$$

で表される。C_V は $(\partial U/\partial T)_V$ なので，問題は ν_i の大きさと分布を求めることである。そこでアインシュタインは，図9-3に示すような次の仮定をおいた。格子点粒子は互いに独立して振動しており，その ν_i は量子化されていて $(n+1/2)\nu_0$ の値しかとれない。すなわちすべての振動子は同じ振動数をもつとした。ここで ν_0 は振動子の固有振動数，n は0および正の整数である。そうすると温度 TK で振動子が n の量子数をもつ確率 $f(n)$ は $e^{-nh\nu_0/k_BT}/\sum e^{-nh\nu_0/k_BT}$ である。したがって n の平均値 $\langle n \rangle$ は

$$\langle n \rangle = \frac{\sum n e^{-nh\nu_0/k_BT}}{\sum e^{-nh\nu_0/k_BT}} \tag{9-5}$$

となる。これを数学的に処理すると最終的には

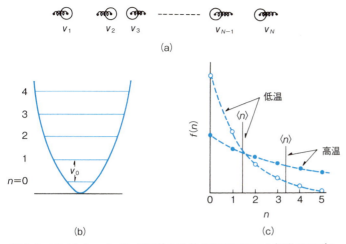

図9-3 アインシュタインが固体の比熱の説明に用いた振動子モデル（一次元モデルに簡略化）
(a) 振動子：各格子点粒子は独立して振動している
(b) 量子化された振動状態
(c) 量子数の確率分布, $f(n) = e^{-nh\nu_0/k_BT}/\sum e^{-nh\nu_0/k_BT}$

$$\langle n \rangle = \frac{e^{-h\nu_0/k_BT}}{1-e^{-h\nu_0/k_BT}} = \frac{1}{e^{h\nu_0/k_BT}-1} \quad (9\text{-}6)$$

が得られる．したがって U は $3N\langle n \rangle h\nu_0$ となり，これを温度で微分すると，定容モル比熱

$$C_V = \left(\frac{\partial U}{\partial T}\right)_V = 3Nk_B\left[\left(\frac{h\nu_0}{k_BT}\right)^2 \cdot \frac{e^{h\nu_0/k_BT}}{(e^{h\nu_0/k_BT}-1)^2}\right] \quad (9\text{-}7)$$

が得られる．(9-7)式から予測される比熱対温度曲線をアインシュタインの理論値として図9-1に示した．高温では $h\nu_0 < k_BT$ なので

$$e^{h\nu_0/k_BT} \doteqdot 1 + h\nu_0/k_BT + \cdots\cdots \quad (9\text{-}8)$$

と近似でき，C_V は $3Nk_B = 3R$ となって実験値とよく合う．低温では $h\nu_0 \gg k_BT$ なので，C_V は $3R$ から減少し 0 に近づく．しかしその減少の仕方は定性的にはともかく，定量的には実測値と一致していない．

(2) 格子比熱(II)デバイモデル

デバイはアインシュタインの式では完全には説明できなかった低温における比熱の T^3 則を説明するため，次のように仮定した(図9-4)．

(1) 固体中の N 個の粒子は独立に振動しているのではなく，互いに相互作用を行ない，N 個の粒子全てが連携して振動状態を $3N$ 個つくる．この振動する糸の各々が固体の振動子である．

(2) この $3N$ 個の振動子の固有振動数は 0 からある最大値 ν_D までほとんど連続的に変り得る．そしてこの波長範囲では振動数 ν の振動状態の準位数 $g(\nu)$ は ν^2 に比例する．ν_D 以上では $g(\nu)$ は 0 となる．

デバイは以上の仮定から次のように理論を展開した．ここでその振動

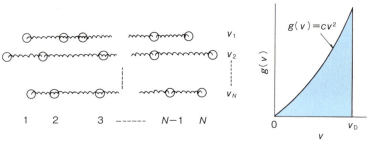

(a) 振動子：各粒子は互いに連携して振動している。 (b) 振動子の状態密度：0からν_Dの範囲は$g(\nu)=c\nu^2$, ν_D以上では$g=(\nu)=0$

図 9-4 デバイが固体の比熱の説明に用いた振動子のモデル（一次元モデルに簡略化）

数がνと$\nu+\delta\nu$との間にある振動状態の数は$3Ng(\nu)\delta\nu$と書ける。また振動数がνの振動子1個当たりの平均エネルギー$\langle E_\nu \rangle$は

$$\langle E_\nu \rangle = h\nu \times \frac{1}{e^{h\nu/k_B T}-1} \tag{9-9}$$

なので，$3Ng(\nu)\delta\nu$個の規準振動全体が受けもつエネルギーは$3Ng(\nu)\delta\nu \cdot \langle E_\nu \rangle$となる。ここで(9-9)式中の$1/(e^{h\nu/k_B T}-1)$という因子は占有確率とよばれ，$h\nu$なるエネルギー準位に振動子が存在する確率を表す。さて$g(\nu)$は$c\nu^2$であり，その定義から

$$\int_0^{\nu_D} g(\nu)\,d\nu = 1 \tag{9-10}$$

でなければならないので，これから$c=3/\nu_D^3$が得られる。そして$3Ng(\nu)\delta\nu \cdot \langle E_\nu \rangle$を$\nu=0$から$\nu_D$まで積分すれば，固体全体の内部エネルギー$U$が求まる。

$$U = 3N \int_0^{\nu_D} g(\nu) \cdot \langle E\nu \rangle \,d\nu$$

$$= 3N \int_0^{\nu_D} \frac{3\nu^2}{\nu_D^3} \cdot \frac{h\nu}{e^{h\nu/k_B T}-1} \,d\nu \tag{9-11}$$

これを温度で微分すると定容モル比熱C_Vが得られる。

$$C_V = 9R\left(\frac{T}{\theta_D}\right)^3 \int_0^{\theta_D/T} \frac{e^x \cdot x^4}{(e^x-1)^2} \,dx \tag{9-12}$$

ここにxは$h\nu/k_B T$，θ_Dは温度の次元をもつ物質に固有な定数($h\nu_D/k_B$)であり，**デバイ温度**と定義される。(9-12)式から得られる比熱の温度依存性をデバイの理論値として図9-1に示した。全温度領域にわたって実測値と理論値との一致は極めてよい。すなわち(9-12)式は低温では

$$C_V = 234R\left(\frac{T}{\theta_D}\right)^3 \tag{9-13}$$

となり，T^3 則を定量的に満足させる。

(3) 電子比熱

次に電子比熱の説明に移ろう。この項の初めに，極低温では金属の全比熱は $C_V = \alpha T^3 + \gamma T$ で表されると述べた(図 9-2)。そこで C_V を T で割れば

$$\frac{C_V}{T} = \gamma + \alpha T^2 \tag{9-14}$$

が得られ，$C_V T$ 対 T^2 プロットは 1 本の直線を与えるはずである。図 9-5 に銀の実測値を示す。実測値は 1 本の直線を与え，その切片と勾配とから γ と α が得られる。それではなぜ電子比熱は γT で表されるのであろうか。ここで 3-4 項を思い出してほしい。すなわち金属中の電子はフェルミ-ディラックの統計に従って分布している(図 3-11 参照)。電子の密度分布(図 3-12 参照)は，図 9-6 に示すように，温度変化に対しては鈍感で，その分布の変化はフェルミ準位付近の電子だけに限られる。例えば温度 T では，電子はエネルギー $k_B T$ を得て，図中の領域(b)の電子が領域(a)の高いエネルギー準位に上がる。電子比熱に関与する電子は，フェルミ準位を挟んだ $k_B T$ のエネルギー幅の領域にあるもの(領域(a)+(c))で，その数は $g(E_F)k_B T$ で表される[1]。ここで，固体の全電子が

1) 本来は $g(E_F)$ ではなく，$n(E_F) \cdot f(E_F)$ を使わねばならない。しかし，極低温では $f(E_F) \simeq 1$ なので，$n(E_F)$ は $g(E_F)$ とおける。$n(E)$ および $f(E)$ はそれぞれ電子の分布密度関数およびフェルミ-ディラックの分布関数である。詳しくは 3-4 項および図 3-12 参照)。

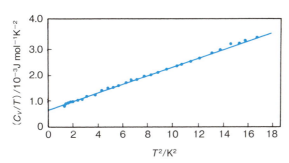

図 9-5　極低温における銀の比熱

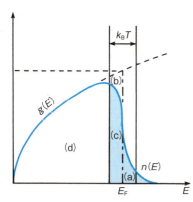

(a)：$k_B T$ のエネルギーを得て，E_F よりも高い準位に上がった電子で，電子比熱に大いに関与する電子。
(b)：(a)に移ったために，空になった領域。
(c)：$k_B T$ のエネルギーを得て，熱的に励起された電子。
(d)：熱的に励起されておらず，電子比熱に全く関与しない電子。
(a)+(c)：熱的に励起され，電子比熱に関与する電子で，その数は近似的に $g(E_F)k_B T$ で表される。
$g(E)$：電子の状態密度関数
$n(E)$：電子の占有状態密度関数
(なお図 3-12 も参照していただきたい)

図 9-6　自由電子の温度 T における状態密度および励起された電子の分布

得たエネルギー U_e は

$$U_e = g(E_F) k_B^2 T^2 \tag{9-15}$$

となる．これを温度で微分すれば，**電子比熱** $C_V(\text{elec})$ が次のように得られる．

$$C_V(\text{elec}) = 2g(E_F) k_B^2 T = \gamma T \tag{9-16}$$

電子比熱は常温ではあまりにも小さく問題にはならない．しかし電子比熱の測定からは $g(E_F)$，すなわちフェルミ準位における状態密度(電子軌道の数)がわかり，バンドの形についての情報が得られる．

9-3 熱膨張係数と融点

温度上昇とともに，格子振動子は高い準位に励起される．格子振動は調和振動ではないので，このとき原子間距離は図9-7に示すように大きくなる．すなわち固体は熱膨張する．固体の熱膨張量は**線膨張係数**(coeffcient of linear expansion) α_L と**体積膨張係数**(coeffcient of cubic expansion) α_V で表される．

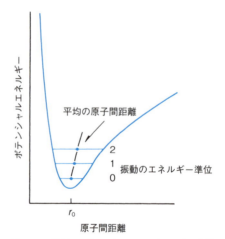

図9-7 結晶のポテンシャルエネルギー曲線

$$\alpha_L = \frac{1}{L}\left(\frac{dL}{dT}\right)_P \tag{9-17}$$

$$\alpha_V = \frac{1}{V}\left(\frac{dV}{dT}\right)_P \tag{9-18}$$

表9-3に各種無機固体の線膨張係数を融点とともに示す．表から α_L はほぼ，非晶質(A)＜共有結晶(B)＜イオン結晶(C)＜金属(D)＜分子結晶(E)の順に大きくなり，結合の強さに反比例していることがわかる．このことは同じ結合性固体間にも当てはまる．例えばイオン結晶の場合，α_L は NaCl＞CaF$_2$＞Al$_2$O$_3$ ≈ SiO$_2$ の順で，カチオンの電荷の大き

表 9-3　線膨張係数(20℃)と融点(T_m)（参考文献 4）より）

物　質	$\alpha_L/10^{-6}$K	T_m/K	物　質	$\alpha_L/10^{-6}$K	T_m/K
(A)			Al_2O_3	8.7	2323
石英ガラス	0.5		CaF_2	19.5	1639
パイレックスガラス	3.2		NaCl	40.5	1073
(B)			(D)		
ダイヤモンド	1.1	>3773	Pt	9.0	2047
SiC	6.6	>2973	Al	25.0	933.3
(C)			Na	75.0	370.7
水　晶　(//c)	9.0	1750	(E)		
(⊥c)	14.0		ナフタレン	94	353.7

さ，すなわちクーロン力に反比例する．図 9-8 に各種金属の線膨張係数と融点との関係を示す．図から両者が逆比例関係にあることがわかる．これは結合性が同じ固体では，融点と結合の強さとが比例すると考えれば納得がいく．

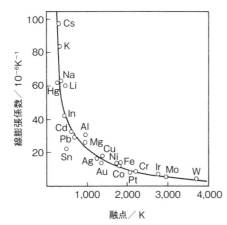

図 9-8　金属の線膨張係数対融点曲線　（参考文献 4）より）

融点 T_m は**融解エンタルピー** ΔH_m と**融解エントロピー** ΔS_m との関数である．

$$T_m = \Delta H_m / \Delta S_m \qquad (9\text{-}19)$$

ΔH_m は結合力に比例し，ΔS_m は結合性が同じ系列の固体なら一定とみなせる．したがって T_m は結合力に比例し，α_L に反比例する．

融点および熱膨張係数と結合力との間には，密接な関係があることがわかった．ところで表 9-3 をみると，共有結合性約 50%（残りの約 50% はイオン結合性）である石英ガラスが非常に小さな α_L をもつことに驚かされる．α_L の大きさは単に結合力だけでは説明できないことがわかる．2-4 項に述べたように石英ガラスは乱れた網目構造をもち，しかも等方性であるため，ケイ酸基四面体間の結合角は比較的自由に変えられる．したがって膨張による伸びは，結合角の変形によって吸収され，その結果小さな α_L となると考えられる．共有結合性物質は，一般に結合

力が強く，加えて，結合角をわずかに変化させて膨張による伸びを吸収することができる。SiC は同じ共有結合性物質であるダイヤモンドと比較すると α_L が大きい。これは，Si 原子が密に充填されたその六配位隙間に C が入った密充填構造をとることにより，膨張による伸びが吸収できにくくなったからである。Al_2O_3 のような酸化物では，イオン結合であることと O^- イオンの密な充填の隙間に金属イオンが入った密充填構造により，やはり α_L は大きくなる。このように α_L は結合力に加えて，結晶構造によっても影響を受けることがわかる。

9-4　耐熱無機材料

耐熱材料に第一に要求される性質は，融点が高いこと，および熱膨張係数が小さいことである。後者は急熱急冷(**熱衝撃**)に対する抵抗の大きさを表す尺度の1つである。熱衝撃性は熱膨張係数 α とヤング率 E が小さく，また破壊強度の大きい固体ほど大きい。耐熱材料は，これに加えて，熱伝導率，高温強度および耐食性に優れていなければならない。これらの性質を満足する材料として合金やセラミックスが絶えず開発されてきた。表 9-4 に種々の耐熱無機材料とその組成および分類を示す。

表 9-4 中の**超耐熱合金**(super heat resisting alloy)と**耐火合金**(refractory alloy)との違いは前者の使用範囲が約 1,100℃ に限られるのに対して，後者はより高温(1,300℃ 以上)でも使用に耐え得るところにある。これは主成分金属の融点の差に起因する。すなわち，Fe, Co, Ni 単体

表 9-4　耐熱無機材質の組成と分類

物　質	組　成(%)	分　類
(A) 超耐熱合金		
① A-286	Fe(55), Ni(26), Cr(15), Ti(2.5), Mo(1.3)	Fe 基合金
② Incoloy 901 (インコロイ)	Ni(42.7), Fe(34), Cr(13.5), Mo(6.2), Ti(2.5)	
③ Hasteloy C (ハステロイ)	Ni(57), Mo(17.0), Cr(16.5), Fe(5.0), W(4.5)	Ni 基合金
④ Inconel 600 (インコネル)	Ni(76.5), Cr(15.5), Fe(8.0)	
⑤ Stellite 31 (ステライト)	Co(54), Cr(25.5), Ni(10.5), W(7.5), Fe(<2.0)	Co 基合金
⑥ WI 52	Co(63), Cr(21), W(11), Nb(2.0), Fe(2.0)	
(B) 耐火合金		
⑦ Nb-753	Nb(~74), V(5), Zr(1.25)	Nb 基合金
⑧ Mo-50 Re	Mo(50), Re(50)	Mo 基合金
⑨ Ta-782	Ta(90), W(10)	Ta 基合金
⑩ W-1 ThO₂	W(99), ThO₂(1)	W 基合金
(C) セラミックス		
	SiC, Ti₃C, WC	炭化物
	BN, Si₃N₄	窒化物
	Al₂O₃, BeO	酸化物
	MgO, SiO₂, ThO₂	

の融点がそれぞれ 1,528, 1,490, 1,452℃ であるのに対し，W, Ta, Mo, Nb の融点は 3,410, 2,966, 2,610, 2,468℃ と 1,000～2,000℃ も高い。Cr と Ti の融点は 1,890 と 1,680℃ で，その合金は表中の(A)と(B)の合金群の中間の性質を示す。これらの合金は高温でも 10^8～10^9 Nm^{-2} の引張り強度をもつ。

次に表 9-4 の(A)，(B)および(C)群に属する素材の代表的な応用例についてみてみよう。

(A)群はタービン部品の素材として用いられる。例えばジェットエンジンのタービンは，高効率で大出力をだすためにタービン入口温度は 1200℃ を越えるものもあり，これに耐え得る Ni を中心とした超耐熱合金の開発が行われている。その組成は複雑な構成となっている。

(B)群は原子炉や宇宙ロケット部品の素材として用いられている。主成分金属はいずれも高温で酸化されやすく加工が困難である。しかし新たな合金組成(例えば W-Mo 系合金)の開発や，表面被覆(例えば WSi_2 被覆)処理により，2,000℃ に達する耐熱素材として期待されている。

(C)群はかつてその硬度を利用した切削材や研磨材として主に用いられていたが，セラミックスが本来もっている優れた耐熱性，高温強度および耐食性を有する素材としての高度の利用はされなかった。なぜならば，均質な素材が得にくく，その加工が困難であったので複雑な形状の材料をつくることができなかったことによる。しかし，15 章で述べるように，高純度超微細試料の製造，およびセラミックスの微細構造の制御が可能となり，また成型法も確立され，耐熱材料としての可能性が広がっている。例えば SiC や Si_3N_4 を用いれば，超耐熱合金では不可能とされている 1,500℃ に耐え得るガスタービン翼やエンジンの製造も可能となる。

フォノン

電気伝導(4章)，光の吸収(7章)および熱伝導(9章)において，格子振動は重要な役割を果たすことを述べた。ここでは量子化された格子振動であるフォノンについて，まとめを兼ねて考察しよう。

フォノンとは格子振動による波(弾性波)のエネルギーを量子化した仮想的粒子をいう。これは光(電磁波)が量子化されて粒子性を帯びること(フォトン(光子)という)と同様である。フォノンの特徴は，電子などの実在の粒子とは異なり，温度が高くなるほど密度が高くなることである。例えば，電子およびフォノンがエネルギーを運ぶときには，電子はエネルギーの異なる高温側と低温側の電子が同数だけ向かい合って移動しエネルギーを交換するのに対し，フォノンは高温側から低温側に一方的に粒子が移動してエネルギーを運ぶという違いが生じる。

さてここで，電子とフォノンとの衝突，すなわち金属の電気伝導率が温度の上昇に伴い低下する現象を，格子振動の(1)波動性(格子の弾性波)と(2)粒子性(フォノンの粒子性)の2つの側面から説明してみよう。

(1) 格子振動を「格子点を剛体球とし，温度が上がると結晶の格子点は振動して変位 x が大きくなる」とみなす。平均二乗変位 $\bar{x}^2$ と温度 T の間には比例関係があり，また $\bar{x}^2$ と電子の散乱確率は比例するため，温度と共に電子の移動度が低下(抵抗率が上昇)するということができる。

(2) フォノンを「温度に伴う格子振動の振幅の増大は，励起フォノンの密度の増加に等しい」とみなすと，電子の移動度が温度の上昇と共に低下する現象は，「温度と共に増加するフォノンの数に比例して，電子とフォノンの衝突・散乱が増加した結果である」と説明できる。

このように金属の電気伝導率の温度変化に対しては，格子振動の波動性，粒子性のいずれによっても矛盾なく説明できる。

次に誘電体の熱伝導で重要な役目をするフォノン間の衝突について考えてみよう。まずフォノンを「気体分子と同様に乱雑な熱運動をしており，フォノン間の衝突や散乱を繰り返しながら進行する」と考えよう。極低温(デバイ温度よりもずっと低い温度領域)では，フォノンの数が著しく少ないので，衝突はほとんど起こらない。その結果，平均自由行程 l_p は試料サイズと同じ位になり(それ以上大きくなることはないので)，温度の影響は受けない。またフォノンの速度 v_p も一定値を示す。ところでフォノンによる熱伝導率 κ_p は

$$\kappa_p = \frac{1}{3} v_p^2 \tau_p C_v(\text{latt}) = \frac{1}{3} v_p l_p C_v(\text{latt})$$

で表される。ここで v_p, τ_p, l_p はフォノンの速度，緩和時間(衝突時間)および平均自由行程で，$C_v(\text{latt})$ は格子比熱である。式より，熱伝導率の温度依存性は，極低温では格子比熱の T^3 則のみに従うことになる(9-2項参照)。しかし温度が上昇しフォノンの数がある程度増加すると，励起されるフォノンの数は温度 T に比例し，またフォノン間の衝突回数はフォノンの数に比例する。したがって平均自由行程と温度との間では，$l_p \propto T^{-1}$ の関係が，またその結果 $\kappa_p \propto T^{-1}$ の関係が期待される。

10 ナノ物質とサイズ効果

　物質は小さくなるほど比表面積の増加，反応性や触媒効果の向上などが図れるために，粉砕による微粒子化は日常的に行われてきた．近年，バルク素材をナノサイズまで小さくした超微粒子あるいはナノ粒子は，光学的・電磁気的・量子的な新たな物性と機能を発現することがわかり，半導体産業を中心とした光触媒やセンサーの分野および医療や薬品などに広く応用されるようになった．いっぽう，フラーレン，ナノチューブ，ナノワイヤーなどに代表されるように，物質の微細化とは逆に原子や分子を組み立ててナノ分子やナノ結晶を作ることも盛んに行われている．ナノ物質とは1～100 nm 程度の大きさの粒子・結晶・薄膜あるいは細線をいい，原子・分子と微粒子の中間に位置付けられる．図10-1に金の粒子サイズに伴う構成原子数と表面原子の割合，およびそれぞれの名称を示す．本章では，物質を微粒子化・ナノサイズ化することによって起こる物理化学的・電磁気学的・量子化学的性質の変化およびナノ物質の応用について述べる．

領　域	原子・分子	ナノクラスター			微 粒 子	
		ナノ粒子				
構成原子数	10	10^3		10^5	10^7	
表面原子の割合 (%)	80	60　40	20　10		5	
粒子サイズ (nm)	0.1	1		10	100	1000

図 10-1　ナノ粒子の位置づけおよび金の粒子サイズに伴う構成原子数と表面原子の割合

10-1　微粒子化・ナノ粒子化に伴って生じる3つのサイズ効果

　これまで取り扱ってきたバルク物質の物理化学的性質は大きさや形状により変化しないことが前提であった．ところが微粒子やナノ粒子およびナノ薄膜に見られるように物質が μm～nm サイズになると，物質固有の物質定数がサイズや形状に伴って連続あるいは不連続に変化する．これを**サイズ効果**(size effect)という．サイズが小さくなるとなぜこのような現象が起こるのかを3つに分けて考えてみよう．

(1) 表面効果　微粒子化・ナノ粒子化によりバルク原子の数に対し表面原子の数の割合が数%から数十%に増加することに伴い，表面エネルギーの増加，格子振動のソフト化および表面の曲率半径の減少などが起こる．その結果，バルク物質とは異なる蒸気圧，融点や溶解度を示すようになる．この現象を**表面効果**(surface effect)とよぶことにする．

(2) 体積効果　結晶サイズが単に小さくなることに基づく現象で，

> **ナノクラスターとナノ粒子**
>
> 　ナノクラスターとは同種の原子あるいは分子が2～100個程度，相互作用によって凝集した1～10 nm 程度の大きさの集合体をいう．図10-1ではナノクラスターとナノ粒子は領域が一部重複し，両者の区別は明確ではないが，前者は集合体を形成する原子・分子の数と構造を重視するのに対し，後者は大きさ，形状，結合などに重きを置いて議論する際にそれぞれ用いられているようである．

例えば強磁性体のドメイン(磁区)のサイズより小さくなることに伴う単磁区構造粒子の生成や，原子配列の変化に伴う強誘電体の誘電率の変化が見られる。この現象を**体積効果**(volume effect)とよぶことにする。

(3) 量子サイズ効果 結晶サイズが原子のド・ブロイ波長(数 nm～20 nm)以下になることに伴い，電子の量子化(状態密度の離散化)や運動エネルギーの増加，バンドギャップエネルギーの増加などが起こる。この現象を**量子サイズ効果**(quantum size effect)とよぶ。

これらの3つの効果は，必ずしも個別の現象ではなく，それぞれの効果が影響し合って1つの現象を引き起こしている場合も多い。ここでは3つの効果の典型例を紹介しよう。

10-2 表面効果

表面の原子は結合の相手がいないために未結合手が生じ(多くは表面官能基を形成)，吸着，表面張力，化学反応性の増加などといった現象がおこる。また配位数が満たされていないために，表面原子はバルク原子と比較すると格子振動はソフト化(大きな振幅でゆっくりと熱振動)している。粒子径が小さくなり，表面原子の割合が高くなると，各物質はバルク物質に固有の値(物質定数)をもはや示さなくなる。ここでは微粒子化に伴う蒸気圧，溶解度，および融点の変化について考察する。

(1) 蒸気圧の変化

界面が平面ではなく湾曲しているときは，**界面張力**[1]のために，その両相の圧力は等しくない。ここでは液滴や固体の球形粒子に作用する圧力およびその蒸気圧について考える。

球形粒子の半径を r から $r+\mathrm{d}r$ に大きくしたとき，平衡状態においては，膨張の仕事 $\Delta P\mathrm{d}V$ と全表面エネルギーの増加 $\gamma\mathrm{d}A$ とは等しい。すなわち，

$$\Delta P\mathrm{d}V = \gamma\mathrm{d}A \tag{10-1}$$

である。ここで，ΔP は外圧 P_0 とそれに対抗する系内の圧力 P の差($\Delta P = P - P_0$)，γ は新しい表面ができるための単位面積当たりの自由エネルギー変化(界面張力)，$\mathrm{d}A$ は粒子の表面積の増加を表す。ここで

$$\mathrm{d}V = 4\pi r^2 \mathrm{d}r \tag{10-2}$$

$$\mathrm{d}A = 4\pi(r+\mathrm{d}r)^2 - 4\pi r^2$$
$$\simeq 8\pi r\mathrm{d}r \tag{10-3}$$

であるので，(10-1)式，(10-2)式，(10-3)式より

$$\Delta P = 2\gamma/r \tag{10-4}$$

となる。この式は気-液，液-液界面における液体球面の両側の圧力に対して与えられたものであるが，異なる相の界面で，半径 r の球面に働く

---

[1] 気体，液体，固体が互いに接する面を界面とよぶ。しかし気-液界面や気-固界面では液体や固体の表面とよぶので，気体と接する液体と固体の界面張力はとくに表面張力とよぶことが多い。

圧力を表す一般的な式として利用される。界面が平面($r=\infty$)で接していれば$\Delta P=0$である。酸化物粒子を例にして半径$1\mu m$の固体球面に働く圧力を計算してみると，その表面エネルギーを$0.5\,\mathrm{Jm^{-2}}$(酸化物の表面エネルギーE_sは一般に$0.5\sim1\,\mathrm{Jm^{-2}}$であり，これを$\gamma$に等しいとする)とすれば，約10気圧の圧力が作用していることになる。このように粒子半径rが小さくなるほど，より大きい圧力の下にあるのと同じ状況にあるといえる。

次に，(10-4)式をもとにして，微粒子の蒸気圧について考えてみよう。ある気圧P_0の下にある液体または固体と平衡にある蒸気の自由エネルギーは等しい($G_l=G_g$)。これに圧力Pをかけると，同じ自由エネルギーをもつためには，すなわち平衡であるためには($G_l+\Delta G_l=G_g+\Delta G_g$)，蒸気の圧力も増加しなければならない。$\Delta G_l$と$\Delta G_g$はそれぞれ次のように与えられる。

$$\Delta G_l = \int_{P_0}^{P} V\mathrm{d}P = V(P-P_0) \tag{10-5}$$

$$\Delta G_g = \int_{p_e}^{p} V'\mathrm{d}p = RT\ln(p/p_e) \tag{10-6}$$

ここでVは液体または固体のモル体積，V'は蒸気のモル体積(理想気体とすると$V'=RT/p$)，p_eとpは圧力をかける前と圧力をかけた後の蒸気圧である。$\Delta G_l = \Delta G_g$より

$$V(P-P_0) = RT\ln(p/p_e) \tag{10-7}$$

この式は蒸気圧に及ぼす圧力の影響を表している。ここで，バルク液体またはバルク固体(すなわち表面が平らなとき，$r=\infty$)の蒸気圧をp_∞とし，半径rの液滴または粒子の示す蒸気圧をp_rとすればそれぞれ，$p_e=p_\infty$，$p=p_r$と置くことができる。(10-7)式を(10-4)式に代入すると

$$\ln\frac{p_r}{p_\infty} = \frac{2\gamma V}{rRT} \tag{10-8}$$

となる。この式は**ケルヴィン(Kelvin)の式**とよばれる。粒子径に伴う蒸気圧の変化の一例として水の小液滴(20℃，γを一定とする)について調べてみよう。

$r(\mu m)$	∞	1	10^{-1}	10^{-2}	10^{-3}
p_r/p_∞	1	1.001	1.011	1.114	2.95
mmHg	17.5	17.5	17.7	19.5	51.6

球面上の蒸気圧は平面上の蒸気圧よりも大きくなることがわかる。ところで，毛管中のメニスカスにみられる凹面上の蒸気圧はどのようになるのであろうか。この場合は負の曲率半径をもつので，$p_r/p_\infty<1$となり，平面よりも蒸気圧は低下することになる。また，粉体を加熱したと

> **表面張力と表面自由エネルギー**
>
> 表面張力[N/m]と表面自由エネルギー[J/m²]はSI単位で表すといずれも[$=\mathrm{kg\cdot s^{-1}}$]である。両者はベクトルとその大きさ(スカラー)の関係にあるため，それぞれ使い分けが行われる。全く同義で用いるられることも多い。

き起こる焼結では，粒子が互いに融着して生じるネック部も同様に r の小さい凹面である．この場合，粒子の表面(凸面)から物質が気化し，拡散して，蒸気圧の低いネック部で凝縮する．このような機構で焼結時の物質移動が行われるという考え方が蒸発‐凝縮機構(13-6項参照)である．

(2) 溶解度の変化

「沈殿の熟成」は，小さな粒子は大きな粒子よりも溶解度が大きいことに基づいた操作であることはすでに(例えば分析化学で)学んでいる．この基礎となる関係はKelvinの式と全く同じ形式で表される．

$$\ln \frac{S_r}{S_\infty} = \frac{2\gamma V}{rRT} \qquad (10\text{-}9)$$

S_r は半径 r の粒子の溶解度，S_∞ はバルク固体($r=\infty$)の溶解度で他は(10-8)式と同様である．すなわち粒子径 r に伴う溶解度 S_r の変化を表す式である．

(10-9)式は，固体の蒸気圧と溶解度の関係をもとに(10-8)式より誘導することができるが，ここでは11章で述べる核生成反応に伴う自由エネルギー変化 ΔG (核生成・成長に必要なクラスターの最低の大きさに関連する式)から誘導しよう．

気相から生じる液滴にしろ，溶液から生じる結晶にしろ，その形は球形であるとすると，このときの ΔG (単位体積当たりの自由エネルギー変化)は核生成の際の体積自由エネルギー $(4/3)\pi r^3 \Delta G_V$ と表面生成のための自由エネルギー $4\pi r^2 \gamma$ の和である(11-1項)．すなわち

$$\Delta G = (4/3)\pi r^3 \Delta G_V + 4\pi r^2 \gamma \qquad (10\text{-}10)$$

また，核生成の駆動力に相当する ΔG_V は，溶液相の場合，次のようになる．

$$\Delta G_V = -(RT/V)\ln(C/C_0) \qquad (10\text{-}11)$$

ここで C は過飽和濃度を，C_0 は平衡濃度を表す．(10-10)式と(10-11)式とから

$$\Delta G = -\frac{(4/3)\pi r^3}{V} RT \ln \frac{C}{C_0} + 4\pi r^2 \gamma \qquad (10\text{-}12)$$

となる．ΔG を r で微分し，極大点における半径(核の臨界半径，すなわち核生成に必要なクラスターの最低の大きさ)を r^* で表し，また $\Delta G^*/dr = 0$ の条件から

$$RT \ln \frac{C}{C_0} = \frac{2\gamma V}{r^*} \qquad (10\text{-}13)$$

が得られる．これを**ケルヴィン‐オストワルド(Kelvin-Ostwald)の式**という．

ところで，(10-13)式では半径 r^* の微粒子の溶解度が C であるということができ，また，十分大きい粒子(バルク固体，$r=\infty$)の溶解度は平衡濃度 C_0 に対応する。ここで，$C=S_r$，$C_0=S_\infty$ とおけば，十分大きい粒子の溶解度 S_∞ に対する半径 r の微粒子の溶解度 S_r との関係は(10-9)式そのものとなる。

ここで，無定形シリカの微粒子(コロイド粒子)の水に対する溶解度を求めてみよう。ただし，$\gamma=0.1\,\mathrm{Jm^{-2}}$，$S_\infty=1\times10^{-4}\,\mathrm{g/cm^3\,H_2O}\,(\fallingdotseq 100\,\mathrm{ppm})$，$V=27.5\,\mathrm{cm^3/mol^{-1}}$，$R=8.31\,\mathrm{J\,K^{-1}mol^{-1}}$，$T=300\,\mathrm{K}$ として求めた。その結果を図 10-2 に模式的に示す。

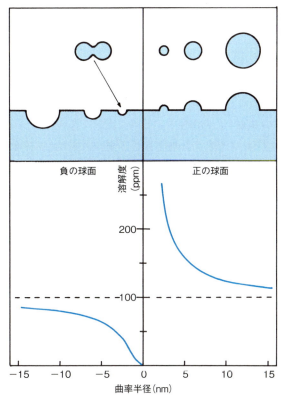

図 10-2 シリカ粒子の正および負の球面の曲率半径の変化に伴う溶解度の変化
(参考文献 18))

一方，粒度の異なる固体の溶解度を調べることによってその界面張力を求めた例がある。塩化ナトリウムのアルコールに対する溶解度の測定から 25℃の固-液界面張力として $\gamma=0.1\,\mathrm{Nm}\,(=\mathrm{Jm^{-2}})$ という値が得られている。

(3) 融点の変化

バルク固体の融点 T_m は，融解エンタルピー ΔH_m と融解エントロピー ΔS_m の関係，$T_m=\Delta H_m/\Delta S_m$，として与えられる(9-3 項)。

2) (10-14)式は微粒子の融点に関する式で，ナノ粒子には適用できない。図10-2に示すように，6 nm以下の大きさにおいて急激な低下を示すナノ粒子の融点のサイズ依存性に関しては，いくつかのモデルが提案されているが，本書の域を超えるのでここでとどめておく。

3) 格子振動の振幅が大きくなることは，振動数 ν の低下をもたらす。その結果，9-2項で述べたようにデバイ温度 $\theta_D(=(h\nu/2\pi k_B)\cdot(6\pi^2N/V)^{1/3})$ を低下させる。デバイ温度の低下は(9-3)式 $(C_v=234R(T/\theta_D)^3)$ からわかるように，物質の比熱を大きくするので，微粒子はバルク結晶よりも大きな比熱をもつことが理解できる。

表面自由エネルギー（表面張力）と表面エネルギー

表面張力 γ は「単位面積あたりのヘルムホルツ自由エネルギー F_s」と定義されており，表面エネルギー E_s は「単位面積の表面を創出することによる内部エネルギー U_s の変化分」と定義されている。両者の間には $\gamma=U_s-TS_s$ の関係がある（基本式は $F=U-TS$ で，下付きのsは表面に起因する項を表す）。また $S_s=-d\gamma/dT$ の関係があるため，表面自由エネルギーと表面エネルギーとの間は，$\gamma-T(\partial\gamma/\partial T)=E_s$ の関係で表される。温度が低い場合は両者はほとんど等しくなることがわかる。

一方，微粒子の融点 T_s は次の式で与えられる[2]。

$$(T_m-T_s)T_m=2E_s/\Delta H_m r\rho \tag{10-14}$$

ここで r は粒子半径，ρ は密度，E_s は表面エネルギーである。

(10-14)式について考えてみよう。バルク固体が融解する際は $\Delta G(=\Delta H_m-T_m\Delta S_m)=0$ であるので，質量 dW だけ融解したときのエネルギー収支は

$$\Delta H_m dW-T_m\Delta S_m dW=0 \tag{10-15}$$

ところが微粒子の場合，融解によって表面が消失するが，その際に放出される表面エネルギーが融解熱の一部になり，融点を下げる効果をもつ。融解によって dA の表面積の減少があったとすると

$$\Delta H_m dW-T_s\Delta S_m dW-E_s dA=0 \tag{10-16}$$

ここで，$dA=8\pi r dr$，$dW=4\pi r^2\rho dr$ の関係と，(10-15)式と(10-16)式から，(10-14)式が得られる。

固体の微粒子化に伴う熱的性質の変化を熱力学的に考えたが，これをミクロ的にみると，熱的性質の変化は化学結合が不完全である表面原子の格子振動の振幅が，内部原子のそれに比べて大きいことに起因するといわれている[3]。すなわち，振幅が格子定数の5〜10％程度になると結晶が融解するので，結晶表面はバルクと比べると融解しやすい状態にあるといえる。その表面原子の占める割合が多い微粒子ほど融点の低下をもたらすのである。図10-3に金の微粒子の粒径 $d(=2r)$ に伴う融点の変化を示す。

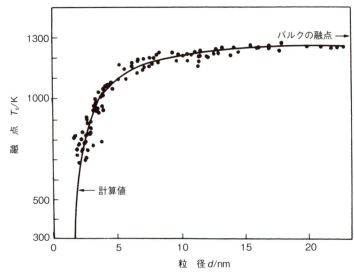

図10-3 Au微粒子の融点の粒径依存性
Ph. Buffat and J-P. Bolel : Phys. Rev. A. 13 2287 (1976)

10-3 体積効果

強磁性体や強誘電体はドメイン構造から成っている。強磁性体では隣接する磁区の間に磁化の向きが180°変わるブロッホ壁が存在し、その厚みは数十nmである。これに対し、イオン結晶強誘電体の誘電性は単位格子中のイオンの変位に基づく電気双極子であるため、そのドメイン壁は非常に薄く、180°ドメイン壁の場合は1個の単位格子かそれ以下の幅で分極が反転している。これらのサイズ効果について考える。

（1） 磁性のサイズ効果

強磁性体を磁壁の厚さあるいはそれ以下のサイズにすると、微粒子内に磁区をしきる磁壁のできる余地がなくなるので単一の磁区から成る粒子が生成する。これを**単磁区構造**(magnetic single domain structure)の粒子という。一般に磁壁の厚さは50 nm程度（鉄の場合）であるので、100 nm程度以下になると、磁区の形成による静磁エネルギーの利得よりも、磁壁を作るために必要なエネルギーの損失が大きくなり、単磁区構造が安定化する。

図10-4に強磁性体の粒子の大きさに伴う単磁区構造の形成と保持力の変化を示す。単磁区粒子形成時点で極大を示す。単磁区粒子では、磁化の反転は磁壁の移動によらず粒子内の磁気モーメントの一斉回転によって起こるために、保磁力はバルク磁性体よりも大きくなるためである。粒子径がさらに小さくなると、1つの粒子中の磁気モーメントの数が減ると共に、磁気モーメントが特定の方向に向く磁気異方性エネルギーが小さくなる。磁気異方性エネルギーが熱エネルギーと同程度になると、熱揺らぎによって磁気モーメントのランダムな反転が起こるようになり、安定した磁気秩序を失って常磁性的に振る舞うようになる。これを**超常磁性**(superparamagnetism)という[4]。

4) 磁気異方性エネルギーはK_uV (K_u：単位体積あたりの磁気異方性定数、V：粒子の体積)で表される。一方、周囲の熱エネルギーは$k_BT/2$ (k_B：ボルツマン定数)で表わされ、両者が同程度になる ($K_uV \approx k_BT/2$)と熱揺らぎによって磁気モーメントがランダムに反転するようになる。粒子径が数nmになると、K_uVよりも熱エネルギーが大きくなり超常磁性を示すようになる。

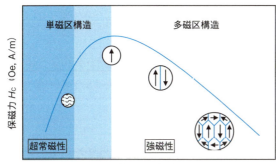

図10-4 強磁性ナノ粒子の保磁力H_cの粒子径D依存性、および超常磁性への変化の概念図（磁気的に孤立した粒子モデルで示す）

(2) 誘電性のサイズ効果

強誘電体の代表である $BaTiO_3$ の粒子サイズを小さくしていくと，図10-5 の破線で示すように一定のサイズで強誘電性が消失するとされてきた。ところが近年の研究によると，図10-5 の実線で示すようにナノ粒子化に伴い比誘電率は上昇し，粒子径が 100～150 nm 付近で極大値を示す。さらに微細化すると誘電率は低下して最終的には消失することが報告されている[5]。一見強磁性体と類似したサイズ効果を示すが，その原因は大きく異なっている。$BaTiO_3$ は微粒子化に伴い，①ドメイン構造の変化，②結晶構造の変化（正方晶（強誘電性）から立方晶（常誘電性）への変化），③粒子表面付近の欠陥や格子の乱れなどに基づく結晶性の低下，などが見られる。ナノ強誘電体の誘電性は表面の状態に敏感であるため，これらの影響を受けた結果，ナノ強誘電体はサイズ効果を示したと考えられている。

5) S. Wada et. al., *J.Electroceramics* (2007)（インターネット版）など

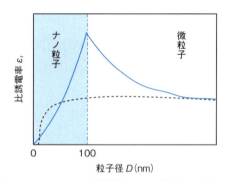

図 10-5　$BaTiO_3$ の比誘電率 ε_r の粒子径 D 依存性

10-4　量子サイズ効果

粒子の直径を原子のド・ブロイ波長（数 nm～20 nm）程度まで小さくすると，電子がその領域に閉じ込められるため，電子の状態密度は離散化する。さらに電子の運動の自由度が制限されるために，その運動エネルギーは増加する。したがって，粒子径が小さくなるにつれてバンドギャップエネルギーが増加する。この現象は量子サイズ効果あるいは量子閉じ込め効果とよばれる。

図 10-6 に三次元の方向でサイズがそれぞれ異なる"バルク結晶"，"ナノ薄膜"，"ナノ細線"，"ナノ結晶"に電子を閉じ込めた時のそれぞれの量子サイズ効果（主に状態密度の変化）を示す。

箱の中のド・ブロイ波

電子は粒子と波動の二重性を持っているが，原子のボーアモデルにおける円形軌道上の電子は $n\lambda$ ($n=1, 2, 3, \cdots$) を満たす定常波に限られたことを思い出そう。この波がド・ブロイ波であった。バルク結晶中では電子は 1～20 nm 程度のド・ブロイ波長を示すが，この電子をド・ブロイ波長 λ 程度の長さ L nm の箱の中に電子を閉じ込めると，波が定常的に存在するには $L=n\lambda/2$ ($n=1, 2, 3, \cdots$) を満足させなくてはならない。すなわち電子をナノメートルサイズの箱に閉じ込めると量子化が顕在化し，エネルギーは離散化する。また $E_n=n^2h^2/8mL^2$ ($n=1, 2, 3, \cdots$) の関係から，長さ L を短くする ($L \leq 10$ nm) につれて，電子のエネルギーは増大することがわかる（3-10 式参照）。

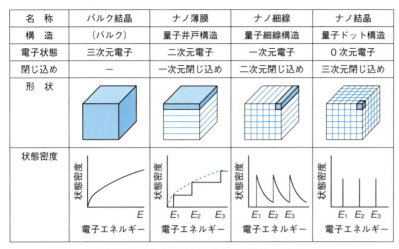

図10-6　ナノ材料の形状と状態密度の関係

図10-6に示した"閉じ込めの次元"の増加(バルク→量子井戸→量子細線→量子ドット)に伴う電子の状態変化を考察しよう。

(1) バルク

x, y, z方向に広がりを持つバルク結晶中の電子は"三次元ポテンシャル井戸中の自由電子"で，三次元の各方向に自由に動くことができ，結晶中の電子は粒子性に基づく各種の法則(例えばオームの法則など)が成立する。バルク結晶中では状態密度$g(E)$は自由電子近似モデルに基づき，$\sqrt{E}$に比例[$g(E) \propto \sqrt{E}$]する(3-2項〜3-5項参照)。

(2) 量子井戸

z方向の厚みLを10 nm以下とし，x, y方向に広がった二次元的結晶中の電子は"二次元ポテンシャル井戸中の電子"であり，厚さ方向に量子化されてエネルギーは離散化する。このような一次元方向への閉じこめを作った構造を**量子井戸構造**(quantum well structure)という。量子井戸構造では，状態密度$g(E)$は図に示すように一定値[$g(E) = $const.]を示し，エネルギーに沿って階段状となる。

(3) 量子細線

y, z方向の厚みLを10 nm以下とし，x方向(細線の長さ方向)のみに広がった一次元的結晶を考える。これをナノ細線とよび，この結晶中の電子は"一次元ポテンシャル井戸中の電子"であり，この状態密度$g(E)$は$\sqrt{E}$に逆比例[$g(E) \propto 1/\sqrt{E}$]して各エネルギーに収束する。これを**量子細線構造**(quantum wire structure)とよぶ。カーボンナノチューブはナノ細線と同様の状態密度を示す。

(4) 量子ドット

x, y, zのすべての方向が10 nm以下の結晶中の電子は"0次元ポテン

シャル井戸中の電子"である。このように電子の三次元の閉じ込めが行われたナノサイズの結晶を**量子ドット**(quantum dot)という。量子ドットではエネルギー E は量子準位($E_{n_x}+E_{n_y}+E_{n_z}$, $n=1, 2, 3, \cdots$)に等しくなるとき以外は取り得ないようになる。これを**量子ドット構造**(quantum dot structure)とよぶ。状態密度 $g(E)$ は図 10-6 に示したような離散的なエネルギー状態をとる[6]。

(1)～(4)でわかるように，量子閉じ込めの次元が増す(電子の自由度の次元が低下する)に従い，電子は離散的なエネルギー状態をとり，状態密度関数が先鋭化する。これが量子サイズ効果の特徴である。

(5) 量子サイズ効果の応用

(1)～(4)に示したそれぞれのナノ構造を LED やレーザーダイオードなどに利用するとすれば，量子閉じ込めの次元が増すほど光利得(周波数特性)のピーク値が高くなり，スペクトル線幅や温度の影響の減少などの特性も飛躍的に向上させることができる。図 10-7 に示すように，量子ドットや量子細線を用いると電子の閉じこめにより発光効率や強度の改善を行うことができる。

[6] 量子ドット中の電子はある特定のエネルギーに状態に収束することを意味する。すなわち原子を取り巻く電子と同様に飛び飛びの値しか取れなくなる。したがって量子ドットは人工原子とよばれる。

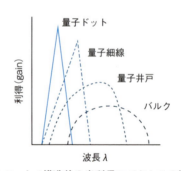

図 10-7　ナノ構造体の光利得スペクトルの概念図

① **量子井戸の応用**：現在の半導体レーザーのほとんどは積層したナノ薄膜が利用されており，青色 LED，n 型と p 型の GaN 系結晶層も薄膜の積層構造によるものである。これを量子井戸レーザーとよぶ。

② **量子細線の応用**：量子細線の利用としては，電子の散乱を抑制した高移動度の半導体量子細線トランジスタや低発振閾値や高微分利得の量子細線レーザーがある。

③ **量子ドットの応用**：半導体ナノ粒子は量子ドットとして様々な発光デバイスとして用いられている。その理由は，ナノ粒子のサイズを変えると図 10-8 に示すようにバンドギャップが変化することにある。例えばバルクの CdSe 半導体のバンドギャップは 1.73 eV で吸収スペクトルおよび蛍光スペクトルは一定である。ところが粒子径を 4 nm にする

と，バンドギャップは約 2.4 eV になり蛍光色は緑へと変化する。このように量子サイズ効果によって粒子の大きさに伴い発光波長が変わる。さまざまな粒径の粒子を用いることによって，単一波長(一般に 250 や 365 nm の紫外線)の励起光で種々の発光色が得られる。この性質を用いて，高輝度で省エネルギーの蛍光材料や LED 材料としての利用が図られる。

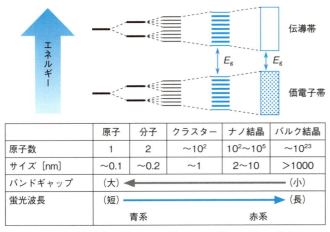

図 10-8　半導体の粒子サイズとバンドギャップとの関係

10-5　ナノ物質とナノマテリアル

大きさを示す三次元のうち少なくとも 1 つの次元が約 1～100 nm であるナノ物質，およびナノ物質により構成されるナノ構造体(内部にナノスケールの構造を持つ物質およびナノ物質の凝集した物体を含む)を**ナノマテリアル**(ナノ原料，ナノ材料)とよんでいる[7]。ナノマテリアルはその形態によって 0 次元から 3 次元の次元数で分類される。図 10-9 にその形態の概念図を 10-1 示す。

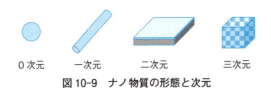

図 10-9　ナノ物質の形態と次元

[7] ナノマテリアルの形態による分類とその物質の例を示す。

形態	物質例
0 次元	フラーレン，金ナノ粒子，金クラスター，半導体ナノ粒子
一次元	カーボンナノチューブ，LaB_6 単結晶ナノワイヤー
二次元	グラフェン，酸化チタンナノ薄膜
三次元	グラフェンシート積層，複合ナノ構造体

ナノマテリアルの安全性

金属や酸化物ナノ粒子は化粧品，医薬品などに利用されているが，微細であるがゆえに体内に取り込まれて血液中を自由に移動することができる。したがって各種臓器への蓄積性や免疫性あるいは毒性などのリスク評価が厚生労働省などによって行われている。また OECD ではナノマテリアルの生体と環境への影響に関する会議を定期的に開催している。

炭素ナノ物質

炭素の同素体にはこれまでダイヤモンド，グラファイトおよび無定形炭素があげられていた。ところが1985年に C_{60} **フラーレン**が，1991年には**カーボンナノチューブ** C_n (CNT)が発見され，炭素の同素体は5つに増えることとなった。新たな同素体である C_{60} と CNT はいずれもナノ物質である。いっぽうフラーレンや CNT の骨格となっているグラフェンそのものも，製法の確立および応用が進行しているために，炭素ナノ物質に加えられつつある。

C_{60} は図1に示すように，炭素6員環が20個および5員環が12個から成るサッカーボール様の中空の炭素分子で，直径は 0.71 nm（ファンデルワールス直径は 1.01 nm）である。5員環と6員環の接する辺の C-C 結合距離は 0.145 nm，6員環同士が接する辺の結合距離は 0.140 nm で，グラフェン（C-C 原子間距離は 0.142 nm）を基本構造としていることがわかる。C_{60} の他に C_{70}，C_{82} などがあり，その内部にはいずれも金属イオンが入れる間隙が存在している。

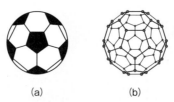

図1 サッカーボール(a)と C_{60} フラーレン(b)

CNT は図2に示すように，グラフェンを筒状にしたチューブ状炭素高分子である。その直径は 0.4～50 nm で，長さは直径の数百倍（μm のオーダー）のものが多い。

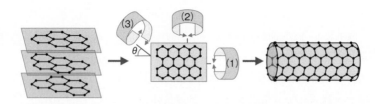

(a) グラファイト　(b) グラフェン　(c) カーボンナノチューブ

図2 グラファイト，グラフェンおよびカーボンナノチューブの関係

CNT には，図2(1)で示した方向にグラフェンシートを巻いたアームチェア型（図2(c)），図2(2)で示した方向に巻いたジグザグ型，および図2(3)に示した一定の角度 θ で巻いたらせん型またはカイラル型（この巻き方を「カイラリティ」と呼んでいる）がある。巻き方の違いでバンド構造が異なるために，電気的性質がそれぞれ異なってくる。図に示した CNT は1枚のグラフェンシートから成るために単層ナノチューブ（単層 NT）とよぶ。また複数枚のグラフェンシートが同心円状に重なったものを多層ナノチューブ（多層 NT）とよぶ。表1に C_{60} フラーレンと単層 NT の性質と応用の一例を示す。

表1　C_{60} フラーレンと単層 NT の性質と応用の一例

炭素ナノ物質		電気的性質	その他の性質や応用
C_{60} フラーレン		半導性～絶縁性	金属イオン内包体は電子材料・超伝導材，表面修飾体は医薬などへの応用
単層 NT	(1) アームチェア型	金属性	極めて高弾性，優れた熱伝導性，ヤング率は 1 TPa 以上，比強度は構造によって異なり 13～126 GPa など。電子材料や構造材料への応用
	(2) ジグザグ型	半導性，金属性	
	(3) らせん型	半導性，金属性	

反 応 編

　物性論が固体化学においてもその一大中心課題であることに疑いをはさむ者はいないであろう。しかし物性論を発展させてきたのは主として物理学者であり，化学者の寄与はこれに比べてあまり多くなかったことも確かである。本来，化学者の得意とする分野は物質の変化，すなわち反応に関する分野である。固体のいろいろな反応性を速度論および平衡論の両面から研究し，新しい合成法を見出すことは化学者に負わされた最大の任務であろう。我々は11〜14の4つの章で固体の反応性，安定性について，また15章では各種固体の合成法について学ぶ。

参 考 文 献

1) 玉井康勝,富田彰:固体化学(Ⅰ)および(Ⅱ)第4版,朝倉書店(1977)
2) 桐山良一:固体構造化学,共立出版(1978)
3) N. B. Hanny, 井口洋夫,相原惇一,井上勝也訳:固体の化学,培風館(1971)
4) S. Glasstone, K. J. Laidler and H. Eyring : "The Theory of Rate Processes", McGraw-Hill Book Company, Inc.(1941), 長谷川繁夫,平井西夫,後藤春雄訳:絶対反応速度論(Ⅰ)および(Ⅱ),吉岡書店(1964)
5) 小泉光恵,宮本欽生:現代化学,No.103, 14(1979)
6) 日本化学会編:化学総説No.22,超高圧と化学,学会出版センター(1979)
7) 日本化学会編:化学総説No.9,固体の関与する無機反応,学会出版センター(1975)
8) 小田良平他編:近代工業化学11,材料化学Ⅰ朝倉書店(1970)
9) 斎藤進六,白崎信一編:ニューセラミックスの時代,工業調査会(1984)
10) 田中良平編著:極限に挑む金属材料,工業調査会(1979)
11) 日本化学会編:化学総説 No.41,無機アモルファス材料,学会出版センター(1983)
12) 中西典彦,坂東尚周編著,小菅皓二,曽我直弘,平野眞一,金丸文一共著:無機ファイン材料の化学,三共出版(1988)
13) C. N. R. Rao, J. Gopalakrishnan : New directions in Solid State Chemistry, Cambridge University Press(1986)
14) 日本化学会編:化学便覧,基礎編(Ⅱ)丸善(1984)
15) Avrami, M., *J. Chem. Phys.* **7**, 1103(1939) ; **8**, 212(1940) ; **9**, 177(1941)
16) Laurent, P., *Compt. Rend.* **219**, 205(1944) ; *Reu. Met.* **42**, 32(1945)
17) Frye, T. H., E. E. Stansburg, and D. L. McElroy. *J., Metals*, **5**, 219(1953)
18) 西沢泰二,佐久間健人:金属工学シリーズ9,金属組織写真集,鉄鋼材料編,日本金属学会,丸善(1978)

　記載した参考文献以外に,構造編,物性編,および反応編を通して各大学の諸先生の講義資料などをネット検索により参考にさせていただきました。特に東京農工大名誉教授の佐藤勝昭先生および京都大学名誉教授の志賀正幸先生の資料やご本は貴重な参考資料でした。

11 結晶化反応

ヨウ素の蒸気や塩化カリウムの溶融液を冷たいガラス壁に接触させると，I_2 や KCl の結晶が凝縮してくる。また食塩の水溶液を濃縮していくと，NaCl の結晶が析出する。このように蒸気や液体あるいは溶液を冷却したり，濃縮したりすると，ある状態で結晶が生ずる。しかしこの結晶化は昇華点，融点あるいは飽和濃度に到達したら直ちに起こるのではなく，必ず過冷却や過飽和状態になってはじめて起こるのである。このとき系内の原子や分子はくっついたり，はなれたりしてまず**結晶核**(nucleous)とよばれる小集団(**クラスター**)をつくる。この結晶核ができるまでは時間がかかるが，ひとたび結晶核ができると，これが結晶に成長するにはあまり時間がかからない。この章では結晶化の反応を結晶核の形成と結晶の成長という2つの過程に分けて考察しよう。

11-1 核の形成

考察を簡単にするため，気相原子 X が n 個集まって核 X_n をつくる場合を例にとる。核形成の難易度を示す尺度は n 個の X と X_n との間の自由エネルギー差 ΔG

$$\Delta G = \Delta H - T \Delta S \tag{11-1}$$

で表される。したがって我々はまずエンタルピー差 ΔH およびエントロピー差 ΔS をそれぞれ別々に見積ってみよう。まず ΔH からはじめる。いま原子 X が 2, 3, …6個と集まったときできるクラスター X_n の原子配置は図 11-1(a)に示すようなものであろう。そしてこの時のクラスター中の X-X 結合の総数 A は $n(n-1)/2$ で表される。原子数が多くなるとクラスターは次に述べるように小球核となり，全結合数 A は $n(n-1)/2$ より少なくなる。

図 11-1(b)に示すように，小球核表面に露出する原子1個当たりの結合数が小球核内部に存在する原子1個当たりの結合数 z (すなわち配位数)の約 1/2 と仮定すれば，小球核中の全結合数 A は

$$A = \frac{1}{2}\left[(n-n')z + n'z/2\right]$$
$$= \frac{n}{2}\left[1 - \frac{3}{2}\left(\frac{4\pi}{3n}\right)^{1/3}\right]\cdot z \tag{11-2}$$

となる。ここで a は原子間隔，r は小球核の半径で，n' は表面に露出している原子数で $4\pi r^2/a^2$ と近似できる。n は $4\pi r^3/3a^3$ と近似できる。

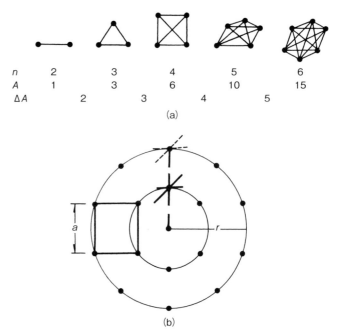

図11-1 クラスターおよび小球核内の原子配置と結合数
(a) $n=2\sim6$ までのクラスター。n は原子数,A は全結合数 (b) 小球核
a:原子間隔,r:球半径。原子の周囲の太い実線は完全な結合を,点数は不完全な結合(完全結合の約 1/2 の強さ)を表す。小球核のもつ原子数や結合数については本文参照のこと。

また 1/2 という数字は結合数を二重に数えたことを補正するための因子である。(11-2)式から小球核形成反応のエンタルピーは(11-3)式のようになる。

$$\Delta H = \frac{n}{2}\left[1-\frac{3}{2}\left(\frac{4\pi}{3n}\right)^{1/3}\right]\cdot z\cdot E_{xx} \qquad (11\text{-}3)$$

ここで E_{xx} は X-X 結合 1 個当たりの結合エンタルピーで負の値をもつ。

小球核形成に伴うエントロピー変化は**並進の分配関数** $Q=(2\pi mk_BT/h^2)^{3/2}\cdot(Nk_BT/P)$ から,近似的に次のようになる。

$\Delta S = S(X_n) - nS(X)$

$= \left[R(1-\ln N) + RT\dfrac{d\ln Q(X_n)}{dT} + R\ln Q(X_n)\right]$

$\quad - n\left[R(1-\ln N) + RT\dfrac{d\ln Q(X)}{dT} + R\ln Q(X)\right]$

$= (1-n)RB + (3/2)R\ln[m(X_n)/m(X)] + R\ln[P(X)/P(X_n)] \qquad (11\text{-}4)$

m は原子(分子)量,P は圧力,k_B,h,N はそれぞれボルツマン定数,プランク定数,アボガドロ数である。また B は定数で

$$B = (7/2) + (3/2)\ln(2\pi m(X)k_BT/h^2) + \ln(k_BT/P(X)) \qquad (11\text{-}5)$$

のように定義される。ここで $m(X_n)/m(X)=n$ であることに注意しよ

う。$P(X_n)$ は CRT で求め得る(C は X_n の濃度)。また $P(X)$ は実測可能なので，我々は(11-5)式を使い，ΔS を見積ることができる。そして ΔG は次式で求め得る。

$$\Delta G = \frac{1}{2} n \left[1 - \frac{3}{2}\left(\frac{4\pi}{3n}\right)^{1/3}\right] z \cdot E_{xx}$$
$$- \{(1-n)B + (3/2)\ln n + \ln[P(X)/P(X_n)]\}RT \quad (11\text{-}6)$$

図11-2に ΔG，ΔH，$-T\Delta S$ の n 依存性の概念図を示す。(11-3)式からわかるように，ΔH の減少は n が小さいときはそれほど大きくはないが，n が大きくなると急に大きくなり，$3(4\pi/3n)^{1/3}/2$ が1に比べて無視できるようになると n に比例して直線的に減少する。

一方 ΔS は負の値であり，その大部分は(11-4)式の $(1-n)RB$ により決まる。そこで，$-T\Delta S$ を $(n-1)RBT$ で近似する。B は正の値であり，低圧になるほど大きくなる((11-5)式参照)。したがって $-T\Delta S$ は n に比例し直線的に大きくなるが，その傾斜は高温・低圧領域が大きく，低温・高圧領域ほど小さい。ΔG は ΔH と $-T\Delta S$ を合わせたものである。図が示すように，ΔG は n の小さいところでは正であるが，n の増加とともに極大値を経て次第に減少し始め，ついには負となる。ΔG の極大値(ΔG^*)およびその時の n 値(n^*)は温度と圧力の関数で，高温・低圧側では大きく，低温・高圧側ほど小さい。ΔG^* が正で大ということはそれだけ核の形成が難しいことを意味する。逆に ΔG^* が小さいことは核の形成がそれほど困難ではないことを示す。低温・高圧側で ΔG^* および n^* が小さくなることは，過冷却，過飽和の状態で核の形成が起こりやすいという事実と一致し，今までの議論が正しいことを裏づけている。

以上の議論は原理的には気相における核形成過程だけでなく，液相，固相および溶液相中の核形成反応にも適用できる。ただし上記の3つの相では原子や分子間の相互作用は大きいので，ΔH も $-T\Delta S$ もともに気相におけるほど大きくはないであろう。ΔG は ΔH と $-T\Delta S$ の和から成るので，上記3相の ΔG^* の大小関係を論ずることは気相の場合ほど簡単ではない。

核形成反応に伴う自由エネルギー変化は次のようにも表し得る。

$$\Delta G = (4/3)\pi r^3 \Delta G_V + 4\pi r^2 \gamma \quad (11\text{-}7)$$

$$\Delta G_V = -\frac{RT}{V}\ln(C/C_0) \quad (11\text{-}8)$$

ここで ΔG_V は単位体積当たりの自由エネルギー変化，V は核のモル体積，C は溶液の過飽和濃度，C_0 は平衡濃度，r は核の半径，γ は界面張力である[1]。ΔG を r で微分し，$d\Delta G^*/dr=0$ の条件から(11-9)および

---

1) (11-7)式は，核生成に伴う自由エネルギー変化 ΔG で，単位体積当たりの体積自由エネルギー変化 ΔG_V に加えて，核生成に伴って余分に発生する界面自由エネルギー γ の和となることを表している。ここで新相(核)β，母相(溶液)α とすると，β は α に比べて熱力学的に安定である($G_\alpha > G_\beta$)。したがって $\Delta G_V = G_\beta - G_\alpha < 0$ であり，(11-7)式の第1項は負の値をもち，第2項は正の値をもつ。もし $\Delta G_V = G_\alpha - G_\beta > 0$ とすれば，(11-7)式の第1項には負号を付けなければならない。

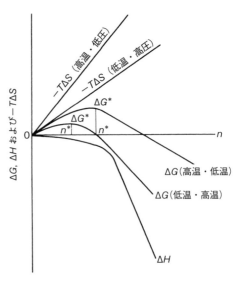

図 11-2　核形成反応における ΔG, ΔH, $-T\Delta S$ の n 依存性

(11-10)式を得る。

$$r^* = -\frac{2\gamma}{\Delta G_V} \tag{11-9}$$

$$\Delta G^* = \frac{4}{3}\pi r^{*2}\gamma = \frac{16\pi\gamma^3}{3\Delta G_V^2} \tag{11-10}$$

ここで r^* は臨界半径とよばれ，前述の n^* に対応するものである。(11-7)式〜(11-10)式が意味することは，核半径が小さいと，体積に比べて表面積が大きいので，界面エネルギーが大きくなり，核として存在し難いこと，しかし r^* 以上では界面エネルギーの影響力が小さくなるので，核として存在しやすくなり，成長が容易になることである。また過飽和度が大きいほど $-\Delta G_V$ は大きくなるので，r^* は小さくてよく，結晶化しやすい。この議論も1番目の議論と同様，実験事実を矛盾なく説明する。図11-3に ΔG の r 依存性を示す。

　ところで上記2つの議論はともに核形成反応を平衡論的に論じたものである。しかし核形成反応の難易度の判定は，速度論的にも行われねばならない。そこで核形成反応の速度論を考察してみよう。いま核の形成は逐次的に進むと考える。すると(11-11)式が書ける。

$$2X \rightleftharpoons X_2 \underset{}{\overset{+X}{\rightleftharpoons}} X_3 \underset{}{\overset{+X}{\rightleftharpoons}} X_4 \cdots\cdots$$

$$\underset{}{\overset{+X}{\rightleftharpoons}} X_{n^*} \underset{}{\overset{+X}{\rightleftharpoons}} X_{n^*+1} \cdots\cdots$$

$$\xrightarrow{+nX} 結晶 \tag{11-11}$$

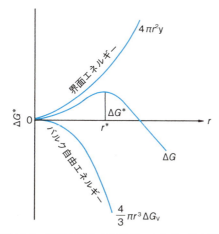

図11-3 核形成自由エネルギー ΔG の r 依存性

図11-4によれば，核形成反応には多数の素過程が存在し，各素過程は互いに似てはいるが明らかに異なる遷移状態をもつ。n が小さいときは，クラスターへの付着過程の活性化自由エネルギー $\overrightarrow{\Delta G^{\ddagger}}$ は脱離過程の活性化自由エネルギー $\overleftarrow{\Delta G^{\ddagger}}$ よりかなり大きい。しかしこのような n 領域では，$C(X_n)/C(X_{n+1}) \gg 1$ なので，付着と脱離の速度 $\overrightarrow{v}$ と $\overleftarrow{v}$ はともに小さく，かつほぼ同じ大きさとなり，$X_n + X = X_{n+1}$ の反応はほぼ平衡に近い（ここに $C(X_n)$ は X_n の濃度）。n が n^* に近づくと，$\overrightarrow{\Delta G^{\ddagger}}/\overleftarrow{\Delta G^{\ddagger}}$ が1に近づくのに対し，$C(X_n)/C(X_{n+1}) \gg 1$ の条件はあまり変らず，$\overrightarrow{v} > \overleftarrow{v}$ となって，$X_n + X = X_{n+1}$ の反応はもはや平衡ではなくなる。そして $n > n^*$ では $\overrightarrow{v}$ は十分速く，結晶が一気に生ずるようになる。このモデルをさらに簡単化すれば，通常の逐次反応式(11-12)が得られる。

$$n^* X \rightleftarrows X_{n^*} \xrightarrow{+nX} 結晶 \qquad (11\text{-}12)$$

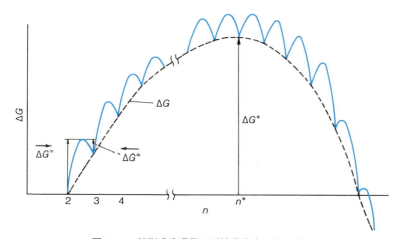

図11-4 核形成素過程の活性化自由エネルギー

簡単化された逐次反応のみかけの活性化自由エネルギーは，図11-2あるいは図11-3に示されたΔG^*に近い値をもち，結晶の成長量は時間に対しS字形となる(14-1項参照)。

このように核の生成にはΔG^*だけでなく$\Delta G^{\ddagger}$も関与することがわかる。核生成速度R_Nは，生成したr^*の大きさをもつクラスター(**臨界核**)の数N_{r^*}に臨界核の表面にさらに外部から原子が付着する頻度fを掛けたものとして表される。単位体積当たりの原子(または分子)の数をN_0とし，それが集合して臨界核を形成したとすると

$$N_{r^*} = N_0 \exp(-\Delta G^*/k_B T) \quad (11\text{-}13)$$

で表される。また臨界核の表面の原子の数n'にさらに1個の原子が付着するには，付着に要する活性化エネルギー(これを便宜上ΔG_aとしておこう)を越さねばならないので

$$f = n'\nu \exp(-\Delta G_a/k_B T) \quad (11\text{-}14)$$

で表される。ここでνは表面に付着する原子の振動数である。したがって核生成速度R_Nは

$$R_N = K \exp\left[-(\Delta G^* + \Delta G_a)/k_B T\right] \quad (11\text{-}15)$$

となる。ここで$K = N_0 n' \nu$である。

核の形成は，平衡論的考察からは低温・高圧ほど容易であるという結論が得られたが，速度論的には温度上昇とともに反応速度は速くなるはずである。(11-15)式からもわかるように，温度が下がると，$-\Delta G^*$の寄与によって核生成速度は速くなるが，さらに温度が下がると臨界核に原子が組み込まれる頻度が著しく低下するので(すなわちΔG_aの項がきいてくるので)，核生成速度はある温度で極大をもつことになる。

11-2 不均一核形成

今までの議論では反応系内には不純物は存在せず，核の形成は原子や分子同士の合体でしか生じないと仮定してきた**均一核形成反応**(homogeneous nucleation)であった。しかし実際の系には不純物や容器の壁が存在し，これが核形成の下地となる**不均一核形成反応**(heterogeneous nucleation)が進行する。この場合，結合は原子や分子同士ばかりではなく，原子・分子と下地との間にも生じ，エンタルピー変化は均一核形成の場合より大きい。しかしエントロピー変化は均一核形成の場合と同じなので，結果としてn^*(あるいはr^*)は小さくてすみ，結晶への成長は容易となる。図11-5に示すように，基板上に半径rの球冠状のクラスターの核が形成されるとき，その接触角をθとすると，不均一核生成反応に伴う自由エネルギー変化(ΔG_{hetero}と表す)は，(11-7)式の均一核生成反応の自由エネルギー変化(ΔG_{homo}と表す)との間に，$\Delta G_{hetero} = \Delta$

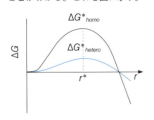

ΔG^*_{homo}とΔG^*_{hetero}

$\Delta G_{hetero} = \Delta G_{homo} f(\theta)$ ($f(\theta) < 1$)の関係からわかるように，明らかにΔG_{hetero}はΔG_{homo}より小さな値をとる。均一核生成と不均一核生成では臨界半径r^*は同じであるが，クラスター形成原子数は少なくてよく，活性化自由エネルギーΔG^*_{hetero}も小さくてよいことがわかる。これを図に示す。

図 均一核生成と不均一核生成の臨界半径と活性化自由エネルギー

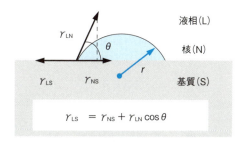

図 11-5　不均一核形成時の球冠状クラスターと接触角
　　　　θ および界面張力 γ のエネルギーバランス

$G_{homo} f(\theta)$ の関係がある。すなわち

$$\Delta G_{hetero} = \left(\frac{4}{3}\pi r^3 \Delta G_v + 4\pi r^2 \gamma\right) f(\theta) \qquad (11\text{-}16)$$

で表される[2]。$f(\theta)$ は接触角 θ をパラメータとする関数で，$f(\theta)=((2-3\cos\theta+\cos^3\theta)/4$ の関係がある。$f(\theta)$ は1より小さい（$0\leqq f(\theta)\leqq 1$）ので，下地となるものがあれば，また θ が小さいほど ΔG_{hetero} も小さくなる。一方，過冷却液体や過飽和溶液中に臨界半径 r^* よりも大きな親液性微粒子があると，それに液体分子が付着すれば図 11-3 に示した ΔG の山（ΔG^*）をすでに越えていることになり，核生成および結晶化が始まる。このように，不均一核生成の自由エネルギーは均一核生成の自由エネルギーよりも必ず小さいので，(11-15)式から不均一核生成速度は速いことがわかる。

11-3　結晶の成長

ひとたび結晶核が形成されれば，その表面への原子や分子の付着には，あまり大きな活性化エネルギーを必要とせず，クラスターは順次大きくなり，結晶に成長する。この結晶の成長の機構として，2つの代表的な機構，**コッセル機構**と**フランク機構**が提出されている。

コッセル機構によれば，結晶表面は図 11-6 のように平ではなく，ステップやキンクそして付着原子や表面核（二次元核）などが存在する。付着原子と表面核を除けば，熱力学的に一番不安定なのは不飽和結合の数が3であるキンク，続いて2であるステップ，そして1であるテラスである。したがって周囲の原子や分子はまずキンクに付着して，ステップをつくり，次にステップや表面核側面に付着して平らな結晶面を完成させる。こうして平らな表面が完成されれば，今度はその表面に原子や分子が付着して新しい表面核をつくり，新しい層をつくり始める。しかしコッセル機構には難点がある。すなわち表面核の形成（不均一核形成）にも，均一核形成の場合ほどではないにしろ，やはりかなり高い過飽和度

[2] 図 11-5 の γ_{LS} が (11-16) 式中の γ に相当する。なお γ_{LS}, γ_{NS}, γ_{LN} および接触角 θ の間には，次のようなエネルギーバランスがとられている。

$$\gamma_{LS} = \gamma_{NS} + \gamma_{LN}\cos\theta$$

基板と核との相互作用が大きければ（いわゆる濡れが大きければ），θ は小さな値を示す。

を必要とするはずである。しかしながら現実には表面核形成がほとんど起こらないと予想されるような低い過飽和度雰囲気下でも，結晶が成長する例が多数見出されている。コッセル機構はこの点を説明し得ない。

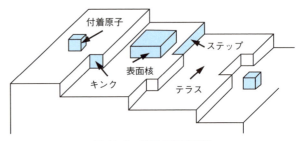

図 11-6　結晶の表面構造

コッセル機構の難点を克服し，多くの結晶成長過程を見事に説明したのが F. C. フランクである。彼は，結晶は完全なものではなく，むしろ 2 章で述べたようならせん転位を何本も含んでいると考えた。この状況を図 11-7 に示す。らせん転位のところには常にステップが存在することがわかる。そしてこのステップ側面に周囲から原子や分子が付着してキンクをつくり，これがより強い付着点となって周囲から原子や分子をさらに取り込んで，結晶面を成長させる。

ここで重要なことは図 11-7 の模式図からもわかるように，らせん転位のステップが前進しても，常に新しいステップが生じて永久に無くなることがないことである。したがって新しい表面核の形成を必要とせず，結晶は過飽和度の低い雰囲気中でも十分の速さで成長する。このようにフランク機構は，論理的にも十分納得のいく機構である。そして現実の結晶の表面観察からも，その説の正しさが裏づけられている。すなわち電子顕微鏡写真によれば，カーボランダム (SiC) 表面には六角形のうず巻きが現れており，フランク機構を支持している。ただしステップの高さは 16.5 nm あり，1 分子層の高さではない。この事実はらせん転位が 1 本だけではなく，何本も重なっているためと説明されている。

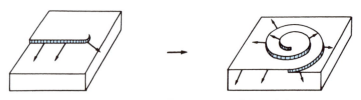

図 11-7　フランク機構によるらせん転位の発達

11-4 核発生過程の制御

11-1 項と 11-2 項では核の形成および結晶成長の過程を概念的に説明した。しかし結晶化反応を取り扱う上で重要なことは，いかにして上記2つの過程を制御し，良い結晶（あるいは目的にかなった結晶）をつくるかということである。本項では核形成の制御例について，次項では結晶成長過程の制御例についてそれぞれ述べる。

核発生数の増加を目的とした研究例はヨウ化銀エアロゾル散布による人工降雨術にみられる。この場合は不均一核形成に相当し，核の形成数はゾル粒子の数により決まる。そしてこの場合は結晶の形状は問題とならない。

核発生数の減少を目的とした例はグラファイト-ダイヤモンド相転移にみられる。図 11-8 にグラファイト-ダイヤモンドの平衡状態図を示す。固体のグラファイトに高温下で相転移に必要な圧力をかけても反応速度が遅く，ダイヤモンドは容易に生じない。そこでふつうは Fe, Ni, Cr 等の 3d 遷移金属に数重量パーセントの炭素を溶かして，ダイヤモンドを合成する（15-1 項参照）。すなわち，金属を溶媒として使うのである。図 11-8 には Ni-C 共晶線を示した。この共晶合金に，例えば 1,900℃ の温度下で，7G Pa の圧力をかけると，核の発生数は非常に多く，結晶同士がくっつき合った集合体ができてしまう。また結晶成長速度も速くなるため，内部が詰まっていない骸晶や樹枝状のデンドライトが生ずる。これらは宝石としては全く無価値である。したがって，宝石級のダイヤモンドを合成するには核の発生数を抑制せねばならない。これは次のように金や銀の微粉末を原料に微量混ぜることにより達成された。図 11-9 によれば，ダイヤモンド安定領域に深く入り，過飽和度の非常に高い 7GPa-1,700℃ の条件下でも金を 10 重量パーセント混ぜれ

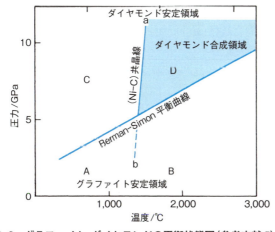

図 11-8　グラファイト-ダイヤモンドの平衡状態図（参考文献 5）より）

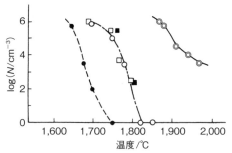

図11-9　不純物添加によるダイヤモンド核発生の抑制効果(参考文献5)より転載)
反応系の組成：グラファイト粉末対 Ni-Cr 粉末(＋核発生抑制剤)が50対50(wt%)，
反応時間：5分，圧力：7GPa
核発生抑制剤□ Ag 1 wt%，○ Au 1 wt%，■ Ag 10 wt%，● Au 10 wt%
　　　　　◎は核発生抑制剤を添加しない場合

ば，核の発生数は十分小さくなる。この条件下で得られたダイヤモンドは径が 200 μm 程度のきれいな正八面体の結晶をしている。この金や銀の添加による核発生の抑制機構についてはいろいろ考えられる。例えば，金や銀を添加するとニッケル溶液とダイヤモンドの間の界面エネルギーが，ニッケルだけの場合より大きくなり，したがって核形成を不利にするという考えである。

11-5　結晶成長過程の制御

　ミョウバンの水溶液を濃縮あるいは冷却して結晶を析出させるとき，結晶種子をつるす場合とビーカーの底に置く場合とでは，生ずる結晶の外観は著しく異なる。つるした場合には正八面体に近い結晶が得られるが，底に置く場合には結晶は六角板状となる。この2つの場合とも，現れている面は全て(111)面であるが，面の面積比が異なっている。このように面の発達の相違により外観を異にする現象を**晶癖**(crystal habit)という。同種結晶でも異なる指数の面の組合わせからできている場合がある。この現象を**晶相**(appearance)とよぶ。それではなぜこのような違いが生ずるのであろうか。

　第1の原因としては，結晶表面への原子や分子の付着の仕方が状況に応じて異なることがあげられる。溶液中につるされた結晶種子には全方向から均一にイオンが付着するが，底に置かれた種子には上部からしか付着しない。また，結晶の成長が速く，周囲からの原子や分子の供給が遅いような場合では，結晶付近の濃度は極端に低下する。そして，ようやく拡散してきた原子や分子は結晶の突出したところに付着し，次の付着を規制する。結局，結晶の成長は外側のみで起こり，内部は埋められていない。これが前述の骸晶生成の原因となる。

第2の原因としてあげられるのは不純物の影響である。不純物が無い場合は，パッキング密度の高い結晶面ほど安定で成長し難い。換言すればパッキング密度の小さい面ほど，到達する原子や分子の数で少なくてすむので成長は速い。たとえば面心立方格子では(111)＞(100)＞(110)＞(311)の順に安定である。しかしながら，不純物がある特定の結晶内に入り込むと，これが格子を歪ませ，結晶面の成長の難易度を変える。その他，結晶を囲む相の濃度や温度によっても結晶の晶癖や晶相はいろいろ変化する。

NaClのような加工しやすい結晶においては，現れる結晶の外観は問題ではない。しかしダイヤモンドのように硬くて加工が著しく困難な結晶においては，出現する結晶の形は重要で，最初から目的にかなった形状で析出してくることが望ましい。この望みは，金のような核発生抑制剤を適当な位置や向きに配置したり，濃度や圧力を調整することによりある程度達成される。最近いろいろ条件を変えることにより，柱状および板状のダイヤモンドが任意に合成できるようになったという報告がなされた[3]。

11-6 ウィスカーの成長

ある特定の結晶面だけが極端に速く成長すると，繊維状結晶が得られる。これをひげ結晶(**ウィスカー**，whisker)という。ウィスカーの成長の機構には，① ある結晶面だけが，らせん転位により優先的にスパイラル成長する場合，② 基板の上に生成した微細結晶の根元だけに物質の補給が行われる場合，③ ウィスカーの先端に液滴をのせ，その液滴をとおして物質の補給が行われる場合，などがある。ここでは最もよく調べられている ③ について述べよう。

シリコンひげ結晶は次のようにしてつくる。まず図11-10(a)のようにケイ素基板上に金の小粒子を置き加熱すると，ケイ素は金の粒子中に溶解する。Au-Siの平衡状態図は図11-11に示すようなものである。いま系の加熱温度を共融点より高い T_L に上げる。このとき系は平衡組成 C_{L_2} をもったAu-Si溶融合金と純Si固相の2相から成る。ここにH$_2$-SiCl$_4$混合ガスを流すと，還元されたSiがAu-Si溶融合金中に溶け込み，Si過飽和の相をつくる。そしてこのAu-Si溶融合金相のSi過飽和度が，Si析出に必要な臨界値(C_{LS})に到達すると，Siは合金と基板の間に析出し始める。そして引き続きH$_2$-SiCl$_4$を流し続ければ，基板に垂直方向にひげ結晶が成長する(図11-10(b))。しかし，途中で結晶成長温度を急激に低下させ，溶融合金中のSi過飽和度が均一核生成に対する臨界値を超えるようにすると，溶融合金中にSiの析出が起こり，その

[3] ダイヤモンドは電気的には絶縁体でありながら，熱をよく伝える。したがって板状のダイヤモンドは高熱を発生する電気回路(例えばマイクロウェーブの中継器)の絶縁性放熱体として応用できる可能性がある。

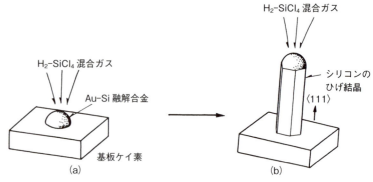

図 11-10　シリコンひげ結晶の成長

表面から小さいひげ状の結晶が放射状に成長する。

　以上，Si 結晶の成長は，まず気相の Si が液相に溶け込み，そして固相に析出する過程をたどる。このように気(Vapor)，液(Liquid)および固(Solid)の 3 相が成長過程に関与するような反応機構を **VLS 機構** とよぶ。VLS 機構の研究により，溶融用の金属の種類，溶融温度および物質の輸送法等の成長条件を選べば，望む場所に望む大きさの結晶を成長させ得る可能性が出てきた。

　8 章で述べたように，現実の固体の強度は理想結晶の理論強度よりも数桁も低い。これは現実の固体が転移などの欠陥をもつからである。これに対し，生成した，長さが直径の何百倍もあるウィスカー(例えばアルミナや鉄の場合)の引っ張り強度は理論値に近く(バルク固体の数百倍から千倍大きい)，転位の無い完全結晶であることがわかる。ウィスカーはこのように機械的物性に優れ，また複合材料(プラスチックスや金属の強化用繊維として用いられる)として興味がもたれる結晶である。

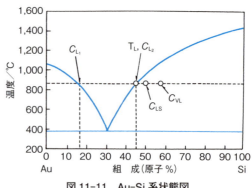

図 11-11　Au-Si 系状態図

11-7 エピタキシーとトポタキシー

ある物質の1つの基板結晶面に対して，異なる物質が二次元的に結晶学的関連をもって核形成，および結晶成長する場合を**エピタキシー**(epitaxy)，その現象を**エピタキシャル成長**(epitaxial growth)とよぶ。エピタキシャル成長は，単結晶薄膜を基板結晶面上に合成する場合，**人工超格子**の形成などに利用される重要な現象である。エピタキシャル成長を広義に解釈すれば，種子結晶上に同一物質が核形成し単結晶育成される場合，例えば水晶の水熱育成(15-1項参照)の場合も一例として挙げられよう。

不均一核形成(11-2項)で述べたように基板上に核が生成することは，均一核形成と比較するとエネルギー的に有利であった。また(11-16)式中の接触角 θ の値が小さいほど核形成に伴う自由エネルギー ΔG は小さくなった。ここでエピタキシーと，基板結晶面と核との接触角 θ との関係について考えてみよう。基板と核の表面エネルギーをそれぞれ γ_B および γ_A，その界面エネルギーを γ_{AB} とすると

$$\gamma_B = \gamma_A \cos\theta + \gamma_{AB} \quad (11\text{-}17)$$

の関係がある。γ_{AB} は基板と核の結合エネルギーが大きいほど，また基板の結晶格子と核の原子配列が一致しているほど(すなわちエピタキシャルな方位をとると)小さくなる。γ_{AB} の値の減少はまた θ の値も小さくする。もし $\gamma_{AB} \approx 0$，すなわち $\gamma_A = \gamma_B$ となる条件では，基板上でエピタキシャル核形成が行われることになる。

トポタキシー(topotaxy)とは，固相反応の前後の物質の間に三次元的に結晶学的関連がある場合をいう。トポキタシーが認められる場合は，固相反応の前後で，体積変化は小さく，また結晶中の原子またはイオンの少なくとも1種類はほとんど移動していない。転移反応の例としては炭素鋼や Fe-Ni 合金でみられるマルテンサイト変態(12-5項)がある。この場合，転移に伴う原子の移動はほとんどみられない(無拡散転移)。熱分解反応では層状構造からなる水酸化物(例えば Mg(OH)$_2$ や，Co(OH)$_2$)でみられる。Mg(OH)$_2$ は2つの OH$^-$ イオンの密な充填層の間を Mg^{2+} イオンが占める層状構造をもっている。脱水反応の際，層間で脱水が起こり，層面内の Mg^{2+} イオンの移動はわずかで MgO が生成する。図 11-12 に Mg(OH)$_2$ と MgO との関係を模式的に示す。このように反応物質と生成物質の間でトポタキシーの関係にある場合，反応の際に固相内で生成した核は界面エネルギーが最小になるような関係にある。

エピタキシー法

微小化・高集積化が求められる光デバイスや電子デバイスには半導体薄膜が用いられている。その薄膜は単結晶基板上に結晶方位が揃った単結晶状薄膜として成長させる必要がある。これをエピタキシー法(PVD法の一種で気相法，液相法がある)といい，入射原子は基板表面にクラスターを形成することなく，単原子層が次々と形成・積層して薄膜結晶を形成する方式である。各種デバイスの重要な製造技術である。

固相反応とトポタキシー

MgO 単結晶(ペリクレース；立方晶系)と Al$_2$O$_3$ 単結晶(サファイア；六方晶系)を接合した固相－固相反応では，Mg^{2+} と Al^{3+} が相互拡散して MgAl$_2$O$_4$(スピネル；立方晶系)が生成する(14-4項参照)。この際，MgO 側に生成するスピネルは MgO 結晶面に配向してエピタキシャルに成長し，Al$_2$O$_3$ 側に生成するスピネルは相互の結晶学的方位関係の下で(三次元的な結晶の枠が保持されて)トポタキシャルに成長する(R.C. Rossi, R.M. Fulrath, J. Am. Ceram. Soc., 46, 145 (1963))。そのほかに Fe$_3$O$_4$ → γ-Fe$_2$O$_3$ で表される酸化反応では，基本骨格を保ちながらトポタスティックに変化する。

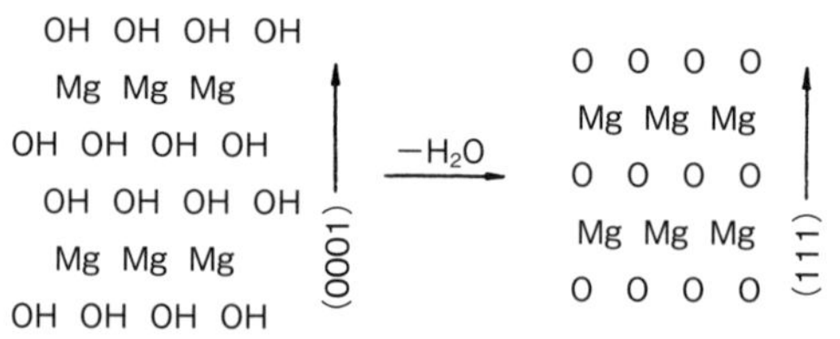

```
        OH  OH  OH  OH              O   O   O   O
         Mg  Mg  Mg                  Mg  Mg  Mg
        OH  OH  OH  OH    −H₂O      O   O   O   O
        OH  OH  OH  OH   ──────→
                                     Mg  Mg  Mg
         Mg  Mg  Mg         (0001)  O   O   O   O        (111)
        OH  OH  OH  OH
```

図 11-12　$Mg(OH)_2$ と熱分解反応によって生成した MgO の構造変化の模式図

12 相転移反応

いまここに組成は同じであるが、構造がそれぞれ異なる複数の相があるとする。A相の生成自由エネルギーが最小ならば、A相は安定相となる。しかし生成自由エネルギーは温度や圧力(または濃度)の関数でもあるので、これらの因子が変われば、ある条件下で他の相、例えばB相が安定相になる。しかしながら、B相が安定相になっても、ただちにA相がB相に変わるわけではない。

核の形成速度や原子の変位速度および拡散速度等に規制され、**相転移**(phase transition, phase transformation)の完了にはある有限の時間が必要である。そしてこの時間が非常に長いと、A相が安定相であると間違われやすい。この場合A相は速度論的に安定(すなわち準安定)であるに過ぎず、平衡論的に安定な相ではない。本章では相転移反応を平衡論と速度論の両面から考察してみよう。

12-1 一成分系の相平衡

相の数がPで、成分の数がCならば、系の取り得る変数(温度、圧力、組成)の数、すなわち**自由度**Fは次式で与えられる。

$$F = C + 2 - P \tag{12-1}$$

(12-1)式は**相律**(phase rule)とよばれる。

純鉄の場合を例にとって説明しよう。図12-1に純鉄の平衡状態図を示す。白地の部分には、そこに記されたただ1つの相しか存在しない。したがって$F=1+2-1=2$で、温度と圧力は独立に変わり得る。2つの白地の境界線上では2つの相が共存する。したがって$F=1+2-2=1$となり、温度、圧力のいずれか一方を指定すれば他方は自動的に決まる。我々は圧力が1気圧のとき、2相が共存する温度をそれぞれ沸点(気-液)、融点(液-固)および転移点(固-固)とよんでいる。2つの線の交点では3相が共存する。この点(**三重点**)では$F=1+2-3=0$となり、温度と圧力はともに変わり得ず一定な値をとる。ここで次のことを注意しておこう。

すなわち図12-1のABCDE線より右側の部分の相律を取り扱うとき、我々は気相の存在を無視している。しかしこれは気相が存在しないからではなく、このときの気相の分圧が固相や液相が受けている圧力よりずっと小さく、相律上の一相とは考えられないためである。

純鉄には3つの固相(α, γ, δ)が存在する(1-2項では他にβ相も加えたが、ここではβ相はα相に含めて考えている)。このうちα相とδ相は体心立方構造を、そしてγ相は面心立方構造をとる。この3つの固

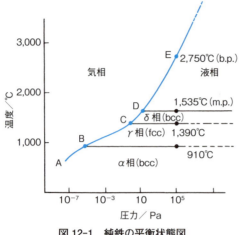

図 12-1 純鉄の平衡状態図
(参考文献 1) より修正の上転載)

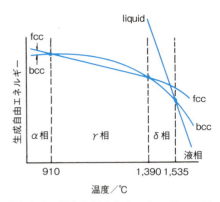

図 12-2 純鉄各相の自由エネルギーの温度依存性 (参考文献 1) より修正の上転載)

相と液相の生成自由エネルギーは温度とともに図 12-2 のように変わる。すなわち面心立方構造と体心立方構造の ΔG_f は 910℃ と 1,390℃ で等しくなり，両構造は共存する。この温度すなわち**転移温度** (transition temperature) は図 12-1 に示すように圧力にはほとんど依存しない。液相の ΔG_f は 1,535℃ で δ 相の ΔG_f と一致し，融点を与える。その他の一成分系の例としては図 11-8 に示したグラファイト - ダイヤモンドの相平衡があげられる。

12-2 二成分系の相平衡

いま A 原子 N_A 個と B 原子 N_B 個からなる二成分系固相 AB の熱力学的性質について考えてみよう。固相中の A 原子と A 原子，B 原子と B 原子，そして A 原子と B 原子間の結合 1 モル当たりの結合エネルギーをそれぞれ E_{AA}, E_{BB}, および E_{AB} で表す。また全原子数を $N(=N_A+N_B)$，配位数 (すなわち最隣接原子数) を z とすると，各原子間の結合数は，A-A 結合であれば $\frac{1}{2}z\frac{N_A^2}{N}$，A-B 結合では $z\frac{N_A N_B}{N}$ で表せる。これらの関係から固相 AB の内部エネルギーは次のように表すことができる。

$$E = \frac{1}{2}z\frac{N_A^2}{N} \cdot E_{AA} + \frac{1}{2}z\frac{N_B^2}{N} \cdot E_{BB} + \frac{N_A N_B}{N} \cdot E_{AB}$$

$$= \frac{zN}{2}\left[X_A \cdot E_{AA} + X_B \cdot E_{BB} + 2X_A \cdot X_B\left(E_{AB} - \frac{E_{AA}+E_{BB}}{2}\right)\right] \quad (12\text{-}2)$$

ここで $X_A(=N_A/N)$，$X_B(=N_B/N)$ はモル分率で，$X_A=1-X_B$ の関係がある。(12-2) 式の第 1 項と第 2 項は純粋状態にある成分 A および成分 B の内部エネルギーである。第 3 項は A, B 原子の混合に伴う内部エネ

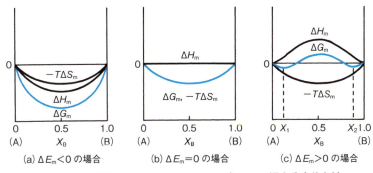

図12-3　固溶体の ΔH_m, $-T\Delta S_m$ および ΔG_m の混合分率依存性

ルギー ΔE_m を与える。すなわち

$$\Delta E_m = 2X_A X_B [E_{AB} - (E_{AA} + E_{BB})/2] \quad (12\text{-}3)$$

ここで，$\Delta E_m \fallingdotseq \Delta H_m$ とおくことができる。なぜならば，$\Delta H = \Delta E + p\Delta V$ の関係があり，常圧付近では，液体や固体の体積変化は無視できるからである。

A，B原子が N 個の格子点に配列する仕方の数は，$N!/N_A! \cdot N_B!$ であるから**混合のエントロピー** ΔS_m は

$$\Delta S_m = k \ln \frac{N!}{(N_A! N_B!)} = k(\ln N! - \ln N_A! - \ln N_B!)$$

$$= -kN(X_A \ln X_A + X_B \ln X_B) \quad (12\text{-}4)$$

で表される。この式には純粋状態にある成分Aおよび成分Bのエントロピー項が含まれていないが，$\ln(N_A!/N_A!) = 0$ および $\ln(N_B!/N_B!) = 0$ となるためである。また(12-3)式および(12-4)式では温度変化に伴うエンタルピー変化およびエントロピー変化の項は省略されている。

(12-3)式，(12-4)式，および $\Delta G_m = \Delta H_m - T\Delta S_m$ の関係から，固体ABの混合自由エネルギー ΔG_m が求まる。その結果を X_B に対してプロットすると図12-3が得られる。すなわち，(a) $\Delta E_m < 0$ の場合は $X_B = 0.5$ 付近にただ1つの極小点しか生じない。これはA，B原子の混合によって内部エネルギーが低下した結果である。(b) $\Delta E_m = 0$ の場合は，A-A間，B-B間の結合力もA-B間の結合力も同じであり，(a)と同様に固溶体をつくる。すなわち，$\Delta E_m \leq 0$ では任意の組成の固相AB，**全率固溶体** (continuous solid solution) ができる。(c) $\Delta E_m > 0$ の場合は，A-B間の結合力よりもA-A間，B-B間の結合力が大きい。X_B が $X_1 \sim X_2$ の組成の固相はできず，2成分系の図の両端に2種類の固相，α 相 ($(AB)_\alpha$ と表す) と β 相 ($(AB)_\beta$ と表す) とが晶出する。ここで，α 相とはBを溶かし込んでいる固相Aであり，β 相とはAを溶かし込んでいる固相Bである。このような系を**二元共晶系** (binary eutectic) とよぶ。温度が高

くなると $-T\Delta S_m$ 項の寄与が大きくなり，(a)，(b)の場合と同様に，ΔG_m がすべての組成に対して負となる。

全率固溶体ができるためには，A原子とB原子との間に次のようなヒューム-ロザリーの経験則が成り立たねばならない[1]。

① 大きさの差が15％以下　　③ 同じ原子価
② 同じ結晶構造　　　　　　④ ほとんど等しい電気陰性度

図12-4に全率固溶体の平衡状態概念図を示す。いまB原子を50％含む液相を徐々に冷却し始めたとしよう。T_1 付近で**液相線**(liquidus curve)に突き当り，固相が析出し始める。しかしこのときの固相のB原子含有率は50％ではなく，T_1 での**固相線**(solidus curve)が示す値，30％である。この温度より固相と液相とが共存し始め，温度が T_2 付近まで下がると，B原子含有率が約60％の液相と約40％の固相が50対50の割合で存在することになる。すなわち固相対液相は〔(液相での含有率)-(全体での含有率)〕対〔(全体での含有率)-(固相での含有率)〕となる。これを"てこ"の規則(lever rule)とよぶ。温度をさらに下げて T_3 以下にすると液相は消え，B原子含有率が50％の均一な固相，すなわち固溶体のみが存在するようになる。

1) 二元合金の溶解度に関するヒューム-ロザリーの経験則である。これによるとFeとの全率固溶体を形成する元素はCo, Cr, Mn, Pt, Vがある。逆に全く溶解しないものにはAg, Cd, Mg, Pbなどがある。なお1-3(2)項では金属間化合物のうち電子化合物に関するヒューム-ロザリー則を述べた。

平衡状態図における"てこの規則"

二相共存領域の温度 T における「液相と固相のそれぞれの組成」を求めるには，平衡状態図に等温線 T を引き，固相線と液相線に交わった点 S_1 と L_1 の組成，X_1 と X_2 が固相と液相のそれぞれの組成である。

一方，二相共存領域の温度 T，組成 X における「液相と固相の量比」を求めるには，① 固相の割合は，もう一方の相の線の長さ $\overline{ML_1}(=n)$（あるいは X_2-X）を全体の長さ $\overline{S_1L_1}(=l)$（あるいは X_2-X_1）で割ることによって得られる。② 液相の割合は，もう一方の相の線の長さ $\overline{S_1M}(=m)$（あるいは $X-X_1$）を全体の長さ $\overline{S_1L_1}(=l)$（あるいは X_2-X_1）で割ることによって得られる。

この方法は力学のてこの規則と似ているために，平衡状態図における"てこの規則"とよばれている。

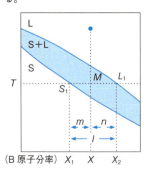

図　二相共存領域における液相と固相の組成と量比（てこの規則）の求め方

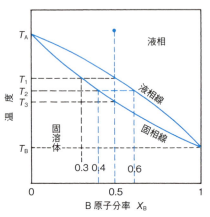

図12-4　全率固溶体の平衡状態概念図

二元共晶系，すなわち液相(AB)→固相(AB)$_\alpha$ + 固相(AB)$_\beta$ のように一種の液相から二種の固相が晶出する系の平衡状態図を図12-5に示す。

いまB元素の分率が X_a の混合液相を温度 T_1 から徐々に冷却し始める。T_2 で液相線とぶつかり，$X_B=X_g$ の α 相が晶出し始める。さらに温度を下げていくと，しばらくは α 相と液相がてこの規則に従う比率で共存しているが，温度が T_E になると β 固相も共晶し始める。このとき，$C=2$，$P=3$ なので相律より $F=1$ となる。しかし圧力を一定（通常

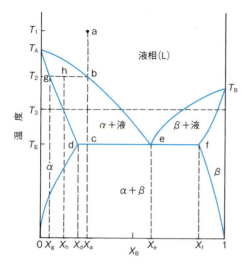

図 12-5　二元共晶系の平衡状態概念図

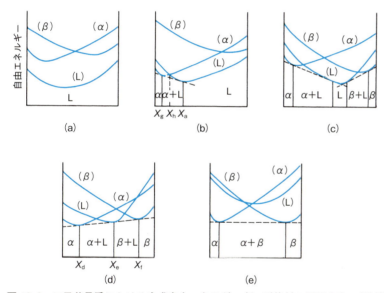

図 12-6　二元共晶系における生成自由エネルギー(たて軸)対B原子分率 (横軸)曲線の概念図
(a)：T_1，(b)：T_A から T_B(例えば T_2)，(c)：T_B から T_E(例えば T_3)，(d)：T_E，(e)：T_E 以下。T_1 等の説明は図 12-5 参照。

1気圧)にしてあるので，実質的には $F=0$ となり T_E も一定となる。T_E を**共晶温度**(eutectic temperature)とよぶ。この温度下での α，β および液相中のB成分分率は T_E とそれぞれの固相線および液相線の交点が示す値，X_d，X_f および X_e である。しかし各相の存在比率は共晶開始時と終了時とでは異なり，開始時では $(\overline{ce})$ 対 $(≈0)$ 対 $(\overline{cd})$ であるが，終了時では $(\overline{fc})$ 対 $(\overline{cd})$ 対 $(≈0)$ である(てこの規則)。T_E 以下に温度を下げると，α 相と β 相とが密に混ざり合った**共晶混合物**(eutectic mixture)

のみとなる。このときのα および β 相中の成分分率 X_B および存在比はそれぞれ温度と固相線の交点，および"てこ"の規則から知ることができる。

図 12-5 に示した平衡状態図の種々な温度範囲における生成自由エネルギー対 X_B 曲線の概念図を図 12-6 に示す。この図より今まで述べてきた現象の出現理由がさらによく理解できるであろう。例を図 12-6(b) にとる。$T_A \sim T_B$ の温度範囲で存在する相は出発相の X_B が X_g より小さいときはα相で，X_a より大きいときは液相である。しかし $X_B = X_h$ の相より出発した場合は X_B が X_h のα相と X_B が X_h の液相の自由エネルギーの和より，X_B が X_g のα相と X_B が X_a の液相の自由エネルギーの和の方が小さい。したがってこの場合は，X_B が X_g のα相と X_B が X_a の液相とが共存する。上記と同じ理由により，温度が T_E で，$X_d < X_B < X_e$（または $X_e < X_B < X_f$）の条件下では X_B が X_d のα相（または X_f のβ相）と X_e の液相が共存する系の自由エネルギーが最小なのでこれらの系が現れる。

12-3 相転移の形式による分類

固相から液相へ，また液相から気相への変化のように，相転移前後の相の形態が異なり，また転移点では境界面で明瞭に区別できる共存状態がある相転移に比べて，結晶性物質の多形間の相転移や結晶中の双極子の配向の変化に伴う相転移では，固相内での変化であるため，外観の変化よりは構造変化や物性の変化が主体となる[2]。

結晶の多形間で起こる**多形相転移**(polymorphic transition)は，大きく分けて再編型相転移と変位型相転移がある。図 12-7 に多形相転移に

---

[2] 固相の転移には，結晶格子の構造変化を伴う構造相転移やスピン配列の変化による磁気相転移，常誘電—強誘電相転移，常伝導—超伝導相転移などがある。

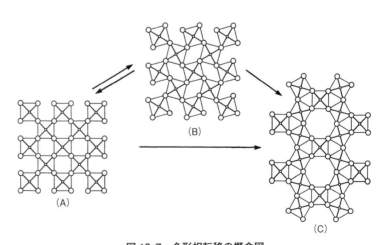

図 12-7 多形相転移の概念図
(A)→(C)，(B)→(C)：再編型相転移，(A)⇌(B)：変位型相転移

伴う構造変化の特徴を示す．さらに二元合金の原子の位置，電子状態（スピンの配向・局在性）や双極子の配向などが変化する秩序－無秩序相転移がある．これらの3つの相転移について考えよう[3]．

(1) 再編型相転移

結合の切断および原子の再配列が起こる相転移を**再編型相転移**（reconstructive transition）という．多くは相転移における活性化エネルギーが非常に大きく，不可逆的な変化をする．例えば，高温高圧相であるダイヤモンドは常温常圧でも安定である．グラファイトとダイヤモンドの間では，炭素原子の結合状態に違いがある（グラファイトはsp^2混成軌道で結合し層状構造をしているに対し，ダイヤモンドはsp^3混成軌道で結合し三次元の網状構造をしている）ため，結晶の色，硬度，電気伝導性のいずれをとっても著しく異なる．一方，シリカ（SiO_2）の場合も，高温安定相であるトリジマイトやクリストバライトが一度生成すると，冷却しても元の低温安定相（石英）に戻ることなく室温で安定に存在し続ける．これらの多形では，いずれもSiO_4四面体が構造の基本単位となっており，四面体の共有する頂点や稜の数，四面体の向き，および Si-O-Si の結合角などが異なっている．TiO_2の場合，アナターゼとブルッカイトはルチルに不可逆に相転移する．これらの多形では，TiO_6八面体が構造の基本単位となっている．

(2) 変位型相転移

結合の切断を伴わず，原子の移動距離が非常に小さい相転移を**変位型相転移**（displacive transition）という．多くは相転移における活性化エネルギーが小さく，転移温度を境に可逆的に変化する．例えば，α-石英（低温型石英）とβ-石英（高温型石英）の間の相転移においては，図12-8に示すように，SiO_4四面体で形成された六角環の Si-O-Si の結合角が変化し，対称性が三回対称軸（三方晶）から六回対称軸（六方晶）へ変わっただけである．したがって転移速度は速く，高温安定相は転移温度以下では存在し得ない．一方，α-Fe から γ-Fe への転移は，8配位（体心立方格子）から6配位（面心立方格子）への変化を伴う．このような

[3] 相転移の分類には，構造相転移による分類の他に熱力学的分類もある．これは「自由エネルギー G の n 次微分が不連続になるものを，n次相転移」と定義したもので，一次相転移および二次相転移がある（12-4頁で取り扱う）．

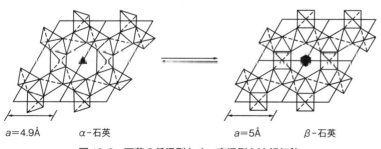

図12-8　石英の低温型（α）―高温型（β）相転移

配位数の変化を伴う相転移では，大きな原子の移動が予想される。ところが，2個の連なる面心立方格子の中には，軸比の異なる1個の体心立方格子を描くことができるので，相転移に伴う原子の移動は小さく，相転移は容易に起こる。

変位型相転移の特殊な形としてマルテンサイト転移(マルテンサイト変態)がある。ここではジルコニア ZrO_2 を例にあげる(炭素鋼のマルテンサイト変態については12-6項で取り扱う)。ZrO_2 が1,200℃付近で単斜晶から正方晶に転移する際には，原子の移動は伴わず，元の構造のせん断変形だけが起こる。それゆえ無拡散転移ともよばれる。転移は結晶中の転位や不純物などの欠陥構造に大きく支配されるので，転移温度が必ずしも一定でない場合がある。実際，ZrO_2 の相転移は950〜1,220℃の広い温度範囲にわたって観察される。このようにマルテンサイト転移は，他の変位型相転移とは相転移の機構が大きく異なり，不可逆であり活性化エネルギーも比較的大きい。

なお，多形相転移の多くは，11章で述べた核生成および結晶成長の過程によって起こる。すなわち，固相内で新しい相の核が生成することで相転移が開始し，それが成長することで相転移が終了するというプロセスである。

(3) 秩序–無秩序相転移

結晶の成分原子相互位置，スピンの方向，双極子配向および原子団の配向などが秩序構造から無秩序構造に変化する相転移を**秩序–無秩序相転移**(order-disorder transition)という。この相転移の特徴は，活性化エネルギーが著しく小さく可逆的であり，また多くの場合，結晶構造が全く変化しない。例えばCuZn合金の相転移においては，CuとZnの配置は，相転移前には決まっているが，相転移後には両者の占有位置は一定せず無秩序な配置をとる。CuZn合金の結晶構造(CsCl型)は，相転移温度前後では変化しない(図12-9)。強磁性相あるいは反強磁性相のキュリー温度 T_C やネール温度 T_N での相転移は，磁気双極子が熱運動のためにばらばらな方向を向いたことによる。強誘電相あるいは反強誘電相が T_C や T_N で常誘電相に相転移するときは，電気双極子が熱運動のために回転したり，ばらばらな方向を向いた場合(一次の相転移)と，相転移に伴い対称性の高い結晶構造になるため電気双極子が消失した場合(2次の相転移)がある。しかしいずれにしてもドメインの消失(規則性の消失)に伴う現象と考えることができる(4章および5章参照)。上に述べた3つの形式で分類される相転移の例を表12-1に示す。

ジルコニアのマルテンサイト変態と破壊

ZrO_2 は約1,200℃と2,370℃で単斜晶→正方晶→立方晶に相転移する。高温からの冷却時に起こる正方晶→単斜晶の相転移はマルテンサイト変態で，約5%の体積膨張を伴うために固体にき裂が発生する。したがって純粋な ZrO_2 の焼結体を作ることは困難である。ZrO_2 にイオン半径の近い CaO, MgO, Y_2O_3 などを添加して常温で立方晶の固溶体としたものは熱的，機械的特性に優れ，安定化ジルコニアとして用いられている。とくにイットリウム安定化ジルコニア(YSZ)はイオン伝導性に優れており(高温で固定電解質となる)，燃料電池や酸素センサーの材料としても用いられる。(マルテンサイト変態に関しては図12-13(鋼の相変化)および章末のコラム(形状記憶合金)で取り上げる)

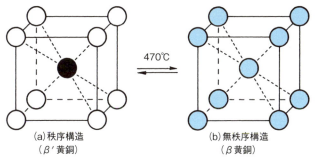

図 12-9 CuZn（β黄銅）の秩序−無秩序相転移

● : Cu, ○ : Zn, ◐ : (1/2)Cu+(1/2)Zn

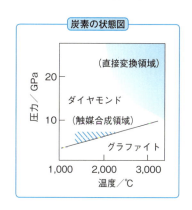

炭素の状態図

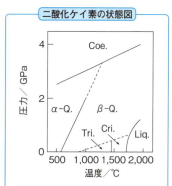

二酸化ケイ素の状態図

Coe. : コーサイト, Liq. : 液体
α-Q. : 低温型石英, β-Q. : 高温型石英, Tri. : トリジマイト,
Cri. : クリストバライト

表 12-1 相転移の分類と例

I. 再編型相転移
(1) 配位変化型：
　　グラファイト（3配位） ⟶ ダイヤモンド（4配位）
(2) 再編型：
　　β-石英（六方晶） $\xrightarrow{867℃}$ β₂-トリジマイト（斜方晶）
　　TiO₂（アナターゼ） $\xrightarrow{1100℃}$ TiO₂（ルチル）

II. 変位型相転移
(1) 高温—低温型：結合角の変化
　　α-石英（三方晶） $\xrightleftharpoons{573℃}$ β-石英（六方晶）
(2) 配位変化型：配位数の変化
　　α-Fe（bcc，8配位） $\xrightleftharpoons{910℃}$ γ-Fe（fcc，6配位）
(3) マルテンサイト変態型：せん断変形による無拡散転位
　　ZrO₂（単斜晶） $\xrightleftharpoons{950～1220℃}$ ZrO₂（正方晶）

III. 秩序-無秩序型相転移
(1) 原子の位置の交換（CuZn の場合）
　　β′-黄銅（秩序構造） $\xrightleftharpoons{470℃}$ β-黄銅（無秩序構造）
(2) 電子スピンの配向の変化（FeO の場合）
　　反強磁性相（秩序構造） $\xrightleftharpoons{-75℃}$ 常磁性相（無秩序構造）
(3) 永久双極子の配向の変化（NaNO₂ の場合）
　　強誘電相（秩序構造） $\xrightleftharpoons{163℃}$ 常誘電相（無秩序構造）

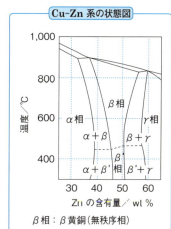

Cu-Zn 系の状態図

β相：β黄銅（無秩序相）
β′相：β′黄銅（秩序相）

12-4 相転移の熱力学的分類

1 つの多形（I 相）と他の多形（II 相）の間の相転移を考えてみる。図 12-10(a)に示すように，平衡では両相の自由エネルギー曲線が交わり，2 つの多形の自由エネルギー G は等しくなる。すなわち $G_\mathrm{I} = G_\mathrm{II}$ であるから

$$\Delta G = \Delta H - T \Delta S = 0 \qquad (12\text{-}5)$$

その際には自由エネルギーの不連続性は起こらない。ところが G を温度 T と圧力 P で微分したその微係数の多くは不連続になる。一次の微係数は次のようにエントロピー S，体積 V およびエンタルピー H に相

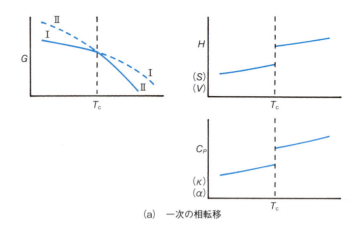

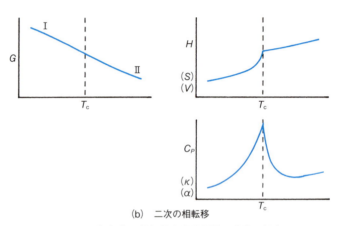

(b) 二次の相転移

図 12-10　相転移に伴う熱力学的関数の変化の概念図

当する。

$$\left(\frac{\partial G}{\partial T}\right)_P = -S \tag{12-6}$$

$$\left(\frac{\partial G}{\partial P}\right)_T = V \tag{12-7}$$

$$\left[\frac{\partial(G/T)}{\partial(1/T)}\right]_P \tag{12-8}$$

　一次の微係数のどれかが不連続である時，その転移を**一次の相転移**(first-order phase transition)という。(12-6)式は図12-10(a)に示す自由エネルギー曲線の勾配を表している。G_I と G_II の両曲線が有限の角をはさんで交わる時は，交点(T_C)で $S_\mathrm{II}-S_\mathrm{I} \neq 0$ である。また(12-5)式より

$$\Delta H = T_\mathrm{C}(S_\mathrm{II} - S_\mathrm{I}) \neq 0 \tag{12-9}$$

となり，相転移においては有限な**潜熱** ΔH が存在することがわかる。

融解, 昇華, 同素体転移など多くの相転移がこれに当たる. 転移温度の圧力依存性は

$$\frac{dP}{dT} = \frac{S_{II} - S_{I}}{V_{II} - V_{I}} = \frac{\Delta S}{\Delta V} \quad (12\text{-}10)$$

で表される. 定温定圧下で進む平衡変化に対しては, (12-9)式が成り立つので($\Delta S = \Delta H/T_C$), そこで(12-10)式は

$$\frac{dP}{dT} = \frac{\Delta H}{T \Delta V} \quad (12\text{-}11)$$

となる. この式は**クラペイロン・クラウジウス**(Clapeyron-Clausius)**式**とよばれる.

一方, 両相の自由エネルギー曲線が交点 T_C で等しい勾配(等しいエントロピー)をもっている場合は, 図12-10(b)に示すように, (12-6)式, (12-7)式および(12-8)式で表される関係は連続となるが, G の二次の微係数である**熱容量** C_P(heat capacity), **圧縮率** κ(compressibility)および**熱膨張率** α(coefficient of thermal expansion)の不連続性によって特徴づけられるようになる. このような転移を**二次の相転移**(second-order phase transition)という. G の二次の微係数は次のように表される.

$$-T\left(\frac{\partial^2 G}{\partial T^2}\right)_P = T\left(\frac{\partial S}{\partial T}\right)_P = C_P \quad (12\text{-}12)$$

$$-\frac{1}{V}\left(\frac{\partial^2 G}{\partial P^2}\right)_T = -\frac{1}{V}\left(\frac{\partial V}{\partial P}\right)_T = \kappa \quad (12\text{-}13)$$

$$\frac{1}{V}\left(\frac{\partial^2 G}{\partial T \partial P}\right) = \frac{1}{V}\left(\frac{\partial V}{\partial T}\right)_P = \alpha \quad (12\text{-}14)$$

二次の相転移の例としては12-3項に述べた秩序-無秩序相転移がある. 図12-11には12-3項に示したCuZnの秩序-無秩序相転移でみられる異常な熱容量変化(ギリシャ文字のλ(ラムダ)に似た変化を示すことから, このような相転移を**λ転移**という)を示す. 二次の相転移温度の圧力依存性は, **エーレンフェスト**(Ehrenfest)**の式**によって表される. (12-13)式と(12-14)式との関係から次式が

$$\frac{dP}{dT} = \frac{\alpha_{II} - \alpha_{I}}{\kappa_{II} - \kappa_{I}} = \frac{\Delta \alpha}{\Delta \kappa} \quad (12\text{-}15)$$

(12-12)式と(12-14)式との関係からは, (12-11)式に対応する次の式が得られる.

$$\frac{dP}{dT} = \frac{C_{P_{II}} - C_{P_{I}}}{TV(\alpha_{II} - \alpha_{I})} = \frac{\Delta C_P}{TV \Delta \alpha} \quad (12\text{-}16)$$

以上のように, 相転移は熱力学的には一次と二次に分類され, 前者に

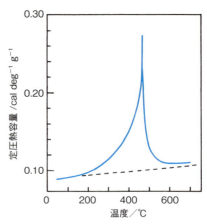

図 12-11　CuZn（β-黄銅）の秩序-無秩序相転移に伴う異常な熱容量変化（λ転移）
（破線は転移が起こらないとしたときの，熱容量変化）

は多形相転移が，後者には秩序-無秩序相転移があげられる。

さて4章から6章で取り扱った超伝導体，誘電体および磁性体の物性変化を伴う相転移は，多くは秩序－無秩序相転移であるが，構造変化や潜熱を伴うものもある。したがって，すべてが二次の相転移というわけではない。表12-2に，4章から6章で取り上げた事例を，一次と二次の相転移に区別して示す。

表 12-2　超伝導体，誘電体，磁性体の一次と二次の相転移

Ⅰ．超伝導に関する相転移：（特徴）結晶構造の変化はなく，特殊な電子的秩序-無秩序変化
(1) 磁場をかけた状態での（超伝導相⇄常伝導相）相転移：   （例）Nb_3Ge の $H_c = 20G$，$T_c = -258℃$ 付近における相転移   　　（図 4-7 の C → D，あるいは C → C'）➡一次の相転移   (2) 磁場ゼロの状態での（超伝導相⇄常伝導相）相転移：   （例）Pb の $T_c = -267℃$ における相転移   　　（図 4-7 の B → A）➡二次の相転移

Ⅱ．誘電性に関する相転移：（特徴）結晶構造の対称性の変化，双極子の秩序-無秩序変化
(1) 結晶構造の変化を伴う（強誘電相⇄常誘電相）相転移   （例）$BaTiO_3$ の $T_c = 128℃$ における相転移   　　（図 5-8 参照）➡一次の相転移   (2) 結晶構造の変化を伴わない（強誘電相⇄常誘電相）相転移   （例）$NaNO_2$ の $T_c = 163℃$ における秩序-無秩序相転移   　　（図 5-10 参照）➡二次の相転移

Ⅲ．磁性に関する相転移：（特徴）結晶構造の変化はなく，電子スピンの秩序-無秩序変化
(1) 強磁性相⇄常磁性相   （例）α-Fe の $T_c = 768℃$ における秩序-無秩序相転移   　　（図 6-14(b) 参照）➡二次の相転移   (2) フェリ磁性相⇄常磁性相   （例）Fe_3O_4 の $T_c = 585℃$ における秩序-無秩序相転移   　　（図 6-14(b) 参照）➡二次の相転移   (3) 反強磁性相⇄常磁性相   （例）FeO の $T_N = -75℃$ における秩序-無秩序相転移   　　（図 6-15(b) 参照）➡二次の相転移

12-5 相転移の速度

前の項で述べたように，平衡時には2つの多形のⅠ相とⅡ相の自由エネルギーが等しくなる$(G_Ⅰ = G_Ⅱ)$．Ⅰ相からⅡ相への相転移$(G_Ⅰ > G_Ⅱ)$の際には，その自由エネルギー差$\Delta G(=G_Ⅱ - G_Ⅰ < 0)$が相変化の駆動力となるが，その差が大きければⅠ相からⅡ相への相転移が必ずしも起こるわけではなく，転移速度を支配するわけでもない．例えば高温高圧下で安定相であるダイヤモンドが常温常圧下でグラファイトに相転移することはない．

相転移速度にはΔGの大きさに加え，出発物質の母体内に新たな結晶相の核が生成する段階のΔG^*(活性化自由エネルギー)と，新相が成長していく拡散過程(13章)に基づくE_a(活性化エネルギー)が大きく関与する．例えばAvramiやLaurentおよびFryeなどによって導かれた相転移速度の式を以下に示す[4]．

$$V = (1/2)A_Ⅰ(-\Delta G/RT)\exp(-E_a/RT)$$

ここでVは2つの相の間の境界がそれと直角な方向へと移動する速度，$A_Ⅰ$はⅠ形結晶中の分子振動の周波数に関係する因子，ΔGを2相の自由エネルギーの差，$E_Ⅰ$はⅠ相からの変化の活性化エネルギーである．

[4] 参考文献15),16),17)より．

12-6 鋼の相変化

鋼や合金の有用な特性を引き出すためにいろいろな方法で熱処理が行われる．例えば鋼の硬度を上げるために焼入れを行う．これは相転移の速度が遅いので，急激な温度変化や圧力変化に追随できず，系が非平衡組成に成りやすいことを利用したものである．まず平衡相を積極的に調製する場合，逆に非平衡相をつくりだす場合の熱処理の方法を列挙しておく．

① **焼なまし**(annealing) 原子の拡散が起こるような温度に加熱・保持した後，常温まで冷却すること．この処理により，材料の均質化ができる．

② **焼ならし**(normalinzing) 平衡状態を保つようにゆっくり冷却すること．

③ **焼入れ**(quenching) 転移温度より高い温度から急速に冷却し，非平衡相をつくること．

④ **焼戻し**(tempering) 共析〔固相(1)→固相(2)+固相(3)〕温度以下に保ち，焼入れの際生じた残留応力を取り除き，安定相をつくること．

⑤ **析出硬化**(precipitation hardening) 過飽和の状態の合金を冷却し，析出反応を起こさせ，大きな硬度を得るための処理法．

鋼は温度と炭素含有量に応じ，いろいろ違った相をもつ．図12-12に

鋼の状態図を示す。図中の α, γ, δ 相は，純鉄の α, γ, δ 相と同じ構造（α 相と δ 相は体心立方格子(bcc)，γ 相は面心立方格子(fcc)）をもち，炭素は格子間に存在する。α 相は**フェライト**(ferrite)，γ 相は**オーステナイト**(austenite)とそれぞれよばれる。

図12-12 によれば，オーステナイトはフェライトより多くの炭素を保持し得る[5]。いまオーステナイトを 700℃以下にゆっくり冷却すると，フェライトに変るが，このときフェライトに収容され得ない炭素が生ずる。しかし，この炭素はグラファイトとして存在するのではなく，Fe_3C の組成をもった**セメンタイト**(cementite)とよばれる準安定な化合物をつくり，フェライトと層状の混合物を形成する。0.83 重量％の炭素を含むオーステナイトからは 87.3％のフェライトと 12.7％のセメンタイトが共析する。この共析混合物は緻密な層状構造をもち，**パーライト**(pearlite)とよばれる。図12-13(a)はその顕微鏡写真を示す。

5) α 鉄（フェライト）と γ 鉄（オーステナイト）はそれぞれ bcc と fcc である。原子の充填率はそれぞれ 68％と 74％であるため，α 鉄のほうが炭素を多く固溶するように見える。しかし α 鉄の原子間の隙間は非常に狭く炭素は侵入できないのである。これに対し γ 鉄(fcc)の隙間の大きさは 2 倍以上あるため炭素（原子半径は 0.077 nm）は侵入しやすい。その結果，α 鉄と γ 鉄の最大固溶量はそれぞれ 0.02 wt％と 2.0 wt％で，100 倍の違いが生ずる。

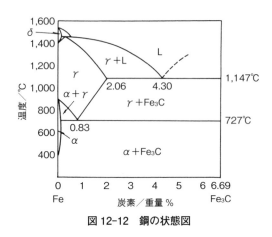

図12-12 鋼の状態図

オーステナイトを 200℃まで急冷（焼入れ）すると，パーライトはできず，炭素過飽和フェライトを経て，代りに非常に硬くて，もろい**マルテンサイト**(martensite)ができる。マルテンサイトはオーステナイトが急冷された時，炭素が拡散移動することなしに転移温度以下に冷却されて，結晶格子のみが fcc（オーステナイト）から，bct（マルテンサイト）に変化したものである。この転移を**マルテンサイト変態**といい，格子の各原子が拡散を伴わず新たな相に変化する形式を**無拡散変態**という[6]。転移の過程は次のように考えることができる。オーステナイトがフェライトに転移するとき，本来フェライト相から析出すべき炭素原子は冷却が速いためフェライト相内に閉じ込められてしまう（炭素過飽和のフェライトの生成）。しかもこの時の炭素の分布はフェライトの c 軸方向の Fe-Fe 間にのみ偏るので，フェライトの体心立方格子(bcc)は体心正方

6) マルテンサイト変態は可逆的であり，温度を下げてマルテンサイトを生成させたものを再び加熱すると元の母相に戻る。これを逆変態といい，マルテンサイト変態と同様に拡散を伴わず，素早く起こる。なおここで用いられている変態とは転移と同義で，金属材料分野で用いられる用語である。

格子(bct)に歪み，マルテンサイトとなる[7]。図12-13に示すように，結晶格子がわずかに変化する過程(第一次歪み)に引き続き，結晶格子の変化のないせん断変形が起こる過程(第二次歪み)を経て安定化する。ここでは**すべり変形**と**双晶変形**が起こる[8]。図12-13(b), (c)にその顕微鏡写真を示す。マルテンサイト変態はこのように原子の大きな移動を必要としないのでその転移速度は速い。

7) 体心正方格子(bct)の軸比(c/a)は，炭素量の関数として表される。その式は
$(c/a) = 1.000 + 0.045 \times (wt.\% C)$
である。

8) すべり変形とは，せん断力により結晶の原子面(すべり面)でずれが生じることによって変形したものをいう。また双晶変形とは，せん断力により結晶面の片側の原子配列がもう片側の原子配列に対して鏡像になるように原子が移動する変形をいう。

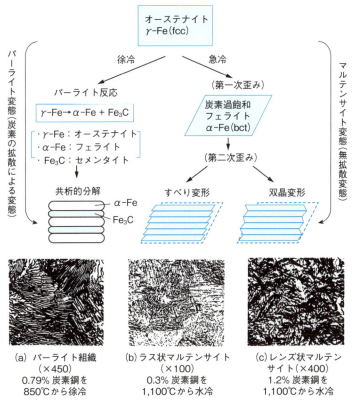

図12-13 オーステナイトの徐冷(焼ならし)および急冷(焼入れ)に伴う相変化の機構と生成した鋼の組織(参考文献18)より)

マルテンサイト変態は高密度の転位を伴うので，8-4項で述べたように非常に高い引張り強度をもつ。しかし脆いので焼き入れした鋼を再度約200℃で加熱(焼き戻し)して，マルテンサイトの一部をフェライトとセメンタイトに分解し，より粘りのある組織の形成と残留応力の除去を行うことも多い。

マルテンサイト変態と形状記憶合金

通常の金属材料は大きな力を加えると変形し、変形前の形に戻ることはない（図1）。ところが、変形後にある一定の温度以上に加熱すると元の形状に回復する性質をもつ合金がある（図2）。この現象を形状記憶効果といい、その合金を形状記憶合金とよんでいる。形状記憶効果は温度変化による母相（オーステナイト相）からマルテンサイト相への相変化（マルテンサイト変態）および逆変態により発現する（図3）。Ni-Ti系合金がその代表である。

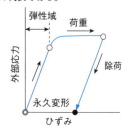

図1　普通の金属の応力―ひずみ変化

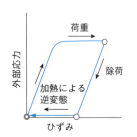

図2　形状記憶合金の応力―ひずみ変化

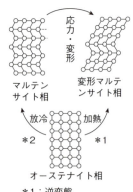

*1：逆変態
*2：マルテンサイト変態

図3　形状記憶効果の概念図

温度・圧力・電磁場と相転移

結晶相の生成や多形相転移において、温度と圧力が結晶相の種類を決めるが、一般的には温度が高くなるほど生成する結晶相の密度は低くなり、圧力が上がるほど密度は高くなる。例えばシリカ（SiO_2）の場合は、以下に示すように、低温型と高温型との間では例外なく、また全体としても高温で出現する相ほど密度の低下が見られる。

（温　度）
（結晶相）石英　$\xrightarrow{870℃}$　トリジマイト　$\xrightarrow{1470℃}$　クリストバライト
　　　　　低温型⇌高温型　　低温型⇌高温型　　低温型⇌高温型
（結晶系）三方晶　六方晶　　―　　―　　正方晶　立方晶
（比　重）2.65, 2.19　　　　2.33, 2.27　　　　2.33, 2.30

ところで、相転移に伴い、結晶の対称性はどのように変化するのであろうか。シリカ多形の高温側で見られる結晶相は、低温側の相よりも対称性が高くなっている。この理由は、温度に共役な示量変数であるエントロピーが温度と共に増大する事と関係がある。すなわちエントロピーの増大が系の原子や分子の方向性を消失させるためである。

一方、圧力に基づく結晶の対称性の変化を、やはりシリカを例にとって調べてみよう。800℃一定で圧力を上昇させると、高圧側の相は、密度と配位数が増加しているが、対称性は必ずしも高くなっていない。

（圧　力）
（結晶相）石英　$\xrightarrow{40\ kbar}$　コーサイト　$\xrightarrow{90\ kbar}$　ステショバイト
（結晶系）三方晶　　　　　単斜晶　　　　　正方晶
（配位数）4　　　　　　　4　　　　　　　6
（比　重）2.19　　　　　 2.92　　　　　　4.3

多くの物質を調べると、圧力（静水圧）を上げると対称性の高い相が現れることもあるし、逆の場合もある。すなわち圧力を加えた場合、温度の場合のような法則性や規則性といったものは認められない。

次に電場や磁場の影響はどうであろうか。電場や磁場にはベクトル的性質があるため、これらを印加することにより対称性の低い相が安定化する。例えば、常温で反強誘電体である$PbZrO_3$に大きな電場をかけると、対称性の低い結晶系への変化が起こり、同時に強誘電体になる。

（結晶相）$PbZrO_3$　$\underset{}{\overset{電場\ E(>E_C)}{\rightleftarrows}}$　$PbZrO_3$
（結晶系）　斜方晶　　　　　　　　菱面体晶
（性　質）　反強誘電性　　　　　　強誘電性

13 拡散過程と拡散律速反応

　固体の関与する反応では，反応物が結合したり，解離したりする速度より，反応物が移動する速度の方が遅く，これが反応全体の速度を決めてしまう場合が極めて多い。例えば，固相中や粘性の大きな液相中での結晶成長反応では，反応物が結晶表面へ移動していく速度の方が付着する速度よりずっと遅く，反応全体を律速する。このように固体内での原子や分子の移動（すなわち拡散）過程は固体の関与する反応を理解するうえにおいて極めて重要である。本章では前半の5項目で拡散過程の機構と速度論について，13-6項で代表的拡散律速反応である焼結反応について考察する。

13-1 拡散の機構

　拡散(diffusion)は原子や分子が**ランダム歩行**(random walk)をしながら，次第に元の位置から遠ざかっていく現象をよぶ。したがって，原子・分子の動きの方向が常に一方向のみに限られているような場合（例えば原子ビーム）は拡散とはいわない。ランダム歩行が起こるのは，移行の途中に何らかの障害物があり，これが原子の移動の向きを変えるからである。そしてこの障害物が大きく，かつその数が多いほど原子・分子のランダム歩行に要する時間は長く，したがって拡散速度は遅くなる。拡散現象は低圧の気相中でも起こっているが，障害物（この場合は他の原子や分子との衝突）の数が少ないので拡散速度は速く，反応速度を論ずるうえにおいては問題とはならない。

　固相内拡散過程の機構として，図 13-1 に示すような4つの機構が提案されている。

　機構 (a) は**格子間機構**とよばれ，水素や炭素のような小さい原子が金属格子間をランダム歩行しながら移動していくモデルである。拡散速度は単位面積の金属薄膜を単位時間内に通過する原子・分子の量を測定して決めるが，他の機構に比べこの機構による拡散の速度は非常に速い。

　機構 (b) は**空孔機構**とよばれ，原子は熱励起や不純物添加により生じた隣席の空孔と位置を交換しながらランダム歩行をする。金属結晶の場合は熱励起が空孔生成の唯一の源であるが，イオン結晶の場合は熱励起と不純物添加がともに空孔をつくりだす。例えば，NaCl では熱励起で Na^+ 空孔と Cl^- 空孔の対，すなわちショットキー欠陥ができ，$SrCl_2$ 添加で Na^+ の空孔ができる。そしてともに Na^+ の拡散を促進する。

　機構 (c) は (a) と (b) とを合わせたような機構で，**解離機構**あるいは

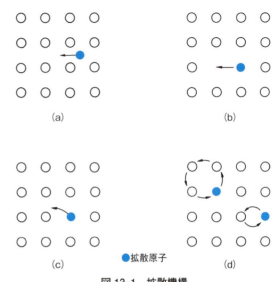

図 13-1 拡散機構
(a)格子間機構, (b)空孔機構, (c)解離機構, (d)リング機構

準格子間機構とよばれる。この機構の実例としては Ge 中の Cu や，AgCl 中の Ag^+ の拡散が考えられる。

機構 (d) は**リング機構**とよばれるモデルで，欠陥の存在を必要としない。原子は隣接する原子(あるいは原子団)とリングをつくり，互いに位置を交換する。この交換を順次くり返して，原子は拡散していく。リングとしては 2 原子リングや 4 原子リングが考えられる。

以上が固体内での原子や分子の拡散機構として提案されたモデルである。しかし拡散は固体内部のみならず，固体表面や粒界でも起こる。固体内部の拡散を**体積拡散**とよぶのに対し，表面や粒界での拡散をそれぞれ**表面拡散**および**粒界拡散**とよぶ。これらの拡散過程の活性化エネルギーは体積＞粒界＞表面の順である。大きな単結晶では表面や粒界は小さいので，表面拡散や粒界拡散は無視できる。しかし粉体や多結晶体では表面や粒界の面積が無視できなくなり，表面拡散速度や粒界拡散速度が全体の拡散速度に大きく寄与し，場合によっては体積拡散をしのぐようにもなる。

13-2 カーケンドール効果

拡散機構の解明には次項以下に述べるような速度論的解析法が有効である。しかし中には本項で述べるように，速度論的手法によらないでその機構が明らかになった例もある。

まず図 13-2 のように，真ちゅう(Cu·Zn)のブロックを銅ブロック内に埋め込む。このとき真ちゅうと銅の境にモリブデンの細い線をある一

図 13-2　カーケンドール効果

定の間隔で並べる。このような系では，金属原子の拡散機構としては格子間機構は考えられない。なぜならCuとZnの原子半径は同じくらいだからである。したがって考えられるのは，(b)の空孔機構，(c)の解離機構および(d)のリング機構である。いま拡散が空孔機構または解離機構で進むなら，真ちゅうブロックの大きさに変化が現れるであろう。なぜなら，Cu原子およびZn原子の両方がともに拡散するとしても，その拡散速度は互いに異なるので，真ちゅう内の全原子数に変化が生ずるはずだからである。

　しかしリング機構なら，真ちゅうブロックから銅ブロック内に入るZn原子数と逆に銅ブロックから真ちゅうブロック内に入るCu原子数は等しく，真ちゅうブロックの大きさは変らない。真ちゅうブロックの大きさの変化量は，これを取り囲むモリブデンマーカーの間隔の増減で測定する。結果は図13-2に示すように，モリブデンマーカーの間隔は狭くなった。これにより，(d)のリング機構は否定された。銅ブロック内にZn原子が入り込むこと，マーカー間隔の接近速度が$t^{1/2}$に比例することなどから，この現象の主役は空孔機構によるZn原子の拡散過程であると結論された。このように金属（主に面心立方や体心立方の金属）の原子拡散が空格子点を媒介として起こることを，**カーケンドール効果** (Kirkendall effect) という。

13-3　拡散の速度式

　物質の拡散速度は**フィックの第一法則** (Fick's first law) で表される。

$$J = -D \frac{dC}{dx} \tag{13-1}$$

ここでJは単位面積を通じて単位時間内に流れる物質のモル数，dC/dxは拡散方向への濃度勾配で負の値をもつ。Dは**拡散係数** (diffusion coefficient) とよばれる定数で，通常の反応の速度定数と同じように，

$$D = D_0 e^{-E_a/RT} \tag{13-2}$$

と表される。E_aは**拡散過程の活性化エネルギー**，D_0は頻度因子である。

　また，座標xにおける時間変化に伴う物質の濃度変化は次のように表

Fickの法則とは

Fickの第一法則は，単位時間当たりに単位面積を通過する物質の量を表すモル流速 $J[\mathrm{mol/m^2 s}]$ が，成分の濃度勾配 dC/dx $[(\mathrm{mol/m^3})/\mathrm{m}]$ に比例することを示している。すなわち濃度勾配が大きいほどモル流速は大きくなる。またモル流速の向きは濃度が濃いほうから薄いほうへ力が働くため，濃度勾配とは正負の値が逆になる。そのため負号がつく。比例係数が $D[\mathrm{m^2/s}]$（あるいは$[\mathrm{cm^2/s}]$）である。

　第二法則は，第一法則に時間変化dtと距離変化dxを加味したもので，xと$x+dx$に挟まれたdx部分の濃度の時間的変化$\partial C/\partial t$ $[\mathrm{mol/m^3 s}]$ を表す式である。

される。

> **広範囲の物質移動現象に適用されるFick拡散法則**
> 拡散は気体，液体，固体に関わらず起こる物質移動現象である。したがって，大気や水における汚染物質の移動を取り扱う環境学，体内での薬剤や体内物質の移動を取り扱う生理学，固相反応や物質移動を取り扱う各種工学などにおいてもFickの拡散法則が適用される。

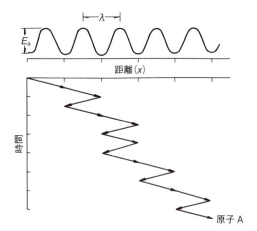

図 13-3　拡散過程の概念図

$$\frac{\partial C}{\partial t} = -\frac{\partial}{\partial x}\left(-D\frac{\partial C}{\partial x}\right) = D\frac{\partial^2 C}{\partial x^2} \qquad (13\text{-}3)$$

(13-3)式を**フィックの第二法則**(Fick's second law)とよぶ。

次に D の物理的意味について考察しよう。まず，図 13-3 に示すように一次元モデルを考える。すなわち，原子 A は x 軸上を行きつ戻りつしながら，結局は前方へ進む。しかし λ cm 移動するごとに，高さ E_a kJ mol^{-1} のエネルギー障害を越さねばならない。ここで λ は相隣接する平衡位置間距離である。

原点における 1 cm^3 当たりの A 原子濃度を C とすれば，λ cm 離れた位置における A 原子濃度は $C + \lambda\,(dC/dx)$ である。したがって 1 cm^2 の断面積を通して 1 秒間に前方へ進む分子のモル数 v_f [mol cm^{-2}s^{-1}] は，

$$v_f = C\lambda k_0 \qquad (13\text{-}4)$$

で表される。ここで k_0 は拡散の比速度($C = 1$ mol cm^{-3}，$\lambda = 1$ cm としたときの拡散速度)である。同様に 1 秒間に隣接位置から後方に戻る原子のモル数 v_b は

$$v_b = -\left(C + \lambda\frac{dC}{dx}\right)\lambda k_0 \qquad (13\text{-}5)$$

と表せる。両者を合わせたモル数が，結局左から右すなわち前方へ移動したことになる。

$$v = v_f + v_b = -\lambda^2 k_0 \frac{dC}{dx} \qquad (13\text{-}6)$$

(13-1)式と(13-6)式との比較から，$J = v$ であることがわかる。した

がって

$$D = \lambda^2 k_0 \tag{13-7}$$

となる。

遷移状態理論(絶対反応速度論)によれば k_0 は

$$k_0 = \frac{k_B T}{h} \cdot \frac{Q^{\neq}}{Q} e^{-\varepsilon_0/RT}$$

$$= \frac{k_B T}{h} e^{\Delta S^{\neq}/R} \cdot e^{-Ea/RT} \tag{13-8}$$

と表される。ここに Q は**分配関数**，ε_0 は 0 K における活性化エネルギーで，≠ 印は遷移状態を示す。(13-2, 13-7, 13-8)式から

$$D_0 = \lambda^2 \frac{k_B T}{h} e^{\Delta S^{\neq}/R} \tag{13-9}$$

が得られる。式中の数値は $\Delta S^{\neq}$ を除き全て既知である。したがって理論値と実験値の一致は $\Delta S^{\neq}$ の見積りいかんにかかっている。こうした比較により，拡散過程では $\Delta S^{\neq} \simeq 0$ とおいてもよい場合がかなり存在することがわかった。

13-4　金属原子の拡散係数

拡散係数の測定には，通常トレーサー法が用いられる。固体の一方の側面に放射性同位体の薄層を接触させる。一定温度に一定時間保った後，放射性同位体濃度を表面からの距離の関数として測定する。こうして得た値を(13-3)式を用いて解析し，拡散係数を決める。この測定をいろいろな温度下で行い，D_0 と E_a を求める。D_0 と E_a の実験値を表 13-1 に示す。表には 1,000 K における拡散係数 D の値および水素や炭素につ

表 13-1　金属の拡散に関するデータ (参考文献 14) より)

拡散媒	拡散質	D_0/cm² s⁻¹	E_a/kJ mol⁻¹	1,000 K における D 値*
Au	Au	9.1×10^{-1}	175	$10^{-9.2}$
Au	Ag	7.2×10^{-2}	168	$10^{-9.9}$
Au	Cu	1.1×10^{-1}	170	$10^{-9.8}$
Ag	Ag	4.0×10^{-1}	185	$10^{-10.1}$
Cu	Ag	6.1×10^{-1}	195	$10^{-10.4}$
Cu	Cu	2.0×10^{-1}	197	$10^{-11.0}$
**Pb	Pb	2.8×10^{-1}	101	$(10^{-5.8})$
**Pb	Au	3.5×10^{-1}	59	$(10^{-3.5})$
Zn	Zn	1.3×10^{-1}	91	$(10^{-5.6})$
α-Fe	Fe	1.9	239	$10^{-12.2}$
γ-Fe	Fe	1.8×10^{-1}	270	$10^{-14.9}$
α-Fe	C	2.2	123	$10^{-6.1}$
**Pb	H	1.7×10^{-2}	39	$(10^{-3.8})$
**Pb	H	2.0×10^{-3}	36	$(10^{-4.6})$
**Pd	H	1.5×10^{-2}	28	$(10^{-3.3})$

*表中の D_0 および E_a を使い著者が計算した値。また ( ) の値は仮想的な値。
** D_0 および E_a が 1,000 K よりずっと低い温度範囲しか測定されていない系。

いての値も同時にのせた。

表より次のことがわかる。

① 貴金属元素の**自己拡散係数**(拡散媒と拡散質が同じ系での拡散係数)は金＞銀＞銅の順である。

② 金が拡散媒の場合，拡散係数は金＞銀≈銅の順である。

③ 拡散媒を金，銀，銅と変えても，銀原子の拡散係数はあまり変らない。

以上のことを総合すれば，貴金属に関する限り，拡散係数は主として拡散質の種類により決まり，拡散媒はあまり影響しないといえる。鉄の自己拡散係数は貴金属と同程度であるが，鉛と亜鉛の自己拡散係数はずっと大きい。水素の拡散係数はずば抜けて大きく，格子間機構の妥当性を示すが，炭素の拡散係数はそれほど大きくなく，単純に格子間機構といい切ることに疑問を抱かせる。

さて上記の結果から金属原子の拡散機構としてどのモデルが妥当と考えられるであろうか。いま(13-9)式に $\lambda = 0.3$ nm, $\Delta S^* = 0$ という値を入れると，$D_0 \approx 10^{-2}$ cm^2 s^{-1} という値が得られる。これと表中の1,000 K における D 値とから，$E_a \approx 150 \sim 200$ kJ mol^{-1} という値が得られる。この値はリング機構を仮定して得られる値より小さい。結局その他の実験結果とも合わせて，金属原子の拡散機構としては空孔機構が妥当と結論される。

13-5　イオンの拡散係数

イオン結晶中の拡散機構としてはリング機構は不適当である。なぜなら隣接イオンは異種イオンなのでリングはつくれないからである。格子間機構もこの場合あてはまらない。結局空孔機構がイオン結晶中の拡散現象を支配しているという結論になる。事実，イオン結晶にはいろいろな種類の空孔が存在し，空孔濃度の変化に対応してイオン拡散速度も変化することがわかっているので，この結論は妥当であろう。

イオンの拡散係数とイオン結晶の電気伝導率 σ はアインシュタインの見出した式($D = k_B T \mu / q$)を通じて次のように関係づけられている。

$$D = \frac{k_B T}{n_1 q^2} \sigma \tag{13-10}$$

ここで μ はイオンの移動度で，σ とは $\sigma = n_1 q \mu$ の関係にある。n_1 と q はイオンの濃度および電荷である。したがってイオン結晶片を電極にはさみ，電気伝導率を測定すれば，拡散係数が求められる。またトレーサー法によっても拡散係数は求められるので，両者を比較すればさらによい結論が得られる。

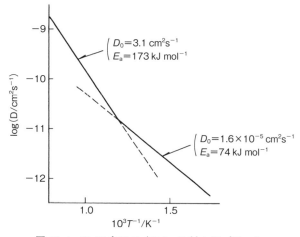

図 13-4　NaCl 中の Na^+ の $\log D$ 対 $1/T$ プロット

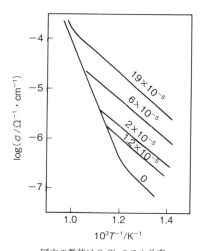

図中の数値は $SrCl_2$ のモル分率

図 13-5　$SrCl_2$ 添加の KCl のイオン伝導率

　図 13-4 に NaCl の $\log D$ 対 $1/T$ プロットを示す。プロットは傾斜の異なる 2 つの直線部分からなる。低温側(820 K 以下)の低傾斜直線は $D_0=1.6\times10^{-5}$ cm^2 s^{-1} および $E_a=74$ kJ mol^{-1} を与え，高温側(820 K 以上)の高傾斜直線は $D_0=3.3$ cm^2 s^{-1}，$E_a=173$ kJ mol^{-1} を与える。この結果は次のように解釈できよう。すなわち低温側では不純物(例えば 2 価の陽イオン)が空孔の主生成要因である。この空孔の濃度は不純物量にのみ依存し，温度には無関係である。このことは図 13-5 に示すように，KCl 結晶に $SrCl_2$ を添加すると，低温領域では添加量に比例して $\log\sigma$ 対 $1/T$ 直線が上にずれるが，傾斜は変らないという事実からも裏づけられる。したがって低温側で得られた活性化エネルギーは(13-2)式あるいは(13-8)式で与えられる拡散の素過程の活性化エネルギーを表すとみてよい。

　高温側では熱平衡により空孔濃度が急速に増加し，不純物の影響は無視できるようになる。この条件下では実際に拡散に関与する空孔の濃度 n_V は

$$n_V = n_1 K_0^{1/m} e^{-W/mRT} \tag{13-11}$$

のように得られる。ここで K_0 は定数，W は欠陥の生成エネルギーである。また m は定数で欠陥がフレンケル欠陥ならば 1，ショットキー欠陥ならば 2 となる。これはショットキー欠陥では陽イオン空孔と陰イオン空孔が同数ずつ存在し，生成エネルギー W がこれらの濃度 $n_{V(+)}$ と $n_{V(-)}$ とから，$n_{V(+)}\cdot n_{V(-)} = n_V^2 = n_1^2 K_0 e^{-W/RT}$ のように定義されているからである。したがって高温側で得られたイオン伝導の活性化エネルギーは，拡散素過程の活性化エネルギーと欠陥生成エネルギーの $1/m$ の和となる。このことは $E_a(高温) = E_a(低温) + W/m$ を意味する。表

表 13-2 イオン伝導の活性化エネルギー(参考文献 2)より)

結　晶	測定温度範囲/K	E_a/kJ mol^{-1}	ΔE_a/kJ mol^{-1}
LiCl	303〜 623	55	82
	673〜 823	137	
NaCl	643〜 833	74(84)	99
	833〜1073	173(171)	(87)
KCl	523〜 723	96	100
	773〜 998	196	
AgCl	523〜 723	100	

13-2 に各種金属塩化物のイオン伝導の活性化エネルギーを示す。

アルカリハライド中に生成する欠陥はショットキー欠陥なので，陽イオン空孔と陰イオン空孔は対になって存在する。しかしこのうちイオン伝導に寄与するのは主として陽イオンであり，陰イオンの寄与は小さい。したがって表 13-2 中のアルカリハライドの E_a(低温)は実質的に陽イオン拡散の活性化エネルギーとみてよい。そうすると $\Delta E_a = E_a$(高温) $- E_a$(低温)はショットキー欠陥の生成エネルギー W_s の 1/2 とおける。AgCl 中の欠陥はフレンケル欠陥で，空孔は Ag$^+$ の空孔のみである。この空孔の拡散速度は速く，活性化エネルギーは小さいことがわかっている。したがってイオン伝導の見かけの活性化エネルギーの大部分はフレンケル欠陥の生成エネルギー W_F とみなせる。

13-6　拡散律速反応—焼結

拡散律速反応は酸化反応や多くの固体間反応(14 章で述べる)にみられるが，ここでは基本的には化学変化を伴わない**焼結**(sintering)を取り扱う。焼結とは，相接する粒子をその溶融温度以下の温度で加熱すると粒子が互いに凝着し(粉体の集合体であれば気孔率の減少を伴い)，最終的には 1 つの固体に固結する現象であり，セラミックスの製造や粉末冶金には不可欠な操作技術である。

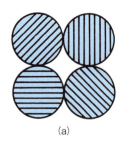 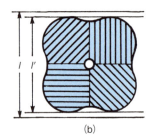

図 13-6　粒子焼結モデル

焼結の駆動力は表面自由エネルギーであり，これが減少する方向，すなわち全表面積が減少するように物質が移動して粒子間の凝着が起こ

る。焼結の進行状況を模式的に示したのが図13-6である。焼結に伴う現象の1つとして，隣接する粒子間の粒境界(**粒界**，grain boundary)の移動があり，それに伴い粒成長が起こる。

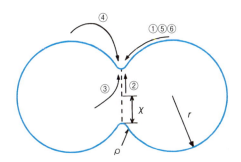

図13-7 焼結の機構(物質移動機構)
①表面拡散 ②粒界拡散 ③体積拡散
④蒸発-凝縮 ⑤溶解-析出 ⑥粘性流動

焼結に伴う物質移動は以下に示す6つの機構が考えられている。実際の焼結では複数の機構が同時に関与する。図13-7にはこれらの機構に基づく物質移動の経路を示す。

① **表面拡散機構** 粒子の接合部(ネック)では原子配列は乱れており，空孔濃度が大きいために，空孔濃度を減少させるように表面および内部から原子の移動が起こる。とりわけ表面における面欠陥を媒介として原子が移動する機構である。より低温(例えば$0.3\,T_m$)で起こり，粉体表面の平滑化を起こす。

② **粒界拡散機構** 粒界における面欠陥や転位に基づく線欠陥を媒介とする原子，空位の移動である。粒子間に閉じ込められた気孔は粒界を利用して消滅する。

③ **体積拡散機構** ①に述べた内部からの原子の移動の場合であり，空孔や格子間原子などの点欠陥を媒介とする原子の移動機構である。

④ **蒸発-凝縮機構** ネック部(曲率半径が小さい凹部)における蒸気圧p_nは，球表面(曲率半径が大きい凸部，または平面)上の蒸気圧p_rに比べて低いので，この圧力差$p_r - p_n = \Delta p$により球の表面からネック部への物質移動が起こる(10-2項参照)。球表面の蒸気圧p_rは，$\ln(p_r/p_\infty) = (2\gamma V/rRT)$ ((10-8)式，ここでp_∞は，平らな表面上の蒸気圧である)，ネック部の蒸気圧p_nは

$$\ln(p_n/p_\infty) = (\gamma V/RT)(1/x - 1/\rho) \qquad (13\text{-}12)$$

で表される。ここでxとρはネック部の曲率半径(図13-7参照)である。ρはx，rと比較すると小さく($p_r > p_n$)，また$\ln(p_r/p_n) \simeq \Delta p/p_r$とおけるので

$$\Delta p = (\gamma V/RT)p_r/\rho \qquad (13\text{-}13)$$

のように表される。

⑤ **溶解-析出機構**　ネック部と球表面では溶解度の差 ΔS がある。粒子の周囲に液相があるときは(13-12)式と同様な関係式(p_r と p_n をそれぞれ S_r と S_n に置き換える)が成り立つ。すなわち球表面で溶けてネック部で析出することにより物質移動が起こる(10-3 項参照)。

⑥ **粘性流動機構**　ネック部の曲面に応力がかかるため，曲率半径を大きくする方向に物質移動が起こる。

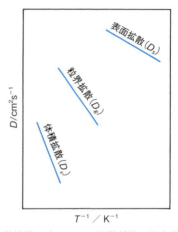

図 13-8　拡散機構の違いによる拡散係数の温度依存性の相違

①，②および③に述べた表面，粒界，体積の 3 つの拡散過程における活性化エネルギーは，金属 Ag においては 43.1，84.5，および 195 kJ mol^{-1} であるが，他の物質においてもこれらの活性化エネルギーの比は類似している(図 13-8)。このような活性化エネルギーの違いは各部分の欠陥の相違に対応している。すなわち粒子の表面や粒界では欠陥密度が高く，また内部よりも高いエネルギー状態にあるため，バルクと比較すると拡散は比較的容易に起こるのである。結晶粒内部の格子中を拡散する体積拡散は活性化エネルギーが大きく，より高い温度で問題となってくる。

一方，拡散によって移動する物質の量は拡散有効面積によって決まるので((13-4)式)，数原子層で行われる表面拡散および粒界拡散と比較すると，体積拡散による物質移動量は大きい。しかし，微細な結晶粒では表面拡散および粒界拡散による物質移動の割合はより大きくなる。これらの 3 つの拡散機構はいずれも空孔の濃度勾配が原動力となっており，空孔と物質とは逆の方向に移動しているのである。

14 固相の反応

　12章，13章では相転移反応，拡散律速反応（焼結）などの組成変化の起こらない現象を主に扱ってきた。この章では，反応に関与する固体に組成変化の起こるものについて述べる。固体の関与する反応は気相反応や液相反応のように反応物が原子レベルで混合されないために，相境界を通しての物質移動や，境界面での反応生成物の出現，および生成物層を通しての物質輸送が反応を支配することが特徴である。したがって，均一系のように統計的法則によって反応は進行せず，拡散などの物理的過程が反応速度を支配するので，反応機構を厳密に知るには，全体の変化を追跡するのみにならず反応に関与する物質の位置の情報を得なくてはならない。また固相の関与する反応の速度式はみかけの速度式であることが多いが，反応系全体の変化を知ることは化学工業的には重要である。ここでは，反応系の形態により，「単一固体の反応」，「固体と気体の反応」，「固体と液体の反応」，および「固体と固体の反応」に分け，主要な反応速度式について考えよう。

　一方，層状構造をもつ結晶に特有な反応として，層間に分子，原子およびイオンが挿入して化合物をつくるインターカレーションがある。この固相反応は，母結晶の基本構造は残したまま新たな物性が発現し，また多くの場合可逆性であるため，材料として大きな可能性を内在している。ここでは層状結晶，反応の形式および化合物の性質について考察する。

14-1　単一固体の反応

　水和物，水酸化物や炭酸化合物などを加熱すると，融点以下で脱水や脱炭酸ガスの反応が起こる。これらの反応は工業的にも重要な反応で，速度論的にもよく調べられている。反応は次のような一般式で表される。

$$\text{固体-I} \longrightarrow \text{固体-II} + \text{気体-I}（熱分解） \quad (14\text{-}1)$$

　熱分解反応は，固体-Iのある位置に微細な固体-IIの生成物が発生（核生成）し，周囲に広がっていく（核成長）という形で進行する。発生した気体は，特別な場合を除けば反応物から比較的容易に逃散する。したがって，反応の進行は重量変化測定（TGA），発生する気体の量の測定（圧力測定，ガスクロマトグラフィー），および構造変化の測定（X線回折）などを時間毎に調べることにより知ることができる。反応の状態をさらに知るためには，固相の直接観察（顕微鏡），赤外吸収スペクトル測定および磁気的測定が併用される。

　核生成は，結晶内部では欠陥，転位，不純物などの部分でまた結晶表面では粒界や稜で起こりやすい。核の生成速度 R_N は核形成可能な結晶

の位置の数 N_i に比例することになる。時間 t で N 個の核が生成するとすれば

$$R_N = \frac{dN}{dt} = k(N_i - N) = kN_i \exp(-kt) \qquad (14\text{-}2)$$

$$N = N_i [1 - \exp(-kt)] \qquad (14\text{-}3)$$

で表される。k の値が大きいときは反応開始時点で核が出尽くしてしまう傾向があり，また k の値が小さいときは一定速度でたえず核が生成し続ける傾向にある。後者の場合は，反応初期段階では近似的に $dN/dt = kN_i$ で表される。

核の成長に伴い，生成物の領域が固相中に広がっていくが，生成物の増加速度は熱分解速度に等しく，その速度式は生成物の量の全試料量に対する比 α（分解率）を用いて表すことができる。反応時間 t に伴う分解率 α の変化を調べると，図 14-1(a) に示されるような**S 字形反応曲線**が得られることが多い。このタイプの反応曲線を説明するのに用いられる代表的な式の 1 つとして**アブラミ-エロフェーエフ**（Avrami-Erofeev）**の式**(14-4)がある。

$$\alpha = 1 - \exp(-\beta t^n) \qquad (14\text{-}4)$$

β は速度定数，n は核の形成に基づく因子である。(14-4)式は，核生成速度(dN/dt)と成長速度(dV/dt)から成っており，また核の形状により，線状（一次元），板状（二次元），および球状（三次元）に対応した速度式である。すなわち，反応初期段階が核で出現してしまうタイプの反応では，核の形状によりそれぞれ $n = 1, 2, 3$ となる。また反応の進行と共に一定速度で成長し続けるタイプの反応では，それぞれ $n = 2, 3, 4$ となる。(14-4)式の両辺の対数をとると

$$-\ln[\ln(1-\alpha)] = \ln \beta + n \ln t \qquad (14\text{-}5)$$

となり，時間 t に伴う分解率 α を測定した結果を $\ln t$ と $-\ln[\ln(1-\alpha)]$ のプロットをすると，その傾きから n が求まる。(14-5)式は広い適用性をもち，相転移速度の解析などにも利用される。

次に(14-4)式で $n = 1$ とおくと次のようになる。

$$-\ln(1-\alpha) = \beta t \qquad (14\text{-}6)$$

この式はみかけ上，均一系における一次反応と同じ形であり，分解反応速度は，分解しないで残っている物質の量に比例していることになる。たとえば，微粒子や小さなクリスタリットから成る粉体は大きな結晶と比較すると，核生成する場所が多くあり，次いで起こる核の成長（または脱水領域の広がり）は限られた領域で起こればよい。結局，一度核が生成するとそれを中心として粒子またはクリスタリット全体の反応が完了してしまうタイプの反応（核生成律速）となる。この場合，Avrami-

---

固相の一次反応

一次の反応速度の微分式は

$$v = -\frac{dC}{dT} = kC$$

で表され，積分式は

$$C = C_0 e^{-kt}$$

（あるいは $\ln C - \ln C_0 = -kt$）

で表される。いま仮に C を固相の量を表すとすると，C_0 は初期量，C は残存量となり，分解率 α は

$$\alpha = (C_0 - C)/C_0$$

で表せる。すなわち(14-6)式と同様な式となる。

$$\ln(1-\alpha) = -kt$$

固相の一次反応の多くは核生成反応が律速である固相の熱分解反応や，固体表面上で起こる気体の酸化や分解反応などで見られるが，多くは"見かけの一次反応"である。

Erofeev の式のもつ本来の意味とは異なった現象として説明される。このタイプの分解反応としては，水酸化マグネシウムや水酸化カルシウムなどの脱水があげられる。その $\alpha - t$ 曲線は，図 14-1(b)のようになる。

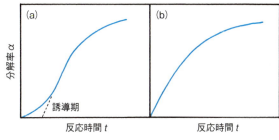

図 14-1　典型的な固体の熱分解反応曲線

14-2　固体-気体反応

固体と気体との反応には

$$\text{固体-I} + \text{気体-I} \longrightarrow \text{固体-II （酸化）} \qquad (14\text{-}7)$$

$$\text{固体-I} + \text{気体-I} \longrightarrow \text{気体-II （燃焼）} \qquad (14\text{-}8)$$

などがある。ここでは主に金属の酸化について述べよう。金属板を酸素雰囲気中に置くと，表面は次第に酸化物の膜で覆われてくる。酸化物皮膜の生成速度は時間，温度，酸素圧，および膜厚の関数であり，酸化物皮膜中の金属原子（あるいはイオン）の拡散速度により決まる。低温では初期を除き，造膜速度は極めて遅く，かつ膜厚増加と共に急激に小さくなる。したがって生成される皮膜は一般に薄く（せいぜい 100 nm 以下），膜厚 x は**対数則**（$x = A \ln (Bt + C)$），**逆対数則**（$1/x = A - B \ln t$），あるいは**三乗則**（$x^3 = kt$）の実験式で表される。温度上昇と共に造膜速度は大きくなり，高温では厚い膜（数 100 nm 以上）が生成される。この場合，膜厚は拡散過程が律速段階である**放物線則**（$x^2 = kt$）に従って増加する。生成物のモル体積が反応物のそれよりも小さい場合は，皮膜に割れ目が生じ，表面反応が律速段階となり**直線則**（$x = kt$）に従う。ここに掲げた速度式 $x - t$ の関係を図 14-2 に示す。反応界面の面積 S，生成物の密度 d とすると，生成量 $w = dSx$ であるので，変化量を生成量 w としても上記と同じ関係で表される（ただし，速度定数の次元は異なる）。

これまで述べてきたことは，平板状試料や，膜厚 r に比べてその半径が非常に大きい球形粒子に対して成立つ。用いた試料が微細な球形粒子であれば，反応と共に反応界面は粒子の中心に向かって進行するので，反応物質の粒径（または反応界面の面積）が時間と共に減少する。したがって平板状試料とは異なった取扱いをしなければならない。図 14-3

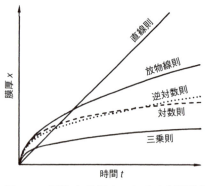

図 14-2 固体-気体反応における皮膜形成速度曲線

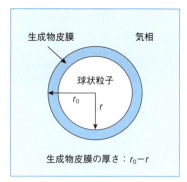

図 14-3 球状粒子の反応

に示すように，反応粒子の粒子半径(r_0)がt時間後にrに減少し，生成物の皮膜の厚さ(r_0-r)が放物線則に従って増加したとすると

$$(r_0-r)^2 = kt \tag{14-9}$$

である。反応率αは

$$\alpha = (r_0-r)^3/r_0^3 \tag{14-10}$$

で表される。(14-9)と(14-10)の2つの式より

$$(1-\sqrt[3]{1-\alpha})^2 = k't, \quad (k't = k/r_0^2) \tag{14-11}$$

が得られる。これは**ヤンダー**(Jander)**の式**とよばれている。

いくつかの固-気反応の速度式について述べてきたが，これらはみかけの速度式で，反応の機構については何もふれていない。放物線則に従う酸化反応の具体例($2Cu + \frac{1}{2}O_2 \rightarrow Cu_2O$)を通して速度式および速度定数の意味を考えよう。$Cu_2O$は初め銅板と気相酸素との直接接触によりできるが，皮膜が生成すると両者は接触できなくなる。生成した皮膜の界面Ⅰ(Cu_2O-O_2界面)に近い部分ではCu密度が低いので，Cu原子の空孔(V_{Cu})がある。V_{Cu}はイオン化して

$$V_{Cu} \longrightarrow V_{Cu}^- + h^+ \tag{14-12}$$

のように負の電荷をもつ陽イオンの空孔(V_{Cu}^-)と正孔(h^+)が生じる。このときの反応は

$$2Cu + \frac{1}{2}O_2 \longrightarrow Cu_2O + 2V_{Cu}^- + 2h^+ \tag{14-13}$$

で表される。h^+の拡散速度はV_{Cu}^-より大きいため，界面Ⅰ付近では負電荷が，界面Ⅱ(Cu-Cu_2Oの界面)付近では正電荷が集まり，皮膜内に電位差が生じる。その電位差のためにV_{Cu}^-は界面Ⅱの方向へ拡散し，Cu原子を界面Ⅰの方向に引き出す役割をする(図14-4)。これらの移動は定常状態に達しており，またCu原子の拡散速度とV_{Cu}^-の拡散速度は等しいので，これをフィックの拡散式((13-1)式)で表すと

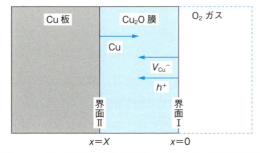

図14-4 銅の酸化における原子，空孔および正孔の拡散

$$J_{Cu} = -J_{V_{Cu}^-} = D_{V_{Cu}^-} \cdot \frac{d[V_{Cu}^-]}{dx} \quad (14\text{-}14)$$

Cu_2O の層中 V_{Cu}^- の濃度勾配が一定であるとすると，界面Ⅰと界面Ⅱにおける濃度（単位体積当たりモル数）$[V_{Cu}^-]_I$，$[V_{Cu}^-]_{II}$ を用いて

$$\frac{d[V_{Cu}^-]}{dx} = \frac{[V_{Cu}^-]_{II} - [V_{Cu}^-]_I}{X} \quad (14\text{-}15)$$

と近似することができる。一方，膜生成速度 $dX/dt = J_{Cu}/[Cu_2O]$ であるので(14-14)，(14-15)式から

$$\frac{dX}{dt} = D_{V_{Cu}^-} \cdot \frac{[V_{Cu}^-]_{II} - [V_{Cu}^-]_I}{X[Cu_2O]} \quad (14\text{-}16)$$

が得られる。これを積分すると次のようになる。

$$X^2 = \frac{2D_{V_{Cu}^-}[V_{Cu}^-]_{II} - [V_{Cu}^-]_I}{[Cu_2O]} t \quad (14\text{-}17)$$

すなわち，$X^2 = kt$ となる放物線則が得られ，速度定数 k の内容が明らかにされた。ところで $[V_{Cu}^-] \propto P_{O_2}^{1/8}$ であるので k は酸素分圧の関数でもある。

14-3 固体-液体反応

固体と液体との反応は生成相が液体か固体によって2つに分けられる。

$$\text{固体-Ⅰ} + \text{液体-Ⅰ} \longrightarrow \text{液体-Ⅱ（反応溶解）} \quad (14\text{-}18)$$

$$\text{固体-Ⅰ} + \text{液体-Ⅰ} \longrightarrow \text{固体-Ⅱ（水熱合成）} \quad (14\text{-}19)$$

沈殿反応もこの領域で取り扱われることがある。

$$\text{液体-Ⅰ} + \text{液体-Ⅱ} \longrightarrow \text{固体-Ⅰ（沈殿生成）} \quad (14\text{-}20)$$

固体に作用する液体としては，水や液体アンモニアのような単味の液体，塩類の溶液，および強アルカリ物質や炭酸塩などを高温で融した溶融液がある。(14-18)のタイプの反応は，鉱石に含まれる有用金属（または化合物）を溶解した形にして取り出す手段（**浸出法**）として用いられて

いる。例えば

$$CuFeS_2 + H_2SO_4 + \frac{5}{4}O_2 + \frac{1}{2}H_2O \longrightarrow CuSO_4 + Fe(OH)_3 + 2S \quad (14\text{-}21)$$

次に，(14-19)のタイプの反応としては，高温高圧の水蒸気のもとで鉱物や無機化合物を合成する方法(**水熱合成法**または**水熱法**)がある。例えば人工骨などに用いられるハイドロキシアパタイトの合成があげられる。

$$10CaHPO_4 + 2H_2O \longrightarrow Ca_{10}(PO_4)_6(OH)_2 + 4H_3PO_4 \quad (14\text{-}22)$$

ここに示した2つの固体‒液体間の反応過程は次のように考えられる。

まず反応溶解では一般に不溶性および可溶性物質が生成するが，この場合は

(1) 液体-Ⅰの固体-Ⅰ表面への拡散(液境膜内拡散)
(2) 液体-Ⅰの固体-Ⅰ表面への化学吸着(化学反応)
(3) 生成層の形成(化学反応)
(4) 可溶性生成物の固体からの脱離(生成層内の拡散)
(5) 可溶性生成物の液体中への拡散(液境膜内拡散)

のように5つのステップから成る。

(2) および (3) は化学反応であり，一般には律速にならない。(1) および (5) は液境膜内拡散で，この段階が律速であれば撹拌によって反応速度は速くなる。なぜならば撹拌によって液境膜の厚さが減少する，すなわち拡散層の厚さが薄くなるからである。(1) が律速であれば直線則によって，また (5) が律速であれば次式によって表される。

$$\frac{dC}{dt} = \frac{DA}{V\delta}(C_0 - C) = k_d(C_0 - C) \quad (14\text{-}23)$$

これは**ネルンスト(Nernst)の式**とよばれている。ここで，D は拡散係数，A は固体の表面積，V は液体の体積，δ は液境膜の厚さ，C_0 は溶出成分の飽和溶液の濃度，および C は時間 t における溶出成分の溶液中濃度である。(4)は生成物層内での反応物質および可溶性物質の拡散であり，この段階が律速であれば放物線則で表される。

次に水熱合成反応(高温高圧下の水(または溶液)が作用する反応)では物質の溶解度の著しい向上と，高温高圧下での安定相の出現がみられる。(14-22)式の反応は，次のような反応であると考えられる。

$$10CaHPO_4(s) + 20H_2O(l) \longrightarrow 10Ca(OH)_2(l) + 10H_3PO_4(l)$$
$$\longrightarrow Ca_{10}(PO_4)_6(OH)_2(s) + 4H_3PO_4(l) + 18H_2O(l) \quad (14\text{-}24)$$

このように溶解-析出が行われており，反応過程は，3つのステップからなる。

(1) 固相-I の溶解
(2) 結晶核生成
(3) 結晶成長

反応速度は一般に(3)に支配されるが，結晶成長速度については 11 章を参照してもらいたい．

14-4　固体-固体反応

固体と固体の間での反応は

$$\text{固体-I} + \text{固体-II} \longrightarrow \text{固体-III} \quad (14\text{-}25)$$

の反応形式で表されるが，$A+B \longrightarrow AB$ で表される**加成反応**と，$AB+CD \longrightarrow AC+BD$ で表される**交換反応**に分けられる．加成反応の例としては

$$2CaO + SiO_2 \longrightarrow Ca_2SiO_4 \quad (14\text{-}26)$$

$$MgO + Al_2O_3 \longrightarrow MgAl_2O_4 \quad (14\text{-}27)$$

ここで(14-26)はセメント生成反応として，また(14-27)はスピネル生成反応として重要である．一方，交換反応としては次のようなものがある．

$$BaO + CaSO_4 \longrightarrow BaSO_4 + CaO \quad (14\text{-}28)$$

固体-固体反応は，2 種の固体の接触面または接触点において，成分である原子やイオンが拡散して新しい固相を生成する反応であり，反応生成物層をとおして拡散が行われる．スピネル生成反応を例にとって説明しよう．MgO と Al_2O_3 の反応では図 14-5 に示すように Mg^{2+} と Al^{3+} が相互拡散して生成物層を形成することが知られている．電気的中性を保つために，反応界面の 3 個の Mg^{2+} が左側から拡散すれば，2 個の Al^{3+} が右側から拡散しなければならない．$MgAl_2O_4$ の層が形成されると，その新たな界面で同様な反応が進行する．この時の反応は

(1) 界面 I ($MgO/MgAl_2O_4$ の界面)で

$$2Al^{3+} - 3Mg^{2+} + 4MgO \longrightarrow MgAl_2O_4 \quad (14\text{-}29)$$

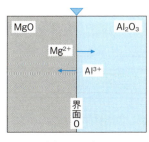 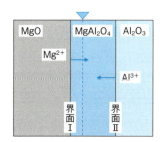

(a) 反応開始前　　　　(b) 反応開始後

図 14-5　相互拡散による $MgAl_2O_4$ スピネルの生成反応

(2) 界面 II（$MgAl_2O_4/Al_2O_3$ の界面）で，

$$3Mg^{2+} - 2Al_3 + + 4Al_2O_3 \longrightarrow 3MgAl_2O_4 \qquad (14\text{-}30)$$

(3) 全反応は

$$4MgO + 4Al_2O_3 \longrightarrow 4MgAl_2O_4 \qquad (14\text{-}31)$$

すなわち最初の界面に対し，MgO 側には 1/4，Al_2O_3 側には 3/4 の割合で，$MgAl_2O_4$ が形成されることになる。この機構は**ワグナー（Wagner）の反応機構**とよばれている。

このような**成層固相反応**の反応速度は放物線則（$x^2 = kt$）で表されることが多い。粉体試料を用いた場合は Jander 式，または反応物と生成物の分子容の変化などを考慮した修飾 Jander 式によく適合する。

14-5　インターカレーション

層状結晶では，層の二次元方向の結合はイオン結合や共有結合であっても，その垂直方向，すなわち層間に働く結合力は，van der Waals 力，水素結合および層間イオンを介した弱い静電気力などに基づいており，非常に弱い結び付きである。層間には他種の分子，原子およびイオンなどが容易に入り込むことができる。その挿入反応を**インターカレーション**（intercalation）という[1]。その反応性生物を**インターカレーション化合物**（intercalation compound）または**インターカレート**（intercalate）といい，挿入物質を**インターカラント**（intercalant）という。一方，層状結晶を**ホスト**（host），層間に入り込む化学種（インターカラント）はまた（ホストに対しては）**ゲスト**（guest）とよばれる。インターカレーションは，ホスト層にゲスト種の可逆的挿入が行われる固体反応であり，さらにホストの構造と組成は保持されるので，トポタクティック（11-7 項）であるといえる。表 14-1 に代表的な無機層状結晶（ホスト）と挿入物質（ゲスト）を掲げる。

インターカレーションでは主に，**層間吸着**，**電荷移動**，**酸化還元**，**イオン交換**などのタイプの反応によって層間化合物を形成する。また，ホスト二次元構造は反応によってほとんど変化していないことが特徴である[2]。

ここでは表 14-1 に掲げたホストのうちの代表的な 3 種の無機層状結晶について，構造，挿入反応およびその反応生成物の特徴について説明しよう。

(1) グラファイト

グラファイトの構造は 1-6 項で述べたように層状構造をもち，ab 平面内には全体に広がる π 分子軌道ができている。各層は van der Waals 力によって引き合っており，面間距離は 3.35 Å である。炭素の電気陰

---

[1] インターカレーションとはカレンダーに閏（うるう）を入れること，あるいは挿入を意味する言葉であるが，層状構造物質の層間に他の分子やイオンなどを挿入することを意味する科学用語として用いられる。

[2] フッ化グラファイトのように，グラファイトの炭素平面構造（sp^2 結合）から，フッ素と共有結合に伴うジグザグ構造（sp^3 結合）への大きな構造変化が起こったにもかかわらずインターカレーション化合物として分類されているものもある。

表 14-1　代表的な無機層状結晶（ホスト）と挿入物質（ゲスト）*

ホスト	ゲスト
1) グラファイト	アルカリ金属，アルカリ土類金属，ハロゲン，ハロゲン化物，無機酸
2) 遷移金属ジカルコゲン化物 　TaS_2, $TaSe_2$, NbS_2, $NbSe_2$, TiS_2	アミン，アミド，ホスフィン，ホスフィン酸化物，イソシアナイド，アルカリ金属，有機金属
3) 層状ケイ酸塩 　カオリナイト，デッカイト，スメクタイト，バーミキュライト，モンモリロナイト	水，アミン，アルコール類 アルデヒド，ヒドラジン 多核金属水酸化物イオン
4) 金属リン三カルコゲン化物 　MPS_3(M=Fe, Mg, V, Mn, Co, Ni) 　$MPSe_3$(M=Fe, Ni)	アルカリ金属，アミン，有機金属
5) 金属のオキシハライドおよびカルコゲノハライド 　$MOCl$(M=Ti, V, Cr, Fe, Ca) 　$AlOX$, $AlSX$, $AlSeX$(X=Cl, Br, I)	アルカリ金属，アミン，アルキルアンモニウム
6) 4価金属の酸塩 　$[M(PO_4)_2]\cdot H_2\cdot H_2O$($M$=Ti, Zr, Ge) 　$[Zr(AsO_4)_2]\cdot H_2\cdot H_2O$	水，アンモニア，アミン，アルコール
7) 金属ハロゲン化物	水素
8) 酸化物 　MoO_3, V_2O_5	水素，アルカリ金属

＊中島剛，化学，38(4), 268(1983)

性度は元素のなかで中間的な値をもつため，グラファイトは**電子ドナー**（電子供与体）と**電子アクセプター**（電子受容体）の双方のタイプのインターカレーション化合物を形成する[3]。

グラファイトの電子親和力（4.6 eV）よりも低いイオン化エネルギーのアルカリ金属はグラファイト中に容易にインターカレートされる。この場合，ゲストがグラファイトへ電子を与えるドナー型化合物をつくる。その結果，層間に侵入したアルカリ金属原子は，100%近くイオン化しているといわれている。代表的なグラファイト層間化合物の反応過程を式(14-32)に示す。

$$8C + K \rightarrow KC_8(金色) \xrightarrow{-K} KC_{24}(暗青灰色) \xrightarrow{-K} KC_{36}$$
$$\downarrow +H$$
$$KC_8H_{2/3}(青色) \quad (14-32)$$

グラファイト中にインターカレートしたゲストは，図14-6に示すように，KC_8ではグラファイトの各層間にKが挿入されており（**第1ステージ化合物**），KC_{24}では2層ごとに（**第2ステージ化合物**），またKC_{36}では3層ごとにゲスト種が配置されている（**第3ステージ化合物**）。インターカレーション反応（あるいはデインターカレーション反応）は段階的ではなく，連続的に起こるため，図14-7に示すようなゲスト種の入った部分と入ってない部分から成るドメイン・モデルが考えられている[4]。これによると，全ての層間に均等にゲストが詰まっており，ゲス

3) グラファイトインターカレーション化合物（Graphite Intercalation Compounds）はGICと略記される。例えばLiをドープしグラファイトはLi-GICと表す。

4) 図14-7に示したドメインモデルはドーマ・エロルドによって提案されたために，ドーマ・エロルドモデルともよばれている［N. Daumas, A. Herold, C.R. Acad. Sci. C286 (1969) 373.］。

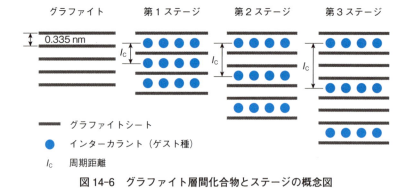

図14-6 グラファイト層間化合物とステージの概念図

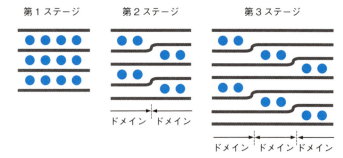

図14-7 グラファイトインターカレーション化合物のドメインモデル

トは特定の層間に入ることなく，例えば第2ステージから第1ステージへの変化が可能である。

インターカレーションに伴うグラファイトの物性の変化は，先に述べ

Li-GIC のリチウムイオン電池への応用

アルカリ金属－グラファイト層間化合物(GIC)の ab 面方向に沿った電気伝導率は金属に相当する値($10^5 \Omega^{-1} \mathrm{cm}^{-1}$)を示す。なかでも Li-GIC は Li の可逆的挿入が容易で，吸蔵量が多く高容量が得られるために Li イオン二次電池の負極に用いられている。また正極にはリチウム含有金属酸化物($LiCoO_2$, $LiMnO_2$, $LiNiO_2$ など)が用いられる。Li イオン二次電池の正極と負極の反応を以下に示す。

（正極）　　　$LiCoO_2 \rightleftarrows Li_{1-x}CoO_2 + xLi^+ + xe^-$

（負極）　　$6C + xLi^+ + xe^- \rightleftarrows Li_xC_6$

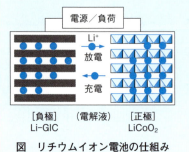

図 リチウムイオン電池の仕組み

充電時には LiC_6（第1ステージ化合物）が形成され，放電時には層間 Li が抜け出して正極の $Li_{1-x}CoO_2$ の層間に入り込む。なお Li イオン二次電池の容量は LiC_6 での放電容量に支配される。

Li イオン二次電池の問題点としては，高温で発火事故を起こす恐れがある有機電解液が用いられていることである。固体電解質を用いた全固体電池が望まれている。

たドナー型化合物ではゲスト種からの電子の受容によってグラファイトの伝導帯の伝導電子の数が増加して，ab面方向に沿った伝導率の増加がみられ，絶対零度付近では超伝導を示すようになる。一方，アクセプター型化合物（HSO_4^-，NO_3^-，CrO_2Cl_2，CrO_3，MoO_3，ハロゲン，およびMoF_6，$FeCl_2$のような金属ハライドをインターカレートしたもの）ではab面の空孔の増加により，伝導率がやはり増加し，金属アルミニウムに相当するそれをもつようになる。

(2) 遷移金属ジカルコゲン化物

遷移金属ジカルコゲン化物MX_2には八面体配位および三角プリズム配位の2通りの層構造がある。4族のTi, Zrは八面体配位を，6族のMo, Wは三角プリズム配位を，5族のNb, Taは2通りの配位をとる（図14-8）。いずれも層間はファン・デル・ワールス力による弱い結合であるため，グラファイトと同様に異種イオンや分子を層間に取り込んで層間化合物を形成する。グラファイトとの違いは，酸素が層表面を覆っているため，ドナー型化合物だけしか存在しないことである。

LiC$_6$の平面構造

LiC$_6$（Li-GICの第1ステージ化合物）のグラファイト平面上のLiの配列を図に示す。なおLi-GICとK-GICの層間距離はそれぞれ0.37 nmおよび0.54 nmである。

図 第1ステージLi-GIC（LiC$_6$）の面内構造

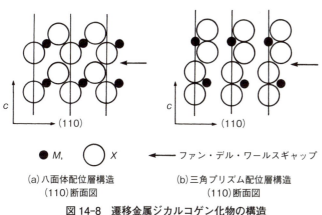

● M，○ X　←── ファン・デル・ワールスギャップ

(a) 八面体配位層構造　　(b) 三角プリズム配位層構造
　　(110)断面図　　　　　　　(110)断面図

図14-8 遷移金属ジカルコゲン化物の構造
山中昭司，服部信，表面, **19**(2), 54(1981)

ジカルコゲナイドのインターカレーション化合物は3つのタイプがある。

① アンモニア，アルキルアミン，ピリジンのようなルイス塩基型分子との化合物；典型的なドナー型の電荷移動錯体である。

② アルカリ金属カチオンや有機金属カチオンとの化合物；酸化還元試薬を用いるか，電気化学的に電極反応によって生成する化合物で，酸化還元反応に基づいたインターカレーションである。

③ 層間にカチオンと中性極性分子の双方を含む化合物；電荷-双極子相互作用によりカチオンの周囲に中性極性分子が配位した状態で層間に存在している。層との結び付きは弱いため，挿入-脱離反応は容易

に起こる。

インターカレーション化合物の物性としては，②に示したアルカリ金属カチオンをインターカレートした化合物の電気的性質が興味がある。14族および16族化合物は半導体であるが，インターカレーションによって空いたバンドに電子が供与されるので金属に変わる。例えば

$$MoS_2 \xrightarrow{+K} K_{0.4}MoS_2 \qquad (14\text{-}33)$$

の場合は半導体から超伝導体に変化する。5族化合物では，アルカリ金属のインターカレーションにより金属から半導体に変わる。同じ5族化合物でも，超伝導体である TaS_2 が有機層間化合物を形成すると(図14-9)，その超伝導臨界温度は上昇することが知られている。

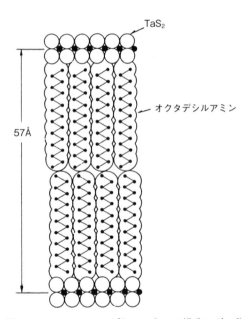

図14-9 TaS_2-オクタデシルアミンの構造モデル[5]

5) F. R. Gamble, J. H. Osiecki, M. Cais, R.Pisharody, J. F. Disalvo, T. H. Gaballe, Science, 174, 493 (1971)

6) 粘土鉱物にはさらに陰イオン交換能をもつ陰イオン性粘土(anionic clay)がある。天然の産出量は少なく，$Mg_6Al_2(OH)_{16}CO_3 \cdot 4H_2O$ で表されるハイドロタルサイトがその代表である。多くは合成されており，一般式は $[M^{2+}_{1-x}M^{3+}_x(OH)_2][A^{n-}_{x/n} \cdot yH_2O]$ で表される不定比化合物である。その構造から層状複水酸化物 (Layered Double Hydroxide；LDH)とよばれる。各種薬剤をインターカレートしたLDHを調製し，体内の一部で薬剤を放出させるいわゆるドラッグデリバリー材料としての応用や，層間を反応の場として利用し，各種ヌクレオチド(AMP, CMP, GMP) /LDH および DNA (herring testis) /LDH を合成した報告がある。

(3) 層状ケイ酸塩

層状ケイ酸塩はケイ酸基四面体を骨格とした二次元の無機高分子である。層間に交換性陽イオンを含むものと，含まないものとに大別できる[6]。前者には，2枚のケイ酸基四面体層の間にアルミナ八面体層が挟まった3層構造を基本単位とする**モンモリロナイト**がある。これは Al^{3+} の一部が電荷の低い Mg^{2+} や Fe^{2+} などで置換されているので，電荷の不足を補うために層間に Na^{2+}，K^+，Ca^{2+} などの交換性陽イオンが保持されている(図14-10(a))。層間の結び付きは，ファン・デル・ワールス力以外に層間陽イオンを介する静電引力が加わる。この種の化合物は水や極性有機分子が層間に侵入し，層間陽イオンへ配位するので膨潤し

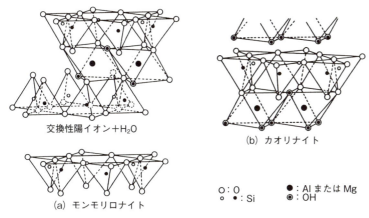

図 14-10　層状ケイ酸塩の構造

(a) モンモリロナイト
(b) カオリナイト

○：O　●：Al または Mg
・：Si　◎：OH

やすく，また安定な複合体を形成することもある。これらは主にイオン交換によるインターカレーションが行われる。例えば，触媒，触媒担体，吸着剤として層間架橋多孔体(特定の大きさの層間隙をもつインターカレーション化合物)を合成するときは，多核アルミニウム水酸化イオン($[Al_{13}O_4(OH)_{24}]^{7+}$)をインターカレートし，加熱脱水して層間にアルミナの支柱(pillar)を立てる方法が採られる(図 14-11)。

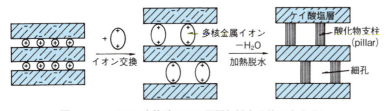

図 14-11　イオン交換法による層間架橋多孔体の生成過程

　一方，層間に交換性陽イオンを含まないものとしては，ケイ酸基四面体層とアルミナ八面体層が1枚ずつ組み合わさった2層構造を基本単位とする**カオリナイト**がある。層表面では，ケイ酸基四面体層側はOが，アルミナ八面体層側はOHが露出しているため，層間は主に水素結合によって結び付いている(図 14-10(b))。この種の化合物の場合，ゲスト種を直接インターカレートするのは層間で強く水素結合できるアミド類，酢酸塩などに限られる。

15 無機固体の合成

　固体が単結晶,多結晶および非晶質(アモルファス)の3つの状態をとることはすでに述べた。単結晶は,固体材料の基本的特性の研究に不可欠であり,その特性を利用するために工業的に単結晶の育成が多く行われている。多結晶体(一般に焼結体,セラミックス)は自由な成形体をつくりだすことができ,多くは優れた耐熱性,機械的特性,化学的特性をもっている。一方,アモルファスは非平衡状態にあり,構造は無秩序であるがゆえに等方的であることによる特異な性質(例えば組成比を選択でき,それに伴い物性定数が変化する)をもっている。一方で固体は,塊状,粉体および薄膜の形状で利用される。同じ化学組成であっても状態や形状が異なると材料としての機能が一変することが多い。したがって無機固体の合成はこのことを常に考えておかねばならない。合成法を分類するのであれば,1つは反応系の状態(気相,液相,固相)に基づく分類,もう1つは目的物すなわち生成物の状態(単結晶,多結晶,非晶質)および形状(塊状,粉体,薄膜)に基づく分類が考えられる。ここでは主に生成物質の状態の違いに応じた合成法という観点で整理する。

15-1　単結晶の育成

(1)　引き上げ法(チョクラルスキー法,Cz法)

　融液状態から単結晶を育成する代表的な方法の1つで,Si,Ga,GaAsのような半導体,レーザー発生素材としての$Ca(NbO_3)_2$やYAG($Y_3Al_5O_{12}$)単結晶,および金属,ハライド,酸化物などの単結晶の製造に多く用いられている。この方法の概念図を図15-1に示す。シリコン半導体の製造を例にとって説明する。高純度石英るつぼに多結晶シリコ

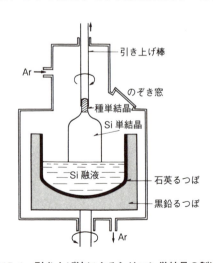

図15-1　引き上げ法によるシリコン単結晶の製造

ンを入れ(必要に応じて種々の微量元素を混入する),ArやHe雰囲気中で高周波誘導加熱炉を用いてこれを融解する.融液中に,希望の結晶方位(普通は(111)面)に5~6 mm角に切り出した種子単結晶棒をつけ,両者が十分なじんでから,これを引き上げる.引き上げる際には,単結晶棒とるつぼとを互いに逆方向に1分間に数回転の割合で回転させる.引き上げ速度は,通常結晶棒の直径が25 mmのときは2~3 mm min^{-1},50 mmのときは1 mm min^{-1}である.引き上げ速度を速く(3~15 mm min^{-1})すると,細くて転位のない単結晶ができる.

(2) ブリッジマン法とゾーンメルティング法

溶融体の一端を結晶化させ,これを徐々に成長させる方法で,1つは温度勾配のある電気炉中を通過させる方法(**ブリッジマン法**およびストックバーガー法),もう1つは試料ロッドを部分的に溶融しその溶融帯を移動させる方法(帯域溶融法,**ゾーンメルティング法**)がある.これらの概念図を図15-2に示す.

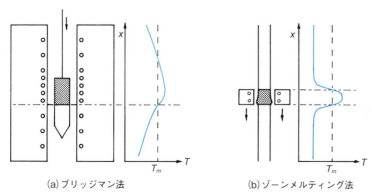

(a) ブリッジマン法　　(b) ゾーンメルティング法

図15-2 ブリッジマン法およびゾーンメルティング法の概念図,およびその温度分布

ブリッジマン法とストックバーガー法はかつては電気炉,るつぼの形状および冷却方法が異なるものであったが,それらの改良型では大きな相違はなくなり一般に改良ブリッジマン法と総称されている.るつぼ(その底部は120~30度の傾斜をもった円錐形状である)の中の試料全体を最初に溶融し,るつぼを適当な速度で下げ(または電気炉を上げ),底部から単結晶化させる方法である.ハロゲン化物,フェライトおよび金属(たとえば銅)などが作製されており,多くは調整された雰囲気中で行われる.るつぼの底部には種子結晶を配置し,種子結晶の一部と試料とを溶融したあと同様に単結晶化すると,引き上げ法と同様に結晶方位が制御できる.

帯域溶融法は本来ゲルマニウムの精製のために考案されたもので,細

長いボートに試料を入れ，高周波誘導加熱炉などで一部加熱し狭い溶融帯をつくり，ゆっくり移動させると，再び凝固した部分の不純物濃度は偏析によって溶融帯のそれよりも少なくなる。溶融帯の中に不純物が濃縮され試料端に集められるので，これを繰り返して行うことにより純度が高められる。一方，図 15-3 に示すように，多結晶体棒を成型したものを垂直に保持し，表面張力によって支えられた溶融帯を移動させる方法は特に浮遊帯溶融法(**フロートゾーン法**，Fz 法)とよばれる。Fz 法では下軸に，種子単結晶を固定し，上軸に多結晶棒を取り付け，両者の接触部を高周波誘導により加熱融解する。十分融解した後，下軸を回転させながら両軸を下方に移動させるか，加熱コイルを上方に移動させながら単結晶を成長させる。このときの雰囲気は 10^{-5} mmHg 以下の高真空か，常圧の Ar または He ガス気流中である。Fz 法では 60 mmϕ までの単結晶棒が製造可能である。

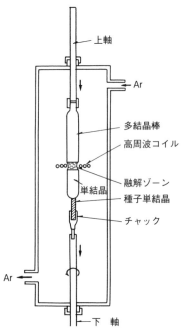

図 15-3 浮遊帯溶融法による単結晶の製造

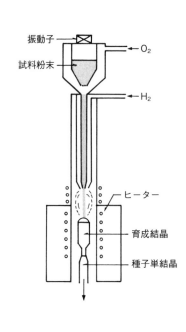

図 15-4 ベルヌイ法単結晶製作装置の概念図

(3) ベルヌイ法

上部から落下させた微粉体原料を酸水素炎によって溶融させ，保持された種子結晶上で結晶を成長させる方法である(図 15-4)。種子結晶が無い場合は，その結晶の最大成長方向に向かって単結晶が成長する。酸水素炎のかわりに高周波プラズマ炉やアークイメージ炉なども用いられている。**ベルヌイ法**ではバーナーの構造などの違いにより，酸化・還元

雰囲気で結晶成長できること，ロッド状および円板状の結晶を育成できることに加えて，人工的な着色に必要な遷移金属酸化物などの添加が比較的に容易にできることなどから，サファイア，ルビー，ジルコンおよびスピネルなどの人工宝石の製造が行われている。

(4) フラックス(融剤)法

水溶液から結晶を成長させる方法と類似した方法で，融剤(溶媒)としてアルカリ金属，アルカリ土類金属およびその他の金属の酸化物(または複合酸化物)，ハライドおよび炭酸塩などを用いる。これらの融液中で目的物質を融解させた後，溶融体温度を極徐冷するか，融液を蒸発濃縮して単結晶を育成する方法である。徐冷に長時間(数百時間)を要するが，大きな結晶，特定の方向に成長した結晶をつくることが可能である。この方法によってつくられる結晶は，Al_2O_3，$BeAl_2O_4$(融剤；PbOなど)，$BaTiO_3$(融剤；KF)，GaAs(融剤；Ga)および$CaWO_3$(融剤；$Na_2W_2O_7$)などがある。

(5) 水熱合成法[1]

高温高圧下にある水の存在下(水熱条件下)では，物質の溶解度の増加と結晶化速度の増加が起こる。1つの反応容器内で，これらの2つの相反する現象を同時に進行させ結晶を育成するためには，高温に加熱した容器の下部に原料を，より低い温度に保った上部に種子結晶を配置することによって実現している。高温部で溶解した物質は低温部へ対流によって移動し，エピタキシーによって種子結晶の表面で析出する。溶解域と結晶成長域との境にはバッフル(穴の開いた円板)を置き溶液の対流と容器内の温度傾斜をコントロールしている。水熱合成法では，水晶，

[1] 水熱合成法(hydrothermal synthesis)は熱水合成法とよばれることもある。一般には合成法には水熱を，100℃以上の水(加圧下)には熱水を用いるが，いずれもhydrothermalである。例えば熱水鉱床(hydrothermal deposits)，熱水溶液(hydrothermal solution)である。

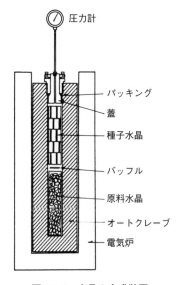

図15-5 水晶の合成装置

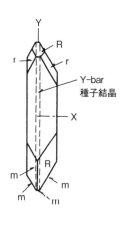

図15-6 Y-bar種子結晶から合成した水晶の外形

エメラルド，ルビーなどの多くの宝石類の単結晶が育成される。図15-5 に水晶育成の例を示す。ここでは，溶媒には 0.5～1 M の Na_2CO_3 または NaOH 溶液を用い，温度は下部(溶解部)で 400℃，上部(成長部)で 340℃ に調整し，圧力は 500～1,000 MPa の条件下で育成される。結晶の成長速度は通常 0.01～10 mm day^{-1} である。水熱合成法によって合成された結晶は双晶のない完全な結晶であり，結晶の外形や大きさの統一されたものが得られる。一例として Y 方向に棒状に切り出した種子結晶を成長させてつくった単結晶の外観を図 15-6 に示す。人工水晶生成には他に z 板種子や r 板種子も使われる。

(6) 超高圧合成

グラファイト ──→ ダイヤモンド変換を行うには図 11-8 に示した **Berman-Simon の平衡線**よりも上にある圧力と温度を与えなければならない。しかしながらグラファイトを高圧下においても低温では反応速度が非常に遅いためにダイヤモンドは合成されない。12.5 GPa (1 GPa = 10^9 Pa ≃ 10^4 気圧) 以上の圧力と 3,000 K 以上の温度の条件下で，はじめて実用上使用できる変換速度が得られる。このようにグラファイトからダイヤモンドへの直接変換は超高圧，高温を必要とする。結晶格子の組み換えを容易にする溶媒(Ni，Fe など)が発見されて以来合成は容易になったが(高圧融剤法)，それでも 5 GPa 以上の圧力と 1,500 K 以上の温度を必要とする。

高圧の発生はピストン-シリンダー型の高圧装置によるのが一般的であるが発生圧力はせいぜい 4 GPa 以下である。ピストンとシリンダーの形状を変化させ，より高圧(5～7 GPa)を発生することができるようにしたベルト型装置，および円錐台(ブリッジマンアンビル)を対向または多面体に配置し，発生圧力を 10 GPa 以上としているアンビル装置がある。

次に Ni を融剤としたダイヤモンド合成の概略について説明しよう[2]。図 11-8 の A 領域は Ni-C 合金相とグラファイト相が密に混じり合っている(すなわち共晶している)領域である。B 領域は Ni-C 溶液相とグラファイト固相が共存している領域である。C 領域は Ni-C 固相とダイヤモンド固相との共晶領域で，D 領域は Ni-C 液相とダイヤモンド固相の共存領域である。C 領域では 2 つの相がともに固相なので炭素原子の拡散が遅く，ダイヤモンドの生成は極端に遅い。しかし D 領域では Ni-C 相が液相なので炭素の拡散速度は速く，グラファイトからダイヤモンドへの変換は著しく促進される。したがってダイヤモンドを合成するには圧力と温度を D 領域の条件にもっていけばよい。なお図中の ab 線は (Ni-C) 共晶線とよばれるものである。他の金属の共晶線は他の点で平

[2] ダイヤモンドの合成の説明には，11-4 項で用いた図 11-8 を用いるので，再びここに記載しておくことにする。

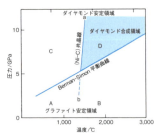

図 11-8 グラファイト-ダイヤモンドの平衡状態図(参考文献 5 より)

衡曲線を横切る。例えば Fe, Co, Mn 等の共晶線は Ni のそれとほぼ近いところにあるが, Rh, Pd, Pt の共晶体はこの順に高温側にずれる。

さて, D 領域の条件下(例えば 2,000 K, 7 GPa)に置かれた Ni とグラファイトの混合相は, Ni が融解(融点 1728 K)して炭素を溶かすようになる。しかしこのとき, 溶液中の炭素濃度はグラファイトに対しては未飽和であるが, ダイヤモンドに対しては過飽和なので, グラファイトは Ni 中に溶解しダイヤモンドは析出する。すなわちグラファイトはダイヤモンドに変換する。

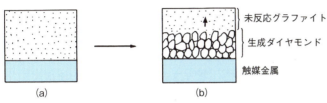

図 15-7　ダイヤモンド生成状況の概念図
(a)反応前, (b)反応中(参考文献 7)より)

この過程の概念図を図 15-7 に示す。このときの溶液相の厚さ, 温度および圧力の違いに応じ, 結晶核の形成速度や炭素の拡散速度が違ってくる。例えば, ダイヤモンド核の形成速度が炭素の拡散速度より速いと, 小さくて形がととのっていない, 互いにくっついたようなダイヤモンドしか合成されない。このようなダイヤモンドは工業用研磨剤としてなら使用可能であるが, 宝石としては無価値である。また結晶が成長し, 密に詰まってきて, 炭素の供給速度が遅くかつ場所により異なると, 面に埋め残しの多い骸晶や魚骨状のデンドライトができる。したがって良質なダイヤモンドを得るためには, まず結晶核の形成速度を制御せねばならない。このためには温度や圧力ばかりではなく, 溶液相の厚さ, 配置および温度勾配の制御や, 種子ダイヤモンドの使用等いろいろ工夫されている。

(7) 気相輸送法

原料を一度気化させて結晶を育成する方法を**気相輸送法**という。気相輸送法には物理的輸送法(PVT(Physical Vapor Transport)法)と化学的輸送法(CVT(Chemical Vapor Transport)法)がある。PVT 法は古くから行われてきた単純な**昇華法**であり, 蒸気圧の高い物質(硫黄やヨウ素など)であれば昇華させて精製, 再結晶する方法である。CVT 法は融点の高い物質や高温で分解する物質などは, 温度傾斜をつけた閉管中でハロゲンなどの輸送媒体を用いて原料を気化させて種結晶上に結晶成長させ方法で, **気相化学輸送法**ともいう。

ダイヤモンドの 2 つの合成法と熱力学的説明

ダイヤモンド合成法には高圧法と気相法がある。高圧法はダイヤモンドの安定領域である 5 GPa 以上, 1,400℃ 以上の高温・高圧下(図 11-8)によって行われるため, その熱力学的解釈は容易である。高圧法では 10 カラット以上のものも製造されている。一方, 気相法はグラファイトの安定領域である 2〜5 kPa, 700〜1,000℃ (基板温度)で行われるため, なぜダイヤモンドが生成するのかを熱力学的に説明できない。この疑問に対し, 原料ガスのメタンと共に用いる水素が重要な役割を果たしていると説明されている。その説明の 1 つは, 核形成時に C の一部に原子状 H が結合すると sp^2 よりも sp^3 混成軌道の形成が優位になり, ダイヤモンド構造をとるようになるというものである。ただ気相法では基板上でのダイヤモンド多結晶薄膜の形成が中心であった。ところが近年, マイクロ波プラズマ CVD 装置を用いてダイヤモンド基板上でのエピタキシャル成長法によりダイヤモンド単結晶薄板の製造が実現された(15-3 項(2)の(b))。

まず単結晶育成における物質輸送の原理について考えよう。

$$aA(s) + bB(g) = lL(g) + mM(g) \quad (15\text{-}1)$$

の反応において，平衡定数 K_p は $K_s = (P_L)^l (P_M)^m / (P_B)^b$ で表される。この反応の標準圧力下における Gibbs エネルギー変化 $\Delta G°$ は

$$\Delta G° = -RT \ln K_p \quad (15\text{-}2)$$

である。また $\Delta G°$ の温度変化は次のように書ける。

$$\left[\frac{\partial}{\partial T}\left(\frac{\Delta G°}{T}\right) \right]_p = \frac{-\Delta H°}{T^2} \quad (15\text{-}3)$$

平衡定数の温度による変化は，(15-2)式と(15-3)式とから

$$\left(\frac{\partial \ln K_p}{\partial T}\right)_p = \frac{d \ln K_p}{dT} = \frac{\Delta H°}{RT^2} \quad (15\text{-}4)$$

が得られる。K_p の温度による変化が(定圧)反応熱 $\Delta H°$ と結び付けられた。(15-4)式は**ファント・ホッフ**(van't Hoff)**の式**とよばれる。この式によれば，$\Delta H > 0$ (吸熱反応)であれば平衡定数は温度の上昇とともに大きくなり，平衡は生成系の方に移動し，$\Delta H < 0$ (発熱反応)であればこの逆となる。また2つの温度 T_1 および T_2 における Kp がわかると，物質移動の駆動力である分圧 $P_c = P_L + P_M$ の差 $\Delta P = P_c(T_2) - P_c(T_1)$ が求まる。このような原理に基づいた化学輸送反応の例として，閉管法による NiO の結晶製造の概念図を図 15-8 に示す。反応は以下のように表される。

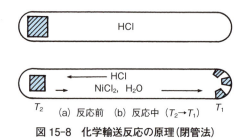

図 15-8 化学輸送反応の原理(閉管法)

$$NiO(s) + 2HCl(g) = NiCl_2(g) + H_2O(g) \quad (15\text{-}5)$$

この反応は $\Delta H > 0$ であるので，高温部(T_2)では P_{NiCl_2}，P_{H_2O} が高く，これらの気体は低温部(T_1)へ輸送される。すなわち高温部に粉末または焼結体試料を置いておくと，低温部では結晶が成長する。低温部にあらかじめ種子結晶や基板材料などを置いておくと，単結晶の育成やエピタキシャル膜の形成が行われる。

15-2 多結晶体の製造

多結晶体は結晶核が多数出現する条件下で融液や気体を固化するか，

あるいはセラミックスにみられるように微細粒子を焼結することによって得られる。前者は単結晶の製造法を修飾する(すなわち結晶核の生成を容易にし多数の核を出現させる)ことにより得られる場合が多いので，ここでは主にセラミックスの原料として用いられる微細粒子の合成法およびその焼結法について説明する。

(1) 粉体の合成法

(a) 均一沈殿法

金属塩溶液にアルカリ(沈殿剤)を添加すると一般にその金属の水酸化物が生成する。沈殿剤を溶液に加えるとき溶液が薄くしかも十分撹拌したとしても，局部的に濃度が高くなり，生成する核の数は多くなるのと同時に，生成する沈殿は不純物を取り込みやすい。その欠点を除くために溶液中で沈殿剤を発生させる方法がある。この方法は均一溶液からの沈殿生成が行われるために核の数が制御され，比較的大きな純粋な粒子の沈殿が得られる。例として，アンモニアの代わりに尿素を用いた水酸化物の沈殿生成反応がある。尿素は次のように加水分解する。

$$CO(NH_2)_2 + H_2O \longrightarrow CO_2 + 2NH_3 \qquad (15\text{-}6)$$

加水分解速度は温度と共に速くなるので，加熱条件を変化させることにより沈殿生成反応をコントロールできる。

(b) 共 沈 法

スピネルフェライトやチタン酸バリウムのように2種(またはそれ以上)の金属元素を含む化合物を合成するには，それぞれの金属化合物を化学量論比で混合した液(ある成分を過剰に加えることもある)に沈殿剤を加えて，多種の金属からなる化合物またはそれぞれの生成物が微細な組織単位で密接した均一性の高い混合物を生成させる。例えば$BaTiO_3$の原料を調製するとき$BaCl_2$と$TiCl_4$の混合水溶液にシュウ酸を加えると，$BaTiO(C_2O_4)_2 \cdot 4H_2O$が生成する。これを加熱分解してセラミックスの原料として適当な$BaTiO_3$粉体を得る。このようにして合成した沈殿は，それぞれの固体粒子(各金属イオンを含む酸化物，炭酸塩，硝酸塩など)を混合したものと比べると，目的の結晶の生成温度や焼結温度は著しく低下する。

(c) 噴霧熱分解法

金属塩溶液を加熱された空間に噴霧し，瞬間的に酸化させる方法で，この方法によると微細粒子が得られる。複数の金属塩を含む溶液の場合は，それぞれの酸化物の混合物または化合物としての粒子が得られる。共沈法で得られる物質もこの方法で製造できる。

(d) 気相反応法

気相反応法は金属塩化物を加熱気化し，高温の反応室で反応性ガスを

混合する方法で，高純度金属酸化物の超微粉体の製造法として優れている。例えば

$$TiCl_4 + O_2 \longrightarrow TiO_2 + 2Cl_2 \qquad (15\text{-}7)$$

$TiCl_4$ を酸水素炎中で反応すれば水の供給があるので TiO_2 と HCl が生成する。この方法では，酸化ケイ素，酸化鉄，酸化アルミニウム，酸化ジルコニウムなどが製造されており，工業的にも重要な製造法である。金属塩化物と NH_3 との反応では窒化物（Si_3N_4, TiN, ZrN など）が，また金属塩化物と CH_4 との反応では炭化物（SiC, WC など）が得られる。原料としては，塩化物のほかに水素化物，ヨウ化物なども用いられる。また，金属塩化物を還元雰囲気中（H_2 や Mg, Na 融液中）に置くと，高純度金属微粉体を製造できる。

(2) 焼結法

焼結体の特性は結晶粒，粒界，気孔および不純物からなる微細組織（図15-9）によって支配される。これらを制御するために種々の焼結法および前処理がとられる。多孔質焼結体などを除けば焼結体の物性向上のためには，気孔量を減少させ，高密度化が図られる。その緻密化のためには原料粉体の微粉末化，粒径の均一化および高圧下における焼成が行われる。微粉末化と高圧下での焼成はいずれも，より低温で焼結が進行することに寄与する（10-4項参照）。

一方，焼結体に機能性をもたせるためや，多孔質焼結体のように特殊な形態をもたせるために，焼成の前に種々の処理がなされる。例えば焼結フェライトを製造するとき，粉末に磁場を加え磁化方向へ配列させる（分極処理）と同時に成型，焼結する方法が採られる。これにより磁気的に異方性のある焼結体が得られる。また耐熱性，化学的安定性などの特性を利用した焼結体フィルターや，SnO_2, ZnO などの半導体ガスセン

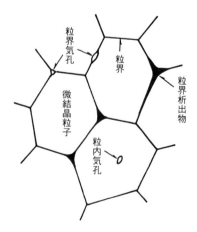

図 15-9 焼結体の微細組織

サーなどを製造するときは，三次元に連なった空隙を数多くもつ焼結体をつくるために，原料粉末の中にあらかじめ発泡剤や可燃性物質が混合される。

(a) 常圧焼結法

大気雰囲気下で焼成する最も一般的な方法で，古来より陶磁器の製法として用いられてきた。焼結温度を低下させるために，一般に原料粉末に焼結助剤(陶磁器の場合は長石)が加えられる。この方法を修飾した方法として，特定の雰囲気下(真空，Ar，N_2，H_2)で焼成し，非酸化物の酸化防止や焼結と化学反応の同時進行が図られる。

(b) 高圧焼結法

高圧下での焼結は，拡散機構(13-6項)に加えて塑性流動機構(外圧によって固体が連続的，永久的に変形する性質(8-3項参照))も関与するため，物質移動は容易になり，より低温で焼結する。また高融点物質の焼成，焼結助剤なしの焼成も可能であり，より低温で緻密化が起こるので，その結果として粒成長が押さえられるという特徴がある。その方法としては，成型体に機械的に一軸方向から加圧しながら加熱する方法である**ホットプレス法**，圧力媒体としてArなどの高圧の不活性ガスで等方的に圧力をかけ焼成する**熱間静水圧焼結(HIP)法**などがある。

15-3 アモルファスの製造

非晶質(アモルファス)は3-4項で述べたように無機ガラス(酸化物ガラス，フッ化物ガラス)，非晶質半導体(カルコゲン化物ガラス)，合金ガラス，ゲルおよび無定形炭素からなる。ここでは，ゲルおよび無定形炭素を除く，バルクのガラスの製造およびアモルファス薄膜の製造について説明しよう。

(1) バルクのガラスの製造

ガラスは一般に溶融物を結晶核形成および結晶成長させることなく急冷して液体状態を凍結したものといえる。融液の粘度が十分高いときは，緩やかに冷却してもガラスが形成されるが，粘度が低く原子が自由に移動できるときは，核生成および結晶成長速度も速いので，超急速冷却によってガラス化を図る。表15-1に融液のガラス化に要する冷却速度と冷却法の概略を示す。

これからわかるように，固体内の結合の性質によってガラス化しやすさが異なる。すなわち，酸化物ガラス(絶縁体)，カルコゲン化物ガラス(半導体)はガラス化が容易で，合金ガラスおよび金属ガラス(導体)はガラス化が容易でない。

このような融液の冷却によるガラス化のほかに，気相および溶液から

表 15-1　物質のガラス化に要する冷却速度と冷却法

	物質の種類	冷却速度(Ks^{-1})	冷却方法
ガラス化しやすい物質	非金属酸化物	10^{-2} — 10	融液の冷却
	カルコゲン化合物	10 — 10^3	
ガラス化し難い物質	共晶型の合金	10^3 — 10^6	超急速冷却法
ガラス化困難な物質	純金属	10^8 以上	蒸着法

ガラスを製造する方法がある。これについても述べよう。

(a) 融液の冷却によるガラスの製造

SiO_2, B_2O_3, P_2O_5, GeO_2 および As_2O_3 は陽イオンの原子価が高くイオン半径が小さいので配位数が小さい。また陽イオンと酸素から成る構造単位(例えば SiO_4^{4-}, ケイ酸四面体)は頂点でつながるため, 規則構造(結晶)であるときと, 不規則網目構造(非晶質)になったときのエネルギーの差は小さく, 不規則網目構造が安定に存在できる(図 3-12 参照)。これらの単純酸化物の融液の粘度は大きいために, 融液を空中放冷しただけでもガラスが得られる。また, アルカリ金属やアルカリ土類金属などの酸化物(網目修正酸化物)を加えると架橋酸素が切断されるために, ガラス転移点の低下, 溶融物の粘性の低下が起こるために加工が容易になる(図 15-10)。

図 15-10　網目修正酸化物の添加によるシリカ網目の切断反応

酸素族の S, Se, Te (この 3 元素を総称してカルコゲンという) に Tl および半金属元素である As, Sb を加えた単純カルコゲン化物, さらに Si, Ge を加えた多成分カルコゲン化物は酸化物ガラスと同様に融液の冷却により比較的容易にガラス化する。ただしその組成比はある範囲内でなければならない。これらの多成分ガラスは光伝導性, およびスイッチ現象(特定の電圧で絶縁状態から導電状態に変化する)を示すカルコゲナイドガラス半導体として重要である。

酸化物ガラスやカルコゲナイドガラスは, 板ガラス, 光学ガラスなどのバルクのガラス製品として工業的に製造されている。

(b) 超急速冷却法

合金や金属の融液をガラス化するには気体, 液体および固体と接触させて超急速冷却する方法が用いられる。得られるのは塊状のものでなく, 粉末状, 細線状, およびリボン状などの冷却効果の大きい形状のものに限られる。純金属のガラス化には $10^8 Ks^{-1}$ 以上の冷却速度が必要とされているが, たとえガラス化が行われたとしても常温付近でただち

に結晶化するものもあり，取り扱いは容易ではない。一方，合金組成の金属は超急速冷却法によってガラス化できるが，合金は全てガラス化できるというのではなく，次の条件を満足したものに限られる。

① 金属-非金属系の合金の場合；遷移金属や貴金属に B, C, P, Si, Ge, As, Se などを約 15～30％含んだ合金で，例えば Co-B, Fe-B, Fe-P-C, Ni-P, Au-Si, Pd-Si などである。これらの組み合わせは一般に原子半径の比が大きく（結晶での侵入型合金に相当する），その割合は共晶組成付近である。

② 金属-金属系の合金の場合；①と同様にやはり原子半径の比が大きく，共晶型の合金で，Cu-Zr, Ni-Nb, Ni-Ta などである。

ここで述べた合金ガラスの本格的研究は合金ガラスリボン（アモルファス合金リボン）の製造が軌道に乗ってからであった。図 15-11 に代表的な超急速冷却法を示す。遠心法は細線（約 10 μm）の製造に用いられ，単ロール法は細線およびリボンの製造，双ロール法はリボンの製造にそれぞれ用いられる。これらの装置の冷却最大能力は 10^6 Ks^{-1} 程度である。

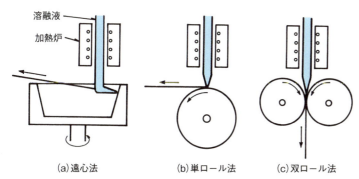

図 15-11　超急速冷却法によるアモルファスの線またはリボンの製造装置の概念図

(c) ゾル-ゲル法

溶融体をつくることなく溶液反応でガラスを製造する方法で，アルコキシドの加水分解および縮合反応でゲルをつくり，比較的低い温度で熱処理してガラス化させる。例えば，SiO_2 ガラスをつくるときは，$Si(OC_2H_5)_4$ のアルコール溶液を NH_4OH（または HCl）を触媒として加水分解する。その反応は

$$Si(OC_2H_5)_4 + 2H_2O \longrightarrow SiO_2 + 4C_2H_5OH \qquad (15\text{-}8)$$

である。出発原料としては Si のほかに Ti, Zr, Ge, Sn, Fe などの金属アルコキシドを単味または二成分混合して用いる。加える水の量によって生成溶液の粘性が変化するが，水の量が少ないときは紡糸でき，

繊維状ゲルが，また水の量が多いときは塊状ゲルがつくられる(図15-12)。これらのゲルを 600～900℃で加熱するとガラスになる。この製造方法の出現で，かつてのガラスの定義であった「溶融物を結晶化することなく冷却した無機物質」を「ガラスとはその状態をいい，またガラスが示す特性(ガラス転移点など)をもつこと」と定義しなおさなければならなくなった。

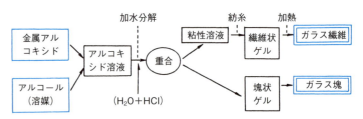

図 15-12　金属アルコキシド法によるガラスの作製過程

(d) 気相法によるガラスファイバーの製造

気相法によるガラスの合成は，高品位で厳密な組成制御を要する光通信用のガラスファイバー，いわゆる光ファイバーの製造を可能にした。光ファイバー用のガラスは，可視光から近赤外までの広い波長領域で透明である石英ガラスが用いられるが，光吸収を抑えるために高純度，高品位であることが必要である。また 7-7 項で述べたグレーデッド(屈折率分布)型光ファイバーでわかるように，屈折率分布を形成させるために添加物の量を精密に制御しなくてはならない。

ガラスの主原料は $SiCl_4$ で，屈折率を高める物質としては $GeCl_4$, $POCl_3$ などが用いられる。製造法の概念図を図 15-13 に示す。用いる塩化物は常温では液体であるので，酸素ガスと共にガス状でバーナーに導かれたあと，酸水素炎中で加水分解反応を行わせる。ここでの反応は

$$SiCl_4 + 3H_2 + \frac{3}{2} O_2 \longrightarrow SiO_2 + H_2O + 4HCl$$

$$(SiCl_4 + 2H_2O \longrightarrow SiO_2 + 4HCl) \tag{15-9}$$

である。酸水素炎は加水分解に必要な水を供給している。添加物の量は，原料ガスの流量比を順次変化させることで制御される。生成したガラス微粒子は芯材に堆積させ，棒状の多孔質ガラス体(多孔質母材)をつくり，これを溶融透明化(透明母材)し，糸状に線引きすることにより直径 0.1～0.2 mm のファイバーをつくる。

(2) アモルファス薄膜の製造

薄膜の作製は一般に気相→固相で行われ，気相原料を基板上に凝着させる方法でつくられる。基板の温度および基板の素材を変化させるだけ

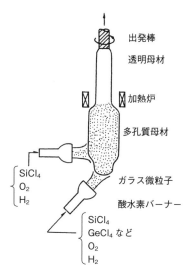

図15-13　気相軸づけ法による屈折率分布型光ファイバー素材の作製
(参考文献11)より）

でアモルファス化，多結晶化および単結晶化(エピタキシャル成長)することが可能である。

　薄膜は，その形成過程では極めて早い冷却速度が得られるので，前記の融液→固相の製造過程ではガラス化できない物質でもガラス化できることが特徴である。しかし作製されたアモルファス薄膜は必ずしもガラス転移点を示す物質であるとは限らないので注意しよう。

　まずアモルファス薄膜の特徴について考えてみる。

① 基板の表面上に任意の厚さの層を形成できる；例えばアモルファスSi太陽電池の場合，数十〜数百nmの厚さの，Bを混入したp半導体，Pを混入したn型半導体および非混入のアモルファスシリコン層などを積層し，多層構造を形成することによりすぐれた特性をもたせることができる。

② 大面積の均質な材料が得られる；例えば単結晶薄膜をつくるには，基板も単結晶でなければならないので，単結晶薄膜の大きさは制限される。アモルファス薄膜の場合は基板を構成している物質の結晶格子の大きさなどには依存しないので，基板はガラス，プラスチックおよびステンレススチールなどが利用できる。

　次に代表的な薄膜の製造方法を述べる。薄膜の作製は，気相法と液相法に大別できる。気相法には，原料を蒸発によって気化したのち基板上に堆積させる**物理的気相成長**(physical vapor deposition：PVD)**法**と，薄膜の構成元素を含む気体を原料とし，基板表面付近での化学反応を通じて基板上に堆積させる**化学的気相成長**(chemical vapor deposition：

3) PVD や CVD などの気相法により薄膜を形成するとき，基板上では核生成，結晶成長が起こる。生成初期にはエピタキシャル成長などが，また膜厚が大きくなると別のタイプの結晶成長が起こる場合が多い。基板の温度や材質およびガス圧を選ぶことによって単結晶，多結晶，アモルファス薄膜を得ることができる。

CVD)法がある[3]。また液相法にはメッキ法，塗布法，ゾル–ゲル法などがある。ここでは主に気相法について述べよう。

PVD 法で固体試料を気化させるには，排気された系(減圧下)で試料を加熱するか，または高エネルギー粒子を固体試料表面に衝突させるかである。

前者は真空蒸着法といわれ，古くから行われてきた方法で，抵抗加熱，電子ビーム，レーザー照射などで固体試料を加熱蒸発させ，その原子，分子を基板上で膜形成させる方法である。後者は，スパッタリング法とよばれており，グロー放電下で Ar などをイオン化させ，試料表面にぶつけることにより表面の原子または分子を飛び出させる(気化する)方法である。この方法は蒸気圧の低い酸化物(高融点化合物)でも容易に薄膜がつくられる利点がある。

CVD 法で薄膜を作製するには，原料となる気体に熱・光・電磁波などのエネルギーを加えて励起や分解を行い，基板表面で吸着・反応・解離を経て薄膜を堆積する方法が用いられる。その反応条件は，気相反応における飽和度を小さくするか，気体の全圧を $10^{-2} \sim 1$ Torr 以下にする必要がある。また反応温度を下げるために，気体試料を減圧反応容器中に導入し，グロー放電，光照射(紫外線やレーザー)，加熱などの手段で気体試料をプラズマ状態や励起状態にし，より低い温度で基板上で化学反応させて膜を形成させる方法がとられる。図 15-14 にアモルファスシリコン(a-Si)の製造に用いられる**プラズマ CVD 装置**の概念図を示す。a-Si の製造には図のように排気された反応炉中に SiH_4 ガスを導入し，グロー放電を行う。プラズマ状態にある中性ラジカル，イオン，高次シランなどの前駆体は，加熱された基板上に付着し，水素離脱等の表面反応により Si ネットワーク形成反応が進行する。ここで形成された薄膜には未結合手がなく，その部分は H で終端しているので，水素化されたアモルファス Si(a-Si：H)とよばれる(章末コラム参照)。

PVD 法と CVD 法の応用

PVD 法と CVD 法は，表面コーティングや機能性薄膜などの作製に広範囲に用いられている。その使用事例を記す。
① 硬質皮膜形成：各種工具や金型表面への Ti 合金や Ti 系セラミックスの蒸着
② 光学薄膜：メガネやレンズの反射防止膜，特殊ミラーなど
③ 機能性薄膜：薄膜状の高温超電導体，強磁性体，強誘電体，金属など
④ 微細電子部品：薄膜抵抗やコンデンサ，半導体集積回路など
⑤ その他：光ディスクなどの記録媒体の反射層や記録層の形成

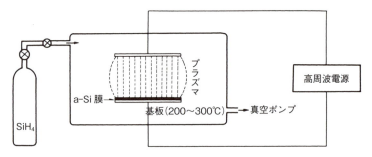

図 15-14　プラズマ CVD によるアモルファスシリコンの作製

15-4　ナノ粒子の製造

ナノ粒子を製造するには，粉体やバルク素材を粉砕して製造するトップダウン法(あるいはブレークダウン方式)，原子や分子から化学反応の利用あるいは気体や液体から凝縮・凝固などを利用してつくるボトムアップ法(あるいはビルドアップ方式)の2つに分類される。それぞれの製造方法は，物理的方法と化学的方法に分類される。表15-2に代表的なナノ粒子製造法を示す。表からわかるように，ナノ粒子の製造は15-1項，15-2項の"(1)粉体の製造法"および15-3項の(2)薄膜の製造法で述べた方法が基本となるが，よりコントロールされた条件下の操作が求められる。例えば薄膜製造法であるPVDやCVDを用いる場合，試料を基板上に堆積させることなく空間中に滞留させると微粒子が形成されることを利用してナノ粒子を製造する。

ところで，製造したナノ粒子は凝集しやすいという大きな問題がある。金属ナノ粒子であればさらに酸化という問題も加わる。したがってナノ粒子を安定に単分散させるには，使用目的にあった分散剤の選択や粒子の表面修飾という過程が重要になってくる。

表15-2　ナノ粒子の製造法

	製造法	具体的製造方法
物理的方法	粉砕法	湿式粉砕法，乾式粉砕法(ビーズミル粉砕法など)
	スパッタリング法	(高融点物質の微粒子製造法など)
	蒸発・凝縮法	金属蒸気合成法，流動油上真空蒸発法
	噴霧・固化法	ゾル-ゲル噴霧固化法
	PVD法	熱プラズマ加熱法，
化学的方法	気相合成法	熱プラズマ法(酸化，還元，不活性ガス雰囲気中)
	液相合成法	水熱合成法，ゾル-ゲル法，中和分解法，共沈法，加水分解法，液相還元法
	熱分解法	噴霧熱分解法
	コロイド法	界面活性剤利用によるコロイド粒子の製造法
	CVD法	熱CVD法，プラズマCVD法，静電噴霧CVD法

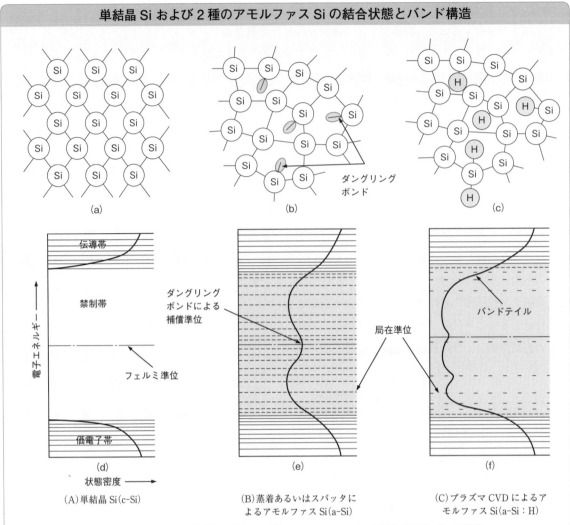

図 単結晶 Si および製造法の異なる 2 種のアモルファス Si の結合状態とバンド構造

　蒸着法やスパッタ法によって製造したアモルファス Si(a-Si) 薄膜は，ESR で調べると不対電子濃度(不完全結合電子濃度)が 10^{19}〜10^{21} electron cm^{-3} もある。これは3配位の不飽和結合(未結合手あるいはダングリングボンドという。図(b))や5配位の過飽和結合にもとづくものである。そのため禁制帯に局在準位が数多く存在し(図(e))，太陽電池の素材としては不適当であった。プラズマ CVD でアモルファス Si 薄膜を製造すると，ダングリングボンドは水素と結合するため3配位や5配位の Si 原子濃度は著しく減少した(不対電子濃度は 10^{15}〜10^{16} electron cm^{-3} に低下)。水素化されたアモルファス Si(a-Si：H)薄膜(図(c))は，結合相手が一部 H とはいえ，ほとんどの Si 原子は正常な配位数4をとることとなった。その結果，局在準位は著しく減少し(図(f))，4-3項で述べたp型(Bの混入)やn型(Pの混入)の不純物準位をつくり得るようになったため，太陽電池としての応用が可能となった。

付録 I 結晶構造の表し方

　原子の周期的配列によって形成された結晶の対称性と周期性は，回転と並進の操作によって表すことができる。この対称操作の集合は空間群といい，結晶は 230 種の空間群によって表すことができる。**空間群**は結晶のミクロな対称性を表しているために格子振動や電子の波動関数といったミクロな物性に関連する。また，X線回折などによる構造解析にはなくてはならない構造の表し方である。

　空間群の回転操作(恒等，回転，鏡映，回反，回映などの操作)だけを取り出すと**結晶点群**が得られる。すべての結晶は 32 の結晶点群で表される。結晶点群は原子配置の対称性を明瞭に示しているので，誘電体の構造と物性とを関連づけるのに適している(5 章参照)。

　一方，結晶を構成する原子の位置(格子点) R は，基本ベクトル(a, b, c)によって表現される。

$$R = n_1 a + n_2 b + n_3 c, \quad (n_1, n_2, n_3 は整数)$$

これらの点の集まりを空間格子という。ベクトル a, b, c を 3 稜に持つ

表　結晶構造の 3 つの表現

	空間群	結晶点群	空間格子
表現法	平面群と対称要素	円と対称要素 (ステレオ投影図)	平行六面体 (単位格子)
内　容	回転操作・並進操作	回転操作	3 本の基本ベクトル(a, b, c)，あるいは軸長(a, b, c)と軸角(α, β, γ)による
特徴と応用例	・結晶のミクロな対称性を示す。 ・X線回折による構造解析	・結晶のマクロな対称性を示す。 ・誘電体の構造と物性との関係	・結晶の基本単位格子を示す。 ・結晶の三次元モデル
分　類	230 種の空間群	32 種の結晶点群	14 種の結晶格子
記　号[a]	$P6_222$ [b] D_6^4 [c]	622 [b] D_6 [c]	六方晶系(P)
記載例[a]			

a) β-石英の場合，b) Hermann-Mougun 記号，c) Schoenflies 記号

平行六面体を結晶の単位格子(または単位胞)という。なお本文中(1章)ではベクトルではなく軸長(a, b, c)と軸角(α, β, γ)によって形成される平行六面体を単位格子として説明している。結晶は14種の空間格子(結晶に関しては結晶格子)で表すことができる。これをブラベー格子という。

付録 II　波数とその応用

（基本式）

> - 換算プランク定数*：$\hbar = \dfrac{h}{2\pi}$
> 　（h：プランク定数：波と粒子を結びつける基本的な物理定数）
> - 角振動数：$\omega = 2\pi\nu$（ν：振動数）
> - 波長 λ と波数 k：$k = \dfrac{2\pi}{\lambda}$
> - 1光子あたりのエネルギー：$E = h\nu = hck = \hbar\omega$（$c$：真空中の光の速度）
> - 粒子の運動量：$p = \dfrac{h\nu}{c} = \dfrac{h}{\lambda} = \hbar k$
> - 粒子のエネルギー：$E = \dfrac{p^2}{2m} = \dfrac{\hbar^2 k^2}{2m}$

　化学において波数はマイクロ波や赤外線などの分光学でまず $\bar{\nu}(=1/\lambda)$ として出会うが，電磁気学や量子論では波数は $k(=2\pi/\lambda)$ あるいは波数ベクトル $\boldsymbol{k}$ で表される。$\boldsymbol{k}$ ベクトルで表された空間は，逆空間（逆格子空間），k 空間あるいは波数空間とよばれ，実空間の周期性が反映されたもので，結晶やバンドを理解するうえで大切な概念であるが，化学を学ぶものにとっては多少厄介な量でもある。ここでは波数の特性を箇条書きして整理しておくことにしよう。

1. 分光学における波数：波数は $\bar{\nu}$ で表し，単位長あたりの波の数，つまり波長 λ の逆数を波数とよぶ。

$$\bar{\nu} = 1/\lambda$$

単位は $\mathrm{m^{-1}}$（あるいは $\mathrm{cm^{-1}}$）である。光子のエネルギーが波数に比例するので，波数をエネルギーの単位として用いることもある。

2. 電磁気学・物性分野における波数：波数は k で表し，波長 λ の逆数に 2π をかけたものが用いられる。

$$k = 2\pi/\lambda$$

　その理由は，物理学において振動数 ν（=周波数 $f\,[\mathrm{Hz}]$）ではなく 2π をかけた角振動数 $\omega\,[\mathrm{rad/s}]$（$=2\pi\nu$）を用いるためである。波数 k の単位は $\mathrm{rad/m}$ となる。なお角振動数は電磁気学や量子力学において，周期的な現象を記述するために重要である。

3. 量子論における波数：量子力学の出発点は粒子と波動の二重性（$p=h/\lambda$）であり，電子は波動関数で記述される波動である．波（電子波）と運動量との関係は波数を用いると

$$p = \frac{h}{2\pi} k = \hbar k$$

で表される．kは周期系の物理量を表す時の変数として重要で，本書では結晶の周期ポテンシャル中の電子のエネルギーをkの関数で（3-3項，図3-8(a)など），また$E-k$曲線でバンド構造を表している（付録Ⅲ，図2など）．また上式からわかるように$\hbar$は定数であるのでkを運動量として用いることもある．

4. 波動および格子点と波数ベクトル：周期的な関数である波と格子点を具体的に波数ベクトルで表してみよう．ここでは一次元の状態（$|\boldsymbol{k}|=k$）を示す．

(1) 長さLの井戸の中で存在しうる波（電子波）は$L=\frac{1}{2}\lambda_i n_i$（(3-6)式参照）を満たす波（定常波）に限られる．実空間における正弦波であれば図1(a)に示すように見慣れた波となる．一方それぞれの波はk空間では図1(b)に示すように点（$k_i=(\pi/L)n_i$　$n=1, 2, 3\cdots$）で表される．1つの点は1m中に含まれる波の周期に相当する．

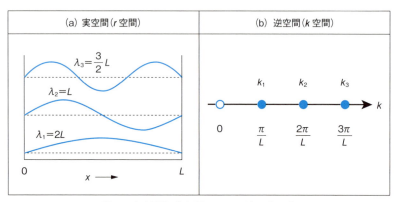

図1　実空間と逆空間における波の表し方

なお自由電子が幅Lで波動関数が周期的に変動する（電子の存在する領域を長さLの輪とする）場合は$k_n=(2\pi/L)n$（$n=0, 1, 2, 3\cdots$），また周期的境界条件（1次元：$\psi(x)=\psi(x+L)$）における波数の取りうる値の場合は$k_n=(2\pi/L)n$（$n=0, \pm 1, \pm 2, \pm 3\cdots$）となるが，いずれも図1(b)に準ずる点列となる．

(2) 格子定数がaの一次元の格子の場合，図2に示すように実空間での格子点は点列naであるのに対し，k空間での格子点は$G_i=(2\pi/$

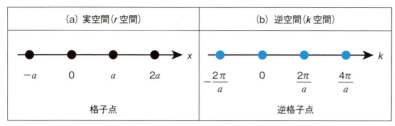

図2 実空間と逆空間における格子点の表し方

$a)n_i$ で表される。これを逆格子点という。

このように電子の波も格子点も k 空間で表されるので，次に述べる $E-k$ 曲線を用いて結晶中の電子の状態を表すことができる。なお二次元，三次元の状態を表す場合は波数ベクトル $\boldsymbol{k}$ が用いられる。

5. $E-k$ 曲線によるバンド構造：固体中の電子のエネルギー状態は，位置 r（または x）を用いた実空間（$E-r$ 曲線）ではなく k 空間（$E-k$ 曲線）で表す。例えば，バンド構造はある波数 k の電子が持つエネルギー E を示すもので，縦軸にはエネルギー E $(E_k=\dfrac{\hbar^2}{2m}k^2)$，横軸には波数 k $(k_n=\dfrac{2\pi}{a}n,\ (n=0,\pm1,\pm2,\cdots))$ をとった $E-k$ 関係で示される。また固体中の電子の状態を知るためにはエネルギー E と運動量 $\hbar k$ が必要であるが，横軸に波数 k を用いると，$\hbar$ は定数であるために運動量 $\hbar k$ も同時に表現できるという利点がある。付録Ⅲの図2に $E-k$ 曲線によるバンド構造を示す。

付録Ⅲ　バンド構造への2つのアプローチとその表現

バンド構造の形成を考える際には，2つのアプローチがある。

(1) 孤立原子からのアプローチ：原子の凝集・結合に伴う分子軌道の形成と電子配置の変化からバンド形成を考える。

(2) 自由電子からのアプローチ：結晶の周期ポテンシャルに基づく自由電子の波数とエネルギーからバンド形成を考える。

上記の(1)は化学結合による分子軌道の形成に基づいているために，化学を学ぶ者にとっては理解しやすいバンド構造形成過程である（Heitler・London の近似という）。これに対し(2)は3章の3-2, 3-3項で一部述べた電子の波動関数に基づく展開であるために，固体物理や物性物理を学ぶ者にとっては基本となるバンド理論である（Hartree・Fock の近似という）。この2つのバンドの形成理論を Si 結晶を例にとって簡単に整理しておこう。

(1)の考え方に基づくバンド形成過程を図1に示す。

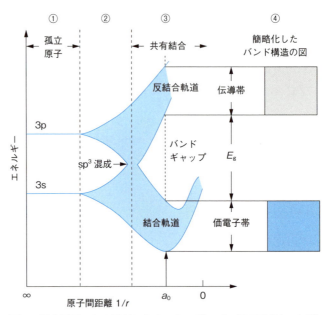

図1　孤立原子からの近似によるエネルギーバンドの形成（Si を例）

① 無限遠の原子（孤立原子）ではそれぞれの原子軌道の電子配置は $3s^2$, $3p^2$ であり，いずれの原子も同じエネルギー状態にある。

② 原子同士が近づくと，より安定な sp^3 混成軌道を形成し，生成した等価な4つの軌道に1個ずつ電子が配置する（4価の Si 原子が形成されるために1個の Si 原子には4個の Si 原子が結合できる）

③ 結合時には，sp³ 結合軌道と sp³ 反結合軌道が形成される（a_0 は原子間距離）。

④ 2個の原子（あるいは多数の原子）が近づいたとき，電子の波動関数が重なるために，同じエネルギー値をとることができなくなる。エネルギー準位が分裂し，わずかに異なる準位に電子（あるいは軌道）が存在するようになる。その結果バンドが形成され，結合性軌道⇒結合性バンド⇒価電子帯が，また反結合性軌道⇒反結合性バンド⇒伝導帯が形成される。

(2)の考え方に基づくバンド構造（E-k 曲線：エネルギー E と運動量 k の関係）を図2に示す。単体半導体の Si に加え，化合物半導体の GaAs のバンド構造も併せて示す。

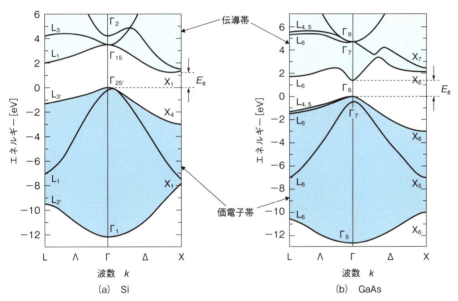

図2 E-k 関係に基づく Si と GaAs のバンド構造

自由電子の電子状態（例えば図3-6(a)）と比較すると，結晶中の電子状態を描いた曲線は複雑であるが，これは Si と GaAs の結晶を構成する原子やイオンの三次元格子によるポテンシャルの周期的構造によって生じたものである。縦軸はエネルギー $E(k)$（$=\hbar^2k^2/2m^*$），横軸は電子の波数 k（$=p/\hbar$）である。なお横軸の記号（Γ，Δ，X など）は第1ブリルアンゾーン内の波数 h といい，結晶の逆格子ベクトルに基づく対称点および対称軸の座標を示す記号である。

このように E-k 曲線で描かれたバンド構造は，Si と GaAs の伝導帯の底と価電子帯の頂上の位置の違いが明確で，直接遷移と間接遷移の違いや（本文中図4-6参照），半導体結晶中の電子の運動に現れる有効質量

などを理解するためには重要である。

付録IV 電子の角運動量と磁気モーメント

電子の磁気モーメントには，6-1項で述べたように
(1) 原子核の周りを回る電子の軌道運動によって生じる磁気モーメント（軌道磁気モーメント）
(2) 電子のスピンに基づく固有の磁気モーメント（スピン磁気モーメント）

がある。原子やイオンの磁気モーメントはさらに
(3) 電子に基づく(1)と(2)の磁気モーメントの和
(4) 原子核がもつ磁気モーメント

を考えなくてはならない。ところが(4)の原子核の磁気モーメントは複雑な系であり，また非常に小さな値である（電子の磁気モーメントの数千分の1の強さしかなく，物質の磁性にはほとんど影響しない。また陽子および中性子の数が共に偶数である核の磁気モーメントはゼロとなる）ことから，原子やイオンの磁気モーメントは不対電子の(1)，(2)，(3)を知れば良い。6章と重複するが，これらを整理しておこう。

(1) 電子の軌道角運動量 $\boldsymbol{L}$ は，質量 m_e の電子が原点（原子核）からのベクトル $\boldsymbol{r}$ の端を速度 $\boldsymbol{v}$ で動いていると，$\boldsymbol{L}=m_e \boldsymbol{rv}$ で表される。ここで，軌道角運動量の大きさ $L(=|\boldsymbol{L}|)$ は，次のようになる。

$$|\boldsymbol{L}|=L=m_e rv \tag{IV-1}$$

一方，量子力学的には，軌道角運動量は量子化した値 $(\hbar\sqrt{l(l+1)})$ だけをとるので

$$L=m_e rv=\hbar\sqrt{l(l+1)} \tag{IV-2}$$

となる。ここで，$\hbar=h/2\pi$ で，h はプランク定数 $(=6.626\times10^{-34}$ [Js]) である。これから，量子化された角運動量は $h/2\pi$ 単位で現れることがわかる。l は方位量子数または角運動量量子数とよばれる。また，$l=0, 1, 2, 3$ の状態はそれぞれ s, p, d, f の状態を表す。例えば s 軌道は $l=0$ であるので，軌道角運動量は0であり，次に述べる磁気モーメントも0になる。

電子の軌道運動によって生ずる磁気モーメントを軌道磁気モーメント $\mu_{m,l}$ といい，その大きさ $\mu_{m,l}$ は次のようになる（本文の図 6-1(a) を参照のこと）。

$$\mu_{m,l}=I\pi r^2=(1/2)erv \tag{IV-3}$$

角運動量と磁気モーメントの比は，(IV-2)式と(IV-3)式の両式から

$$g_l=e/2m_e \tag{IV-4}$$

となる。g_l は磁気回転比とよばれる。(IV-2)式，(IV-3)式，(IV-4)式の

関係から，軌道磁気モーメントの大きさ $\mu_{m,l}$ は，次のように表すことができる．

$$\mu_{m,l} = (e/2m_e)L = g_l \, \hbar\sqrt{l(l+1)}$$
$$= \mu_B \sqrt{l(l+1)} \qquad (\text{IV-5})$$

ここで $\mu_B(=e\hbar/2m_e=9.27\times10^{-24}\,[\text{Am}^2])$ はボーア磁子とよばれ，磁気モーメントを表す基本量である．

(2) 電子の自転によるスピン角運動量 S は，やはり $\sqrt{s(s+1)}$ で量子化されている．ここで s はスピン量子数であり，電子の場合は 1/2 である．

電子の自転運動によって生ずる磁気モーメントをスピン磁気モーメント $\mu_{m,s}$ といい，その大きさ $\mu_{m,s}$ は(IV-5)式と同様に，磁気回転比とスピン角運動量をかけ合わせたものとなる．スピンに関する磁気回転比 g_s は $g_s \fallingdotseq 2g_l$ の関係があるので

$$\mu_{m,s} = g_s \hbar \sqrt{s(s+1)}$$
$$= 2\mu_B \sqrt{s(s+1)} \qquad (\text{IV-6})$$

となる．電子の s はいつも 1/2 の値である．したがって，1個の電子のスピン磁気モーメントの大きさは $\sqrt{3}\mu_B$ となる．1つの原子やイオンに不対電子が複数個ある場合，スピン磁気モーメントは，全スピン量子数 S を用いて

$$\mu_{m,s} = 2\mu_B \sqrt{S(S+1)} \qquad (\text{IV-7})$$

と表すことができる．また全スピン量子数は $1/2 \times n$ (n は不対電子数)であるので，これを(IV-7)式に代入すると

$$\mu_{m,s} = \mu_B \sqrt{n(n+2)} \qquad (\text{IV-8})$$

となる．電子スピン角運動量によって生ずる磁気モーメントは，遷移金属イオンの磁気モーメントを支配する．したがって，フェライト磁石の磁気モーメントを考察する際は，(IV-7)式および(IV-8)式は重要な関係式となる．

(3) 軌道角運動量 L とスピン角運動量 S が相互に作用した合成ベクトルは全角運動量 $J(J=L+S)$ とよばれる．全角運動量の大きさ J は量子化すると

$$J = g_J \sqrt{J(J+1)} \qquad (\text{IV-9})$$

となる．全角運動に関する磁気回転比 g_J は，特にランデの因子とよばれる．その値は本文の 6-5 項で取り扱うので参照してほしい．このときの磁気モーメントは以下のように表される．

$$\mu_{m,J} = g_J \, \mu_B \sqrt{J(J+1)} \qquad (\text{IV-10})$$

全角運動量に基づく磁気モーメントは，希土類金属イオンの磁性を説明するのに有用である(6-5 項を参照のこと)．

付録V　結晶場理論

不完全 d 電子殻をもつ元素 (Fe, Co, Ni, Cr, Mn など) のイオンを含む固体の磁気的性質 (6 章) や光学的性質 (7 章) を議論するには**軌道の分裂**という概念が重要になってくる。ここでは，この概念を最も簡単に説明できる**結晶場理論** (crystal field theory) について説明する。

自由イオンの状態では五重に**縮退**している Fe^{2+} の d 軌道が，O^{2-} がつくる面心立方格子の八面体および四面体の間隙中で，静電場の作用を受けた場合について考えてみる。5 つの d 軌道は図 1 に示すように，形とその方向が異なっている。八面体間隙 (図 2(a)，A 点) に Fe^{2+} が入る

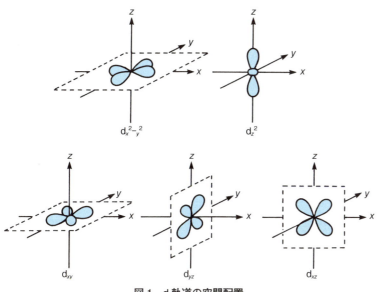

図 1　d 軌道の空間配置

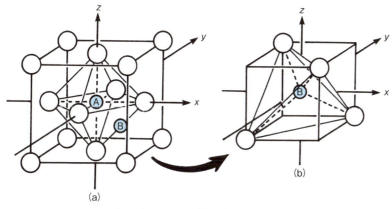

図 2　八面体間隙および四面体間隙に置かれた金属イオン

と，$d_{x^2-y^2}$ と d_{z^2} 軌道(この2つの軌道を e_g 軌道といい，縮重している)は O^{2-} からの静電気的反発を強く受け，エネルギー準位は高まる。一方，四面体間隙(図2(b)，B点)に位置する Fe^{2+} の場合，d_{xy}, d_{yz} および d_{xz} 軌道(この3つの軌道を t_{2g} 軌道といい，縮重している)は O^{2-} と O^{2-} との中間方向に伸びており，前者と比較すると弱いものの，やはり静電気的反発を受け，エネルギー準位は高まる。すなわち，5つのd軌道は八面体の結晶場に置かれると，図3(a)のように e_g と t_{2g} の2つの組に分裂する。四面体間隙に入った Fe^{2+} も同様な理由により t_{2g} と e_g の2組に分裂する。この分裂を結晶場分裂という。この場合は，t_{2g} の方が，e_g よりも強い静電気的反発を強く受けるので，エネルギー準位は図3(b)のように t_{2g} の方が高くなる。四面体結晶場における t_{2g} と e_g とのエネルギー差は，八面体結晶場におけるエネルギー差 Δ_o の約1/2である($\Delta_t = 4/9 \Delta_o$)。なお図3において球対称ポテンシャル中に置かれた縮重した軌道のエネルギーをゼロ点に選ぶと，正八面体結晶場であれば t_{2g} 軌道のエネルギーは $-0.4\Delta_o$，また e_g 軌道のエネルギーは $+0.6\Delta_o$ となる。

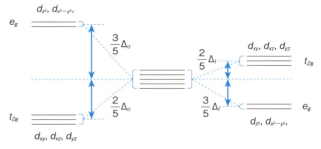

(a) 正八面体結晶場　　(球対称ポテンシャル)　　(b) 正四面体結晶場

図3　正八面体および正四面体の結晶場におけるd軌道のエネルギー準位

図3に示した t_{2g} と e_g の分裂の大きさ(分裂エネルギー $\Delta E (\Delta_o + \Delta_t)$)は陰イオン(あるいは配位子)と中心金属の種類によって変化する。八面体結晶場では陰イオンの種類により分裂の大きさが異なるため(C>N>O>X(ハロゲン))，強い結晶場と弱い結晶場が生じる。一方，中心金属が遷移金属イオンであれば，d軌道がより広がったほうが金属-配位子間の相互作用が大きくなり，分裂幅も大きくなる(5d>4d>3d)。これに対し，四面体結晶場では八面体結晶場とは異なり軌道分裂の原因となる陰イオンの数が少なく，軌道に対する陰イオンの影響が小さいために軌道分裂幅は小さくなる。その結果，3d遷移金属の四面体結晶場は弱い結晶場のみになる(図4(b))。

このように分裂した軌道にはパウリ(Pauli)の排他則およびフント(Hund)の規則に従ってd電子が詰まる。図4に示す八面体結晶場につ

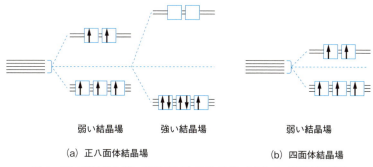

(a) 正八面体結晶場 　　　　(b) 四面体結晶場

図4　弱い結晶場と強い結晶場における Fe^{3+} イオンの d 電子の配置

いて考えよう。d^3 電子は t_{2g} 軌道を占有し，結晶場安定化エネルギー (CFSE) は $1.2\Delta_o$ ($=0.4\Delta_o \times 3$) となる。$d^4 \sim d^7$ 電子の場合，2通りの詰まり方がある（図4(a)）。d^5 電子の場合であれば，3個の電子が t_{2g} 軌道を占有し，残り2個の電子が e_g 軌道を占有する場合（CFSE は $0.0\Delta_o$ ($=0.4\Delta_o \times 3 - 0.6\Delta_o \times 2$)）と，$t_{2g}$ 軌道で2つの電子対（スピン対）を形成する場合（CFSE は $2.0\Delta_o$ ($=0.4\Delta_o \times 5$)）がある。前者の場合，スピンが平行になっている電子が多いので高スピン配置という（弱い結晶場で起こる）。一方後者の場合，強い静電反発作用があるスピン対生成エネルギー P よりも結晶場安定化エネルギー Δ_o が大きい時に生じ，低スピン配置という（強い結晶場で起こる）。なお酸化物中の Fe^{3+} や Fe^{2+} の 3d 電子は高スピン配置（弱い結晶場）となる。また，3d 遷移金属の四面体結晶場は弱い結晶場であるためにやはり高スピン配置となる（図4(b)）。

なお詳細な結晶場理論あるいは配位子場理論は，これらに関する成書や錯体化学などで学んでほしい。

付録Ⅵ 原子の電子配置表

電子殻		K	L		M			N				O				P				Q
主量子数(n)		1	2		3			4				5				6				7
電子状態		1s	2s	2p	3s	3p	3d	4s	4p	4d	4f	5s	5p	5d	5f	6s	6p	6d	6f	7s
1	H	1																		
2	He	2																		
3	Li	2	1																	
4	Be	2	2																	
5	B	2	2	1																
6	C	2	2	2																
7	N	2	2	3																
8	O	2	2	4																
9	F	2	2	5																
10	Ne	2	2	6																
11	Na	2	2	6	1															
12	Mg	2	2	6	2															
13	Al	2	2	6	2	1														
14	Si	2	2	6	2	2														
15	P	2	2	6	2	3														
16	S	2	2	6	2	4														
17	Cl	2	2	6	2	5														
18	Ar	2	2	6	2	6														
19	K	2	2	6	2	6		1												
20	Ca	2	2	6	2	6		2												
21	Sc	2	2	6	2	6	1	2												
22	Ti	2	2	6	2	6	2	2												
23	V	2	2	6	2	6	3	2												
24	Cr	2	2	6	2	6	5	1												
25	Mn	2	2	6	2	6	5	2												
26	Fe	2	2	6	2	6	6	2												
27	Co	2	2	6	2	6	7	2												
28	Ni	2	2	6	2	6	8	2												
29	Cu	2	2	6	2	6	10	1												
30	Zn	2	2	6	2	6	10	2												
31	Ga	2	2	6	2	6	10	2	1											
32	Ge	2	2	6	2	6	10	2	2											
33	As	2	2	6	2	6	10	2	3											
34	Se	2	2	6	2	6	10	2	4											
35	Br	2	2	6	2	6	10	2	5											
36	Kr	2	2	6	2	6	10	2	6											
37	Rb	2	2	6	2	6	10	2	6			1								
38	Sr	2	2	6	2	6	10	2	6			2								
39	Y	2	2	6	2	6	10	2	6	1		2								
40	Zr	2	2	6	2	6	10	2	6	2		2								
41	Nb	2	2	6	2	6	10	2	6	4		1								
42	Mo	2	2	6	2	6	10	2	6	5		1								
43	Tc	2	2	6	2	6	10	2	6	5		2								
44	Ru	2	2	6	2	6	10	2	6	7		1								
45	Rh	2	2	6	2	6	10	2	6	8		1								
46	Pd	2	2	6	2	6	10	2	6	10										
47	Ag	2	2	6	2	6	10	2	6	10		1								
48	Cd	2	2	6	2	6	10	2	6	10		2								
49	In	2	2	6	2	6	10	2	6	10		2	1							
50	Sn	2	2	6	2	6	10	2	6	10		2	2							
51	Sb	2	2	6	2	6	10	2	6	10		2	3							
52	Te	2	2	6	2	6	10	2	6	10		2	4							

第一遷移元素: 21 Sc〜29 Cu

第二遷移元素: 39 Y〜47 Ag

電子殻		K	L		M			N				O				P				Q
主量子数(n)		1	2		3			4				5				6				7
電子状態		1s	2s	2p	3s	3p	3d	4s	4p	4d	4f	5s	5p	5d	5f	6s	6p	6d	6f	7s
53	I	2	2	6	2	6	10	2	6	10		2	5							
54	Xe	2	2	6	2	6	10	2	6	10		2	6							
55	Cs	2	2	6	2	6	10	2	6	10		2	6			1				
56	Ba	2	2	6	2	6	10	2	6	10		2	6			2				
57	La	2	2	6	2	6	10	2	6	10		2	6	1		2				
58	Ce	2	2	6	2	6	10	2	6	10	2	2	6			2				
59	Pr	2	2	6	2	6	10	2	6	10	3	2	6			2				
60	Nd	2	2	6	2	6	10	2	6	10	4	2	6			2				
61	Pm	2	2	6	2	6	10	2	6	10	5	2	6			2				
62	Sm	2	2	6	2	6	10	2	6	10	6	2	6			2				
63	Eu	2	2	6	2	6	10	2	6	10	7	2	6			2				
64	Gd	2	2	6	2	6	10	2	6	10	7	2	6	1		2				
65	Tb	2	2	6	2	6	10	2	6	10	9	2	6			2				
66	Dy	2	2	6	2	6	10	2	6	10	10	2	6			2				
67	Ho	2	2	6	2	6	10	2	6	10	11	2	6			2				
68	Er	2	2	6	2	6	10	2	6	10	12	2	6			2				
69	Tm	2	2	6	2	6	10	2	6	10	13	2	6			2				
70	Yb	2	2	6	2	6	10	2	6	10	14	2	6			2				
71	Lu	2	2	6	2	6	10	2	6	10	14	2	6	1		2				
72	Hf	2	2	6	2	6	10	2	6	10	14	2	6	2		2				
73	Ta	2	2	6	2	6	10	2	6	10	14	2	6	3		2				
74	W	2	2	6	2	6	10	2	6	10	14	2	6	4		2				
75	Re	2	2	6	2	6	10	2	6	10	14	2	6	5		2				
76	Os	2	2	6	2	6	10	2	6	10	14	2	6	6		2				
77	Ir	2	2	6	2	6	10	2	6	10	14	2	6	9						
78	Pt	2	2	6	2	6	10	2	6	10	14	2	6	9		1				
79	Au	2	2	6	2	6	10	2	6	10	14	2	6	10		1				
80	Hg	2	2	6	2	6	10	2	6	10	14	2	6	10		2				
81	Tl	2	2	6	2	6	10	2	6	10	14	2	6	10		2	1			
82	Pb	2	2	6	2	6	10	2	6	10	14	2	6	10		2	2			
83	Bi	2	2	6	2	6	10	2	6	10	14	2	6	10		2	3			
84	Po	2	2	6	2	6	10	2	6	10	14	2	6	10		2	4			
85	At	2	2	6	2	6	10	2	6	10	14	2	6	10		2	5			
86	Rn	2	2	6	2	6	10	2	6	10	14	2	6	10		2	6			
87	Fr	2	2	6	2	6	10	2	6	10	14	2	6	10		2	6			1
88	Ra	2	2	6	2	6	10	2	6	10	14	2	6	10		2	6			2
89	Ac	2	2	6	2	6	10	2	6	10	14	2	6	10		2	6	1		2
90	Th	2	2	6	2	6	10	2	6	10	14	2	6	10		2	6	2		2
91	Pa	2	2	6	2	6	10	2	6	10	14	2	6	10	2	2	6	1		2
92	U	2	2	6	2	6	10	2	6	10	14	2	6	10	3	2	6	1		2
93	Np	2	2	6	2	6	10	2	6	10	14	2	6	10	4	2	6	1		2
94	Pu	2	2	6	2	6	10	2	6	10	14	2	6	10	6	2	6			2
95	Am	2	2	6	2	6	10	2	6	10	14	2	6	10	7	2	6			2
96	Cm	2	2	6	2	6	10	2	6	10	14	2	6	10	7	2	6	1		2
97	Bk	2	2	6	2	6	10	2	6	10	14	2	6	10	9(8)	2	6	(1)		2
98	Cf	2	2	6	2	6	10	2	6	10	14	2	6	10	10	2	6			2
99	Es	2	2	6	2	6	10	2	6	10	14	2	6	10	11	2	6			2
100	Fm	2	2	6	2	6	10	2	6	10	14	2	6	10	12	2	6			2
101	Md	2	2	6	2	6	10	2	6	10	14	2	6	10	13	2	6			2
102	No	2	2	6	2	6	10	2	6	10	14	2	6	10	14	2	6			2
103	Lr	2	2	6	2	6	10	2	6	10	14	2	6	10	14	2	6	1		2

第三遷移元素（内部遷移元素）: *ランタノイド（57 La 〜 71 Lu）

第四遷移元素（内部遷移元素）: *アクチノイド（89 Ac 〜 103 Lr）

*ランタノイドおよびアクチノイドは推定配置も含む。La および Ac は内部遷移元素に含まれない。

付録Ⅶ 単位の換算表

圧力

	Pa	bar	atm	mbar	Torr
1 Pa =	1	10^{-5}	$9.869\ 23 \times 10^{-6}$	10^{-2}	$7.500\ 62 \times 10^{-3}$
1 kPa =	10^3	10^{-2}	$9.869\ 23 \times 10^{-3}$	10	$7.500\ 62$
1 bar =	10^5	1	$0.986\ 923$	10^3	750.062
1 atm =	$101\ 325$	$1.013\ 25$	1	$1\ 013.25$	760
1 mbar =	100	10^{-3}	$9.869\ 23 \times 10^{-4}$	1	$0.750\ 06$
1 Torr =	133.322	$1.333\ 22 \times 10^{-3}$	$1.315\ 79 \times 10^{-3}$	$1.333\ 22$	1

この換算表の使用例：1 bar＝0.986 923 atm，1 Torr＝133.322 Pa，1 mmHg＝1 Torr（2×10^{-7} Torr 以内の差で成立する）

エネルギー

g-質量	J＝10^7 erg	cal	kW・hr	kg・m	l・atm
1	$8.987\ 554 \times 10^{13}$	$2.148\ 076 \times 10^{13}$	$2.496\ 542 \times 10^7$	$9.164\ 75 \times 10^{12}$	$8.869\ 778 \times 10^{11}$
$1.112\ 650 \times 10^{-14}$	1	$0.239\ 006$	$2.777\ 778 \times 10^{-7}$	$0.101\ 972$	$9.868\ 96 \times 10^{-3}$
$4.655\ 326 \times 10^{-14}$	$4.184\ 0$	1	$1.162\ 222 \times 10^{-6}$	$0.426\ 649$	$4.129\ 17 \times 10^{-2}$
$4.005\ 539 \times 10^{-8}$	3.6×10^6	$8.604\ 21 \times 10^5$	1	$3.670\ 98 \times 10^5$	$3.552\ 82 \times 10^4$
$1.091\ 137 \times 10^{-13}$	$9.806\ 65$	$2.343\ 85$	$2.724\ 069 \times 10^{-6}$	1	$9.678\ 14 \times 10^{-2}$
$1.127\ 424 \times 10^{-12}$	$1.013\ 278 \times 10^2$	$24.218\ 0$	$2.814\ 662 \times 10^{-5}$	$10.332\ 56$	1

分子エネルギー

J	J mol^{-1}	eV	波数/cm^{-1}
1	$6.022\ 14 \times 10^{23}$	$6.241\ 51 \times 10^{18}$	$5.034\ 12 \times 10^{22}$
$1.660\ 54 \times 10^{-24}$	1	$1.036\ 43 \times 10^{-5}$	$8.359\ 35 \times 10^{-2}$
$1.602\ 18 \times 10^{-19}$	$9.648\ 53 \times 10^4$	1	$8.065\ 54 \times 10^3$
$1.986\ 45 \times 10^{-23}$	$1.196\ 27 \times 10^1$	$1.239\ 84 \times 10^{-4}$	1

eV（電子ボルト）とは，電子1個が真空中で1ボルトの電位差をもつ2点間を移動するとき，加速されるエネルギーをいう。

索　引

あ行

アクセプタ準位　57
圧縮率　127
圧電気　78
圧電材料　78
アブラミ-エロフェーエフの式　202
アモルファス　27

イオン伝導体　63
イオン分極　67
異常光線　107
一次の相転移　184
移動度　51
色中心　22
インターカレーション　208

ウィスカー　171
渦電流　60

永久電流　59
永久ひずみ　132
エピキタシー　172
塩化セシウム型塩　10
塩化ナトリウム型塩　10
n型半導体　58
S字形反応曲線　202

オーステナイト　188

か行

カーケルンドール効果　192
カー効果　121
カーボンナノチューブ　158
解離機構　191
化学的気相成長法　227
拡散　191
加工硬化　134
化合物半導体　55
加成反応　207
価電子帯　32
空格子点　21
ガラス化　29
ガラス転移点　29
過冷却液体　29
間接遷移　56
完全導電性　59
完全反磁性　62

気相化学輸送法　219

基礎吸収端　112
軌道角運動量　83
逆圧電効果　78
逆スピネル　16
逆対数則　203
キャリア密度　51
キュリー温度　74, 100
強磁性金属　95
強磁性体　87
強誘電体　70
許容帯　39
均一核形成反応　166
均一沈殿法　221
禁制帯　32
金属間化合物　8

空間群　231
空孔機構　191
クーパー対　62
屈折　105
グラファイト　17
グラフェン　18

蛍光　115
形状記憶効果　190
形状磁気異方性　100
欠陥構造　64
結合性分子軌道　31
結晶系　1
結晶磁気異方性　100
結晶点群　231
ケルヴィンの式　149
ケルビン-オストワルドの式　150

高温超伝導体　62
光学的異方体　108
光学的等方体　107
項間交差　116
交換相互作用　88
交換反応　207
格子間機構　191
格子定数　1
格子比熱　138
剛性率　127
構造相転移　73
光電効果　119
抗電場　73
高透磁率材料　103
降伏点　132
抗保磁力磁性材料　103
固体電解質　63

コッセル機構　167
固溶硬化　134
固溶体　8
コランダム型塩　13
混合転位　26
混合のエントロピー　177
コンデンサー材料　77

さ行

サイズ効果　147
最大エネルギー積　99
最大磁束密度　98
最大透磁率　99
最大配位・最大パッキングの原理　5
再編型相転移　181
酸化マンガン(III)型塩　13
三乗則　203
残留磁化　99
残留磁束密度　99
残留分極　72

磁化　85
磁化困難軸　100
磁化容易軸　100
磁気異方性　99
磁気カー効果　122
磁気光学効果　121
磁気双極子モーメント　82
磁気モーメント　82
磁区　96
自己拡散係数　196
自然放出　114
磁束密度　98
自発磁化　87
自発分極　70
磁壁　96
遮蔽電流　60
縮退数　41
シュレディンガー波動方程式　35
小傾角粒界　26
焼結　198
焼結法　222
常光線　107
常磁性体　87
晶相　170
状態密度　38
焦電材料　79
常伝導状態　59
蒸発-凝縮機構　199
晶癖　170

248　索引

常誘電体　70
ショットキー欠陥　21
刃状(じんじょう)転移　24
真性半導体　55
侵入型合金　8

水晶型塩　12
水熱合成法　206, 217
スネルの法則　106
スピネル型酸化物　15
スピン角運動量　83
すべり系　130
すべり変形　189
ずれ応力　126

静磁エネルギー　96
正スピネル　15
成層固相反応　208
静電容量　75
正八面体構造　7
析出硬化　134, 187
積層不整　26
接戦応力　126
絶対屈折率　106
セミハード磁性体　103
セメンタイト　188
セン亜鉛鉱型塩　11
遷移金属ジカルコゲン化物　211
全角運動量　92
線形電気感受率　123
線欠陥　24
全反射　109
線膨張係数　142
全率固溶体　8, 177

層間吸着　208
双極子分極　67
双晶境界　26
層状ケイ酸塩　212
層状構造　64
双晶変形　189
相対屈折率　105
相転移　180
相平衡　175
ゾーンメルティング法　215
ソフト磁性体　103

た行

第1ステージ化合物　209
第2ステージ化合物　209
第3ステージ化合物　209
耐火合金　144
大傾角粒界　26
体心立方構造　6

対数則　203
体積拡散　192
体積拡散機構　199
体積効果　147
体積弾性率　127
体積膨張係数　142
太陽電池　121
多形相転移　180
多光子遷移　123
単位格子　1
単純単位格子　1
弾性　126
弾性限界　126
弾性変形　128
単体半導体　55

置換型合金　8
秩序-無秩序型強誘電体　71
秩序-無秩序相転移　74, 182
着磁　97
超急速冷却法　224
超交換相互作用　89
超耐熱合金　144
超伝導　58
超伝導状態　59
直接遷移　56
直線則　203

抵抗率　52
定容モル比熱　137
てこの規則　178
鉄系超伝導体　62
デバイ温度　140
転位　24
電荷の分離　120
電気感受率　76
電気光学効果　121
電気双極子　68
電気双極子モーメント　68
電気伝導度　52
点欠陥　21
電子伝導体　63
電子比熱　141
電子分極　67
電子密度　43
伝導帯　32

同形置換　57
銅酸化物超伝導　62
ドナー準位　57
トポタキシー　172
ドメイン　71
共晶混合物　179
ドリフト速度　51
トンネル構造　64

な行

ナノマテリアル　157

二元共晶系　177
二次の相転移　185

ネール温度　101
熱間静水圧焼結法　223
熱衝撃　144
熱伝導率　135
ネルンストの式　206
粘性流動機構　200

は行

ハード磁性体　103
パーライト　188
配向分極　67
配置のエントロピー　43
パウリ常磁性　94
破壊強度　132
箱の中の物質波　36
初磁化状態　96
初透磁率　97
反強磁性体　87
反強誘電体　71
半金属　10
反結合性分子軌道　31
反磁性体　88
反転分布　118
バンド(帯)構造　39
半導体レーザー　118
バンドギャップ　32

ピエゾ電気　78
非化学量論的化合物　23
ヒ化ニッケル型塩　11
光起電力効果　120
光高調波発生　123
光混合　123
光伝導　119
光パラメトリック効果　123
引き上げ方　214
ヒステリシス曲線　98
非線形屈折率変化　123
非線形光学効果　122
非線形電気感受率　123
引張り強度　132
比誘電率　76
ヒューム-ロザリー則　8, 178
表面拡散　192
表面拡散機構　199
表面効果　147
BCS理論　61

Berman-Simon の平行線　218
p-n 接合　120
p 型半導体　58

ファラデー効果　121
フィックの第一法則　193
フィックの第二法則　194
フェライト　188
フェリ磁性体　87
フェリ誘電体　71
フェルミ準位　41
フェルミ-ディラックの統計　41
フェルミ分布関数　42
フェルミ粒子　61
フォノン　146
不均一核形成反応　166
複屈折　107
複合格子　1
不純物半導体　57
物理的気相成長法　227
フラーレン　158
プラズマ CDV　228
フラックス(融剤)法　217
ブラベ格子　1
フランク機構　167
ブリッジマン法　215
フレンケル欠陥　21
分極　68
分極率　68
分配関数　195
噴霧熱分解法　221
VLS 機構　172

平均構造　64
平均二乗変位　53
ベルヌイ法　216
ペロブスカイト型酸化物　14
変位型強誘電体　71
変位型相転移　73, 181

β-クリストバライト型塩　12

ポアソン比　126
放射過程　114
法線応力　126
放物線則　203
飽和磁化　98
ボーア磁子　84
ボーズ粒子　61
ホタル石型塩　11
ポッケルス効果　121
ホットプレス法　223
ボルツマンの分布則　41

ま行

マイスナー効果　59
マティーセンの法則　53
マルテンサイト変態　188
無拡散変態　188
無定形固体　27
無放射過程　114

面欠陥　26
面心立方構造　6

や行

焼入れ　187
焼なまし　187
焼戻し　187
ヤング率　126
ヤンダーの式　204

有効質量　44
誘電強度　76
誘電損失　77
誘電分散　77
誘電率　75

誘導放出　114
溶解-析出機構　200
ヨウ化カドミウム型塩　12

ら行

らせん転移　25
ランバートの法則　111

立方最密パッキング　6
粒界　26
粒界拡散　192
粒界拡散機構　199
粒界硬化　134
量子井戸　155
量子サイズ効果　148
量子細線　155
量子ドット　155
履歴現象　70
臨界温度　58
臨界角　109
臨界電流密度　66
リング機構　192
リン光　116

ルチル型塩　12
ルビーレーザー　117

ルミネッセンス　115
レーザー　118

六方最密パッキング　6

わ行

ワイス定数　101
ワグナーの反応機構　208

村石 治人
むら いし はる と

1976年　岡山大学大学院理学研究科
　　　　修士課程修了
現　在　九州産業大学名誉教授
　　　　理学博士
専　攻　無機物理化学・表面化学・
　　　　固体化学
著　書　無機材料化学（共著），（三共出版）
　　　　基礎固体化学（三共出版）

新版 基礎固体化学―無機材料を中心とした―
しんぱん　き そ こ たい か がく　む き ざいりょう　ちゅうしん

2000年 3月10日	初版第1刷発行
2014年 3月20日	初版第7刷発行
2016年10月31日	新版第1刷発行
2022年 3月10日	新版第4刷発行

　　　　　　　　　Ⓒ著　者　村　石　治　人
　　　　　　　　　　発行者　秀　島　　　功
　　　　　　　　　　印刷者　横　山　明　弘

発行所　三共出版株式会社　東京都千代田区
　　　　　　　　　　　　　　神田神保町3の2
　　　　　電話 03(3264)5711/FAX 03(3265)5149/ 郵便番号 101-0051

一般社団法人 日本書籍出版協会・一般社団法人 自然科学書協会・工学書協会 会員

Printed In Japan　　　　　　印刷・製本　横山印刷

JCOPY 〈(一社)出版者著作権管理機構 委託出版物〉
本書の無断複写は著作権法上での例外を除き禁じられています．複写される場合は，そのつど事前に，(一社)出版者著作権管理機構(電話 03-5244-5088, FAX 03-5244-5089, e-mail:info@jcopy.or.jp)の許諾を得てください．

ISBN 978-4-7827-0754-8

SI 基本単位の名称と記号

物理量	SI 単位の名称		SI 単位の記号
長さ	メートル	meter	m
質量	キログラム	kilogram	kg
時間	秒	second	s
電流	アンペア	ampere	A
熱力学的温度	ケルビン	kelvin	K
物質量	モル	mole	mol
光度	カンデラ	candela	cd

SI 接頭語

大きさ	接頭語		記号	大きさ	接頭語		記号
10^{-1}	デシ	deci	d	10^{1}	デカ	deca	da
10^{-2}	センチ	centi	c	10^{2}	ヘクト	hecto	h
10^{-3}	ミリ	milli	m	10^{3}	キロ	kilo	k
10^{-6}	マイクロ	micro	μ	10^{6}	メガ	mega	M
10^{-9}	ナノ	nano	n	10^{9}	ギガ	giga	G
10^{-12}	ピコ	pico	p	10^{12}	テラ	tera	T
10^{-15}	フェムト	femto	f	10^{15}	ペタ	peta	P
10^{-18}	アト	atto	a	10^{18}	エクサ	exa	E

特別の名称をもつ SI 誘導単位と記号

物理量	SI 単位の名称		SI 単位の記号	SI 単位の定義
力	ニュートン	newton	N	$m \cdot kg \cdot s^{-2}$
圧力, 応力	パスカル	pascal	Pa	$m^{-1} \cdot kg \cdot s^{-2} (= N \cdot m^{-2})$
エネルギー	ジュール	joule	J	$m^{2} \cdot kg \cdot s^{-2}$
仕事率	ワット	watt	W	$m^{2} \cdot kg \cdot s^{-3} (= J \cdot s^{-1})$
電荷(電気量)	クーロン	coulomb	C	$s \cdot A$
電位差	ボルト	volt	V	$m^{2} \cdot kg \cdot s^{-3} \cdot A^{-1} (= J \cdot A^{-1} \cdot s^{-1})$
電気抵抗	オーム	ohm	Ω	$m^{2} \cdot kg \cdot s^{-3} \cdot A^{-2} (= V \cdot A^{-1})$
電導度	ジーメンス	siemens	S	$m^{-2} \cdot kg^{-1} \cdot s^{3} \cdot A^{2} (= A \cdot V^{-1} = \Omega^{-1})$
電気容量	ファラッド	farad	F	$m^{-2} \cdot kg^{-1} \cdot s^{4} \cdot A^{2} (= A \cdot s \cdot V^{-1})$
磁束	ウェーバー	weber	Wb	$m^{2} \cdot kg \cdot s^{-2} \cdot A^{-1} (= V \cdot s)$
インダクタンス	ヘンリー	henry	H	$m^{2} \cdot kg \cdot s^{-2} \cdot A^{-2} (= V \cdot A^{-1} \cdot s)$
磁束密度	テスラ	tesla	T	$kg \cdot s^{-2} \cdot A^{-1} (= V \cdot s \cdot m^{-2})$
光束	ルーメン	lumen	lm	$cd \cdot sr$
照度	ルックス	lux	lx	$m^{-2} \cdot cd \cdot sr$
振動数(周波数)	ヘルツ	hertz	Hz	s^{-1}
線源の放射能	ベクレル	becquerel	Bq	s^{-1}
放射線吸収量	グレイ	gray	Gy	$m^{2} \cdot s^{-2} (= J \cdot kg^{-1})$
線量当量	シーベルト	sievert	Sv	$m^{2} \cdot s^{-2} (= J \cdot kg^{-1})$
セルシウス温度	セルシウス度	degree Celsius	℃	$t/℃ = T/K - 273.15$